SD選書 272

庭と風景のあいだに

宮城俊作著

JN014137

鹿島出版会

目次

序 章

庭と風景のあいだ

冒頭から本書の表題について述べることになってしまうが、そこにはそれなりの意図があるのでしばしお付合い願いたい。ランドスケープデザインの仕事をはじめてからしばらく、この二つの概念、即ち「庭」と「風景」が発する意味の違いや相互関係については、あまり深く考えてこなかった。時と場合によって都合よく使い分けていたように思う。庭＝造園、風景＝ランドスケープ、というような単純な二分法で割り切っていたこともあったように記憶している。実際のところ、空間の物理的なスケールを度外視すれば、庭の中にも風景を見立てることはあるし、歴史的に見れば、「風景」式「庭」園などという様式もあるくらいだから、両者は部分的に重なっていたり、どこかでつながっていると考えてもおかしなことではない。多少なりともこの分野に関心があれば、そのことは自明でもある。もっとも歴史研究や批評の立場からは、庭と風景のどちらか一方に軸足をおいた論考も可能であろうが。

しかし、実際に庭や風景を対象として、それをデザインする立場にあると、実はこの両者の重なりやつながりの中にある意味が、曖昧であると同時にとてつもなく深淵なものに思えてくることがある。そしてその曖昧さと奥深さは、両者に「間＝あいだ」を仮定することによって、よりいっそう強く意識されるようだ。もとより「間《ま》」は、それ自体でなんらかの意味を発することはないが、それがあることによって、両側に対置される概念の関係を考えるための様々な視点をもたらしてくれる。この「あいだ」に横たわる意味を、庭と風景を対義的に捉えることからもう少し考えてみよう。

庭と風景のあいだにあるものとして最もわかりやすいのは、それぞれが示唆する物理的な空間領域のスケールにあらわれる違いである。庭が人の身体的なスケールにおいて認識され、享受されるものであるのに対して、風景は人の身体を尺度とした相対的なスケールにおいて捉えることのできる概念ではない。人の視点からの距離によって視覚的な眺望の構成と要素をカテゴライズするために、近景、中景、遠景という語が使われることがあるが、これらは客観的な尺度に基づく分析と記述の対象として捉えた風景の一側面を意味する「景観」の属性であるから、庭と対置されるものとは言い難い。

空間スケールにあらわれる違いは、そのまま、物理的な空間の中に比較的明確な領域が場所として形成される庭と、土地の上に発現し経時的に変化する無常の現象としての風景の違いにつながる。ちなみに、漢字の「庭」の音読みの一つは「ば」であるが、これは同じ音の「場」と同源であるとされていて、古来、庭と場はほぼ同じような機能と性格を有する空間領域を示すものであった。これに対して風景の「風」は、無常に変化する大気の動きを指すのであるから、両者の違いは明らかであろう。さらに、風景の同義語と言ってよい「風光」にいたって、千変万化の様態はさらに顕著なものとなる。

また、空間的な領域を形成する庭は、内向的で閉じたものとなることが多い。近代になって使われるようになった庭園という語の「園」は、くにがまえを部首としていて、そのものずばり囲われた庭の領域を意味する。それに先立って、江戸時代中期に日本庭園の技法としての借景が確立されているが、これは庭の外に存在する要素を視覚的に取り入れている=借りているだけで、視点は庭の中に固定されているし、庭の空間領域が外部に向かって開放されているわけでもない。一方、明瞭な領域をもたない風景は、基本的にオープンエンドであって、開放的であり続ける。

続いて比較的わかりやすいと思われることが、庭と風景のあいだにある私と公の領域とその段階的なレイヤーの積層である。そこでは私と公の単純な二分法は成立せず、数段階のトーンを構成するであろう。もちろん「私」に近いトーンの片側には庭が、もう一方の「公」の側には風景が位置するであろうことは容易に想像がつくし、このことは、日本では感覚的にすんなりと受け入れられる。しかし、欧米の近代都市には“Public Garden”[1]と称される場所もあるから、なかなかひと筋縄ではいかないようにも思える。ただ、この場合のGardenは日本語の庭とはニュアンスが異なり、どちらかと言えばParkに近い。一方、現代の社会において、風景は特定の個人に所有される対象ではない。あるとすれば、個人的な感情移入による意味づけがなされた風景のイメージ、あるいは心象風景として私的に表現されるものである。他方、特定の世代、特定の地域に帰属する集団には、共有される風景観があることは事実で、限定的ではあるがそこに公的な性格を帯びたコモンズの意味を仮定することはできるだろう。

私と公のあいだの段階的なレイヤー中で、最も私の領域に近い庭は、個人ないしは家族の生活領域に内包され、パーソナルな価値観や嗜好が表現された空間になる。特定の庭のスタイルがそこに暮らす個人と家族のパーソナリティを象徴するものになるわけ

[1] たとえば、アメリカ合衆国で最古の公園ボストンコモン（Boston Common）に隣接するボストンパブリックガーデン（Boston Public Garden）は、コモンと同様に公園=Parkの一つとして市民に利用されている。同様に、幕末に開設された横浜の外国人居留地において提案された公園の図面にも“Public Garden”の表記がある

ではないが、少なくとも自然観やライフスタイルがそこに反映されることはあるだろう。風景のほうはどうか。たとえば、集落や市街地の風景として現れる街並みには、そこに暮らす人々のコミュニティによって継承されてきた価値観が色濃く映し出されている。また、里山の風景には、集団的な生業としての農耕がもたらす富を、持続可能な状態に最適化する物質循環のシステムが表象されている。いずれも、パーソナルな意味づけがされる庭に対して、コミューナル(communal)な価値が共有されていることを体現する風景、という関係が認められるはずである。

パーソナルな庭とコミューナルな風景の違いは、それぞれの対象への人の関わり方にも表れる。庭＝gardenは、個人もしくは価値を共有する特定の集団にとって、主体的な実践の場になることがある。つまり、パーソナルな行為である庭づくり(ガーデニング・Gardening)には、現在進行形の接尾語"ing"が付加されるが、そのとき、庭に関わる主体は庭の中にあって庭に同化していることになるだろう。しかし、風景が個人的な実践の場となることは想像しにくい。たしかに、landscapingと"ing"を付加することは文法上も可能であるが、そのときの主語は実践者ではなく、客観的な立場から計画や設計に関わる者、施工し管理する者であり、そこには風景の観察者としての立場も含まれる。仮に、風景の中にある個人や集団の主体的実践が、風景のあり方になんらかの影響を与えていると自覚するならば、その個人や集団にとって、それは風景ではなく庭なのではないだろうか。

さて、ことほどさように庭と風景の「あいだ」にある意味は多義的で、そこに関わろうとする立場によっては、解釈に無限の広がりがある。そして、具体的なデザインの実践においては、庭と風景のあいだの多義的な解釈の中で、時として自らの立ち位置を確認しておくことが必要であるように感じている。むろん、その立ち位置は時と場合によって変化するはずであるし、一つの仕事をすすめる過程においても、異なる立ち位置の視点からレビューすることを厭うべきではないであろう。私自身、庭と風景のあいだを自在に行き来することに躊躇することがない、柔らかくしなやかな感性をもち続けていたいと願っている。

以下に続く七つの章では、ことさら庭と風景のあいだを意識したテーマを取り上げているわけでもなく、構成や論旨をそちらに向けて展開しているわけではない。むしろ行間にこそ、庭と風景のあいだで定位と変位を繰り返すデザイナーのポジショニングを読み取っていただければと思っている。

第一章

職能の輪郭

審美性を表象する風景、科学性に依拠する環境、両者の狭間で揺れ動くランドスケープアーキテクチャーの両義的な職能観は、とりわけ日本においては曖昧なものであるとされてきたし、今もそのことに大きな変化はないと思われる。むろん、不確実性と複雑性を増す現代社会において、特定の職能を固定的に定義することにさほど大きな意味があるわけではないだろうが、ここではいったん、そのおぼろげな輪郭を描いてみることにする。具体的には、風景と環境の関係を土地と場所の関係に置き換える視点、職能が属人的に発現した二人のランドスケープアーキテクトの活動の軌跡、さらにはこの二人を中心に実践された設計行為の舞台となった組織の思想について考える。

環境と風景の狭間に描かれた軌跡

環境と風景

英語の"landscape"を辞書でひくと、「風景」「景色」「景観」などの次に「風景画」あるいは「風景写真」という訳語が表記されている。このことは、私たちが身の周りの空間を介して目にする視覚的な図像には、風景画を鑑賞することを通じて獲得されたイメージが重ねあわされることがある、ということを意味するだろう。landscapeが美学的な評価や分析の対象になりうるということである。事実、landscapeの語は、一七世紀のヨーロッパで流行した風景画に起源があることも論じられていて、中世から近世にかけて起こった絵画運動の影響を受けて発生した西欧の美学的概念であると考えてよい。

これに対して、landscapeあるいは風景(以下、風景で統一)が人間を取り巻く環境の一部であり、風景は環境の様々な側面や物理的な景観の一面をなすはずであること、そしてまた、そうであるからこそ、自然を保護することと同様に風景もまた保護の対象になるべきだという主張も、一見すると自明かつ常識的なものであるかのように感じられる。

しかし、もう少し深く考えてみると、この主張にはどこか違和感のようなものがつきまとう。つまり、風景は環境の一部だとは言い切れるのだろうかということである。環境という概念そのものは一九世紀にドイツの生態学者E・ヘッケル(E.Heckel)によって提唱された生態学、即ち「広い意味での生のあらゆる条件を含む環境と有機体との関係の科学全体」[1]としての生態学との関係が強化され、客観的実証科学の概念へと大きくシフトした。その後A・タンスレイ(A.Tansley)によって体系化された生態系生態学へと継承される過程においても、明らかに純粋な科学的関心が動機づけになっているし、そのことは現在にいたるまでほぼ変わることはなかった。

風景という美学の対象、環境という科学の対象、本来は出自の異なる二つの概念があたかも近い縁戚関係にあるかのように、時にはまったく同じ意味を伴って流通してきたことは、これらを対象とした創造的行為、つまりランドスケープのデザインやプランニ

[1] 沼田真『生態学方法論』古今書院、一九七六

ングがつねにアンビヴァレントな価値をもって定義されてきたことと不可分の関係にあるだろう。言い換えれば、ランドスケープアーキテクチャーの職能の輪郭が、時と場合によってズレを伴って二重映しになって見えるのである。以下、本書の冒頭では、環境と風景のあいだに描かれたデザインやプランニングの軌跡の一端をトレースし、そこに見え隠れする両義的な意味を、この職能が取り組むべき現代の社会的課題に照らして再検討する視点を提供してみたい。

植物群をめぐる環境とデザイン

美学的な概念であった風景とそのデザインに科学的な思考がもちこまれた最初のきっかけは、おそらく一八世紀から一九世紀にかけて、ヨーロッパで一世を風靡したイギリス風景式庭園(English Landscape Garden)にあったのではないかと思われる[図1]。ピクチャレスク(picturesque)、つまり絵画に描かれた理想の風景をそのまま庭園の空間に写しかえようとしたデザインには、イギリスの気候風土のもとでは存在しない外来の植物が多く用いられていた。その一方では、絵にならない在来の植物は取り除かれていたようである。こうした人為的な植生の管理技術は、当然のことながら個々の植物の生理や生態と環境との関係を科学的に理解し、そこから導かれた知見を応用することを必要とした。それのみならず、植物の群落としての動態についても研究されていたようである。むろん、このような努力を背後で支えていたのは、当時のイギリスを中心として発

[図1]イギリス風景式庭園を代表するストアヘッド(Stourhead)は、理想とする風景を描いた絵画をもとに造営された

展しつつあった博物学と、その主な分野の一つとなった近代植物学であったことは容易に想像される。ただし、このような実践は、環境に対する風景の優位を前提としたものであったことは言うまでもないだろう。

これに対して、一九世紀末から二〇世紀初頭のアメリカ合衆国、特に中西部においては、むしろ地域に在来あるいは土着の植物種を積極的に利用したデザインが展開されている。フランク・ロイド・ライト(Frank Lloyd Wright)が興した草原派(プレーリースクール)の建築と並び称されるランドスケープの形式は、ヨーロッパの影響を強く受けた東海岸とは決定的に異なる気候風土や空間的スケールのもとに現れたヴァナキュラーな風景を目指した。ヴァナキュラーである以上、そこに用いられる植物も地域の環境に根付いたものであることが必然である。長い時間をかけて地域の気候風土に適応してきた植物は、個体の生育や群落の維持という点では安定しており、合理的な維持管理を可能とする。ジェンス・ジェンセン(Jens Jensen)やO・C・サイモンズ(O.C.Simonds)をはじめとするプレーリースクールのランドスケープアーキテクトは、地域の自然植生の組成や構造を丹念に調べあげ、その客観的根拠をもとに独自のデザイン手法を確立していった。

プレーリースクールの思想と方法は、やがて一九三〇年代になって自動車交通のための道路建設が全米で急増する過程においても、沿道のランドスケープデザインやプランニングに幅広く適用されるようになった。特にこの時期には、植物の群落構造や植生遷移に関する生態学的な研究がすすんでおり、その科学的な成果を沿道の土木的な施設の仕様や植栽計画、植生管理の技術に応用することによって、土壌の浸食防止や水系の安定、既存植生や景観の保護など、環境保全的な方策が先行した。これは、安定した環境の状態が発現する風景の価値が意識されはじめたことを意味するのであるが、そのためのディテールにおける検討がすでになされていたことになる。今日的な意味におけるグリーンインフラストラクチャーの理念とそれを支えるデザインが、この時代にすでに先取りされていたと考えても、あながち過大な評価にはあたらない。

日本においても、昭和の戦前期にすでに、同様の考え方に基づく試行が一つのかたちをもたらしていた。その代表格が明治神宮の森づくりであることは、すでによく知られている。明治天皇を祀るにふさわしい森厳な雰囲気をもった森を、できるだけ短期間のうちに人工的に造成し、安定的に維持していくことができるように考えられた植栽計画では、最終的に在来の植物種による極相に近い林相の創出が目論まれた。しかし、植栽された一〇万本に及ぶ樹木の多くは全国各地からの献木で、必ずしも極相林を構成する樹種のものばかりではなかった。また、造成当初から相応の景観を創出することも要請されていた。このような条件のもとで、当時の技術者たちは、段階的な植生遷移のプロセスを仮定して植栽計画を行うことになるが、その基礎には造林学における植生管理の理論と実践に関する徹底した議論と検証の過程が不可欠であった[図2]。

造成から一〇〇年余りを経た現在、神宮の森は当初に予想された一五〇年という歳月のおよそ三分の二の期間で、ほぼ想定された森の姿に到達しようとしている。そこでは、科学的に理解され評価された環境と実体を伴う風景のあいだで、プランニングとデザインが一つの意義深い像を結んでいるのである。

　さて、このような実践とその成果を顧みれば、この職能の両義的で曖昧な輪郭はさほど気にはならないように感じられるであろう。しかし、これらは個々の空間における植物群もしくは植生とそれらが形成する風景を美しく維持するための技術的な根拠を、環境という科学的な概念を通じて獲得された知見に求めるという、一方的な補完的関係がもたらしたものである。しかし、時代が下り、近代科学とそれに裏打ちされた工業技術

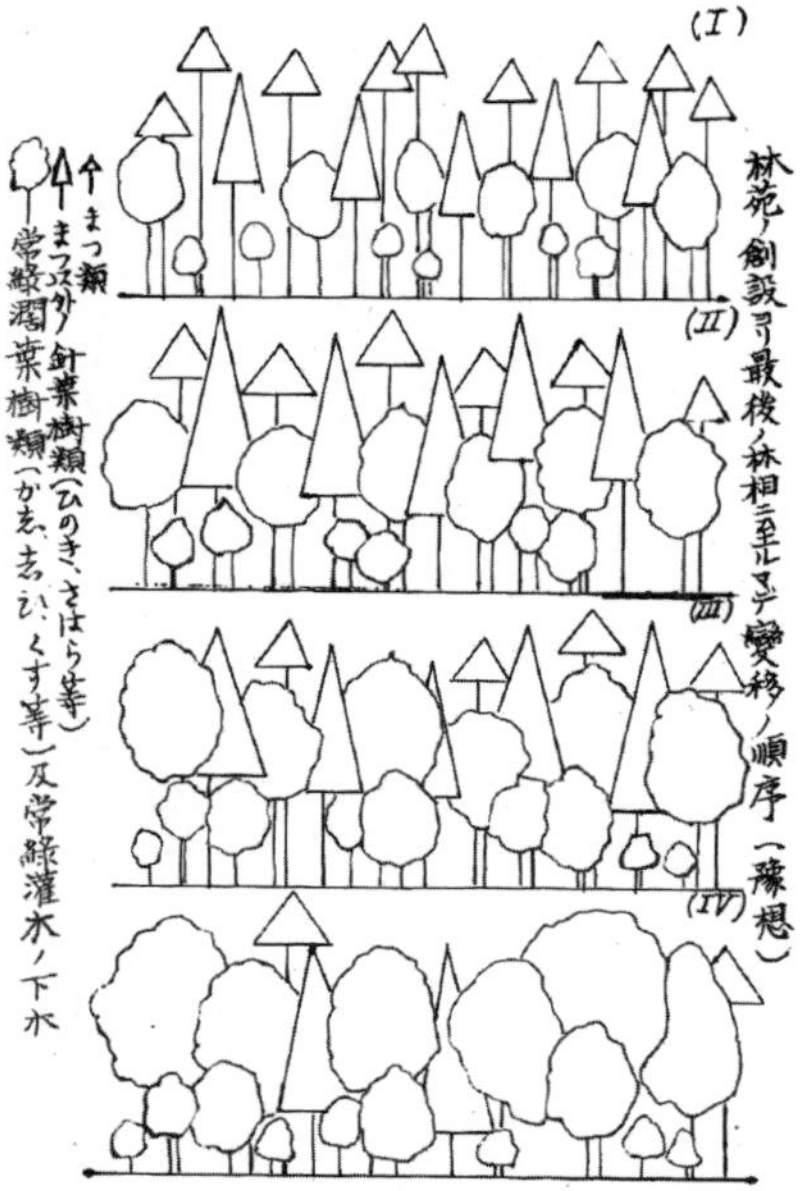

［図2］「林苑ノ創設ヨリ最後ノ林相ニ至ルマデ変移ノ順序（予想）」と題された植生遷移の断面模式図。明治神宮の森の造営にあたっては、長期的な植生遷移のメカニズムによって安定した樹林の形成を構想していた

によって、従来とは比較にならない地理的な広がりと時間的な早さをもって自然が改変されていくにいたり、このような環境と風景、科学と美学のある意味で幸せな相互関係は、もはやノスタルジックな回顧の対象になってしまったのかもしれない。

環境資源の管理とデザイン

個別の空間領域における植物(群)と環境の関係から、より広域的な環境の資源管理という分野に目を転じてみると、ランドスケープアーキテクチャーが一つの技術として体系化された一九二〇年前後にまず着目することになろう。当時、アメリカ合衆国東海岸のボストンに事務所を構えていたランドスケープアーキテクト、ウォーレン・マニング(Warren H. Manning)は、地形図をベースとして地質、水系、植生、土地利用など、様々な要素に細分化された地図を何枚も重ねあわせ、いわゆるマップオーバーレイの手法によってアメリカ全土の環境資源を抽出・評価し、それらに基づいて環境開発と管理の計画を策定し発表している[図3]。そこには、将来にわたって開発されるべき都市域、保全されるべき農林業地域、国立公園やリクリエーション地域から高速道路網にいたるまでが詳細に提案されており、その中にはこれまでに実現され、今日まで存在しているものも含まれている。しかし、この方法論の有効性が広く理解され、応用されるようになるまでには、まだしばらくの時間が必要であった。

一九六〇年代になると、先進諸国において水質や土壌、大気の汚染、大規模開発に

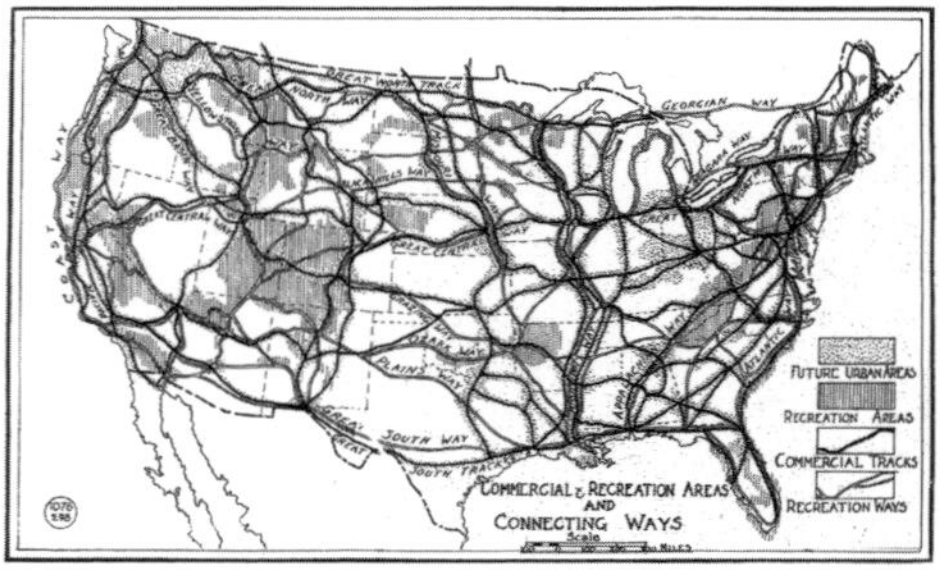

[図3] ウォーレン・マニングのマップオーバーレイの手法によって抽出された全米の環境資源

伴う自然破壊が深刻な社会問題となり、それまでは理想あるいはイズムとしてのみ意識されていたエコロジーや環境保全の思想が、実際の開発行為に関わる技術体系の中に根を張りはじめる。この流れが決定的となるにあたって、重要な役割を担ったのが、一九六九年に出版されたイアン・マクハーグ(Ian L.McHarg)の*Design with Nature*[2]であることは誰しもが認めるところである。同書がそれほどまでに大きな影響力をもつことになった理由は、近代科学の根幹をなす要素還元主義に則った方法論の構造を踏襲した部分が注目されたところにある。ここではその方法論の内容に踏み込むことが目的ではないので詳しくは述べないが、様々な意思決定のプロセスを公開することを前提とした客観性と科学性を第一義的な存在理由とする基本的な構造は変わらない。そこでは、結果を問われるデザインやプランニングよりも、プロセスを問われる環境管理の方法としての有効性が重視され続ける。日本だけではなく、諸外国においても、この方法が環境アセスメントの常套的な手法となっているのはそのためである。

このように、プロセスの客観性と適用される技術の科学性に裏打ちされた環境管理の方法がもたらしたランドスケープの概念とは、色とりどりに塗り分けられた多数のマップと、様々な環境要素ごとに与えられた評価値の組合せによって機械的に処理された土地利用評価図の図像そのものである。最終的なアウトプットが机上に広げられたアナログマップであっても、モニターの画面に映し出されたデジタル画像や映像であったとしても、その本質は変わらない。いずれも、科学的な意味における環境の一側面を視覚的

[2] American Museum of Natural History, 1969

な図像に置き換えたものであり、その後にＧＩＳ（Geographical Information System・地理情報システム）が普及した現在においても同様である。プランニングやデザインの行為が、このような図像を直接の対象とするとき、ランドスケープは科学を通じて抽出されたごく断片的な環境の視覚的発現形として認識される。むろんそれらが、私たちが実際に目にする風景の実像と大きくかけ離れたものになっていたとしても、そのこと自体は大きな問題ではない。問題は、プランニングやデザインの創造性を追求する行為につながる思考がそこで停滞してしまうところにある。この点を克服し、環境資源の管理とそれらの環境資産への変換、それも個人がヒューマンスケールにおいて享受し継承していくことができる環境の資産に変換する、という創造的な行為を一連のものとして捉えることができるプロセスを指向しないかぎり、環境と風景の関係をめぐるアンビヴァレントな状況が解消することはないであろう。二重に見えるランドスケープアーキテクチャーの輪郭はそのままである。

土地と場所へ

ランドスケープアーキテクトの立ち位置

環境と風景、対峙するこれら二つの概念のあいだでそれぞれの磁場が形成され、その強弱が変化するがゆえに曖昧になってしまう職能の輪郭を、一時的にでも固定しておくことは、実際に個々のプロジェクトに携わるランドスケープアーキテクトの立場からは、依ってたつ論理的な足場を確保するうえで、どうしても必要になることである。ここでは、そのための概念的な枠組みを提示してみたい。そのための手がかりとして、ここではまず、段階的に連続するランドスケープのスケールと、その中におけるデザイナーの立ち位置について考えてみることが有効であるように思う。

よく言われることであるが、ランドスケープアーキテクチャーが扱うスケールのレンジは、建築や都市デザインと比較してもはるかに大きく広い。むろんデザイナーとして実際にデザインの行為を直接ほどこすことができる領域は限られている。その範囲については、建築や都市デザインと大きく変わることはない。しかしながら、ランドスケープの場合には、少なくともその場所から見て視界に入るものすべて、連続する地形や水系、さらには植生までが、デザインすることの対象に直接、間接に含まれている。ここで問題になるのが、それではいったい、デザイナーはそのスケールのレンジのどこに自らの立ち位置を求めるべきなのか、ということである。少しばかりずるい言い方になってしまうかもしれないが、立ち位置は変化するものでなければならない、というのがその答えである。つまり、一つの個別具体的なプロジェクトにおいても、その立ち位置は固定されるべきではないということ。たとえごく小さな空間であったとしても、デザインされることによって固有の場所となったその空間は、必ずそれが立地する土地とつながり、はるかに大きなランドスケープのスケールの中で捉えることができる存在となっているはずである。

広域的なスケールを把握することができるところに立ち位置を移動させるということは、見方を変えると、視点をより高くもちあげることになるだろう。つまり、地上に立つ人のアイレベルから鳥瞰的な視点に移動するということである。そしてそのスケールで把握したランドスケープの様々な属性、たとえば地形や水系、植生、土地利用のパターンなどがつくりだす空間の構造は、再び立ち位置をもとの場所に戻すことによって、個別具体的なデザインをほどこす空間のあり方に還元される可能性を内在させている。理想的なデザインのプロセスでは、立ち位置の移動を様々な地点において幾度となく反復することができるであろう。それは、ランドスケープを捉えるスケールの伸び縮みを意識的にコントロールすることにつながり、それこそがこの職能のダイナミズムと醍醐味を支えていると言っても過言ではない。

このように「スケールの伸び縮み」を用いて説明すると、若い世代の読者にはイメージしやすいのではないかと思っている。そう、Google Earthを使ってプロジェクトの敷地とそれを取り巻く土地の状況を、ズームイン／ズームアウトする操作の過程で目にするイメージそのものであるからだ[図4]。さらにこのプロセスにＧＩＳ（地理情報システム）を組み込めば、より客観的で多様な情報を取得し検討することが可能になる。具体的なデザインの対象となる場所の立地特性が、より広域における地理的属性とのつながりの中で認識される機会をもたらすからだ。もっとも、それだけスケールの多様性に富んだ

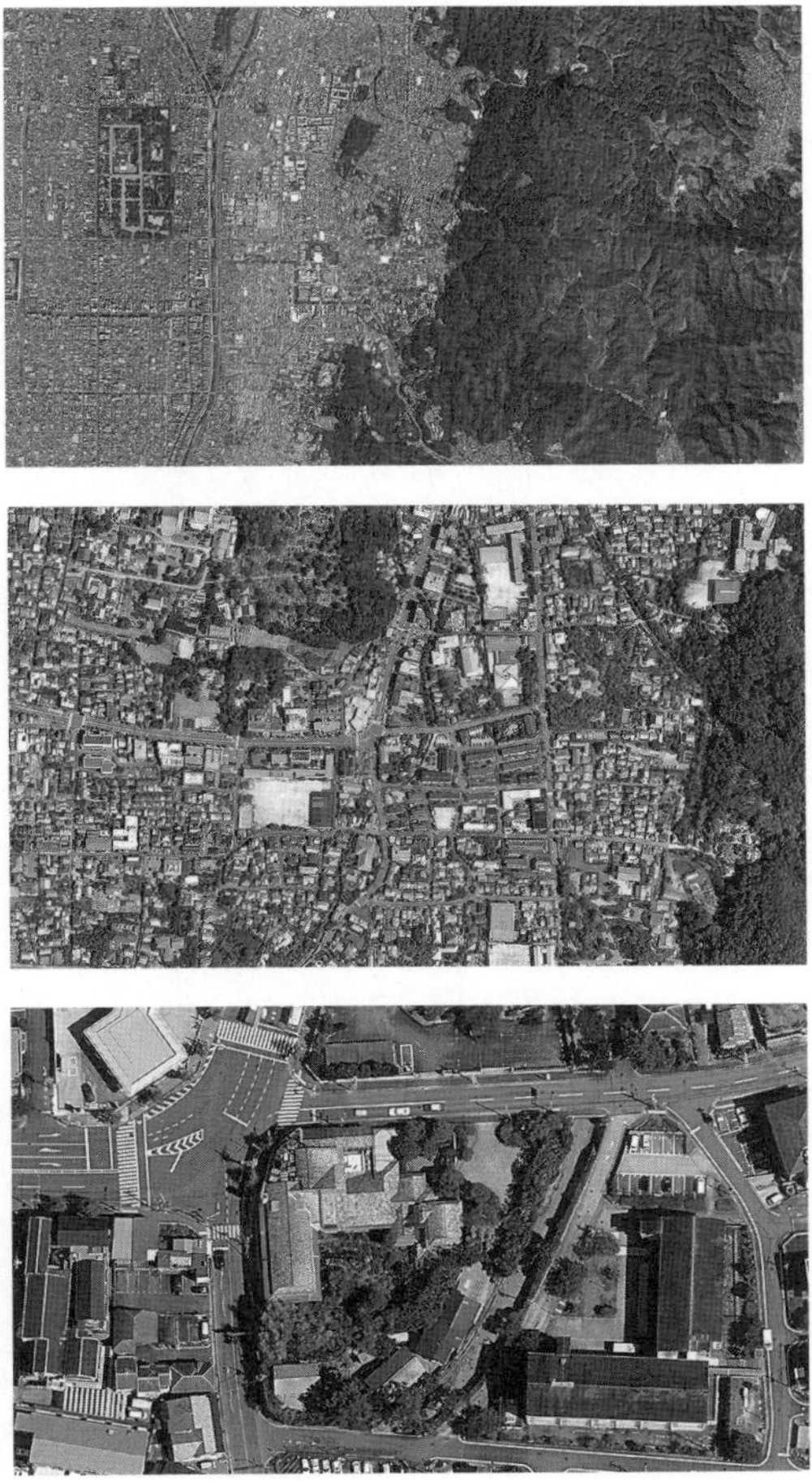

[図4]Google Earthによってスケール横断的に取得されるプロジェクトサイトの図像

様々な情報の存在があるからと言って、それらが優れたデザインをもたらしてくれるというような保証などはどこにもない。それでも、このようなツールを駆使できる私たちの世代は、おそらく、それ以前よりもはるかにスケール横断的な思考法と感性の回路を手に入れていることになるだろう。極端な言い方をするならば、たとえば原寸大のディテールと一万分の一地形図に現れる等高線のかたちになんらかの意味のある関係を見いだすきっかけが与えられるかもしれないのである。そこまで大げさなことでなくても、ヒューマンスケールの場所とその場所が立地する土地のあいだに、デザインという行為によって切り結ばれた固有の関係を導きだすための、たしかな補助線を引くツールになることは想像に難くない。

土地と場所

環境と風景、対峙する二つの概念が形成する磁場の重なりの中で、ランドスケープアーキテクチャーの輪郭は、時にはどちらか一方に強く引き寄せられ、時には線の幅が太くなったり細くなったり、さらには弱々しくおぼろげな像を結ぶにとどまることもあるだろう。アカデミックな対象としてこの領域を捉える立場からすれば、このこと自体はそれほど問題にはならない。しかし、社会的な職能としての位置づけを必要とする実践の立場では、そうも言ってはいられない。であるならば、その輪郭を描くキャンバスそのものを、なにか他の概念で置き換えてしまうという発想があってよさそうである。具体的には、「環境と風景」あるいは「科学と美学」を、「土地と場所」に置き換える試みである。言い換えれば、科学的な概念である環境にデザインの行為をもって働きかけることによって、美学的な概念である風景が顕現する、そのプロセスを、物理的実体を伴う「土地」に働きかけることによって、そこに固有の空間と景観を伴う「場所」が生起するプロセスに置き換える、ということになるだろう。なお、この文脈における「土地＝LAND」とは、一定の広がりのある地域において、歴史的に蓄積されてきた人と自然の相互作用が表出している地表面がつくる客観的空間領域のことである。また、「場所＝PLACE」とは、主体である人間の記憶と感性を通じて、土地の中に獲得される主観的な空間領域である、と定義しておこう。

ただし、ここで誤解されては困るのだが、この場合には「環境」が「土地」に、「風景」が「場所」に、それぞれ一対一で置き換えられるのではないということ。同じように、土地が科学的概念、場所が美学的概念、という構図でもないことは、誰もがすぐに気がつくことである。それでは、これらの関係を置き換えるためのロジックをどこに求めるのかが気になってくるのだが、それはランドスケープの形成に関わるプランニングやデザインのプロセスにおいて、対象を捉える位相が異なることではないかとここでは考えている。

ランドスケープアーキテクチャーの職能は、環境と風景のあいだにその輪郭が示されるべきものであること、そのことは将来にわたっても不変であるだろう。しかし、それはこの職能が関係する実践プロセスのごく初期の段階における理念として、並びに成果をレビューする段階における評価の枠組みとして位置づけられるものではないだろうか。であるならば、実務に携わるプランナーやデザイナーにとって、その輪郭の曖昧さはさほど気にはならない。しかし、プランニングやデザインの実質的なプロセスにおいては、仮定的であっても、それなりに明確であってほしい。それが描かれるキャンバスが、土地と場所のあいだなのではないか、ということである。

図5では、そのことを概念的に示してみた。環境と風景のあいだを漂うかのように表記される職能の輪郭の曖昧さについては、すでに述べてきたとおりである。科学と美学をつなぐ様々な学術的分野の連鎖がその基底をなしていて、どこに実践の立脚点を求めるかによって、輪郭の重心や輪郭線の太さや強さ(細さや弱さ)が変化する。また、立脚点そのものも一つではないことも多いはずである。いきおい、不明瞭でフォーカスを合わせることがしづらいものになりがちである。これに対して、物理的な実体として存在する土地と、その上に発現する場所のあいだに描かれる職能の輪郭は、その対象の範囲が拡張または収縮することはあるとしても、概して明瞭なものになりうるはずである。土地と場所の概念が対峙しているのではなく、包含関係をなしていることもポジティブに作用するだろう。そして、その基底をなしているのが、シームレスにつながるランドスケープのスケールである。デザイナーは、このスケールの中で自らの立ち位置を自在にポジショニングすることによって、職能の輪郭を定義することができるはずである。

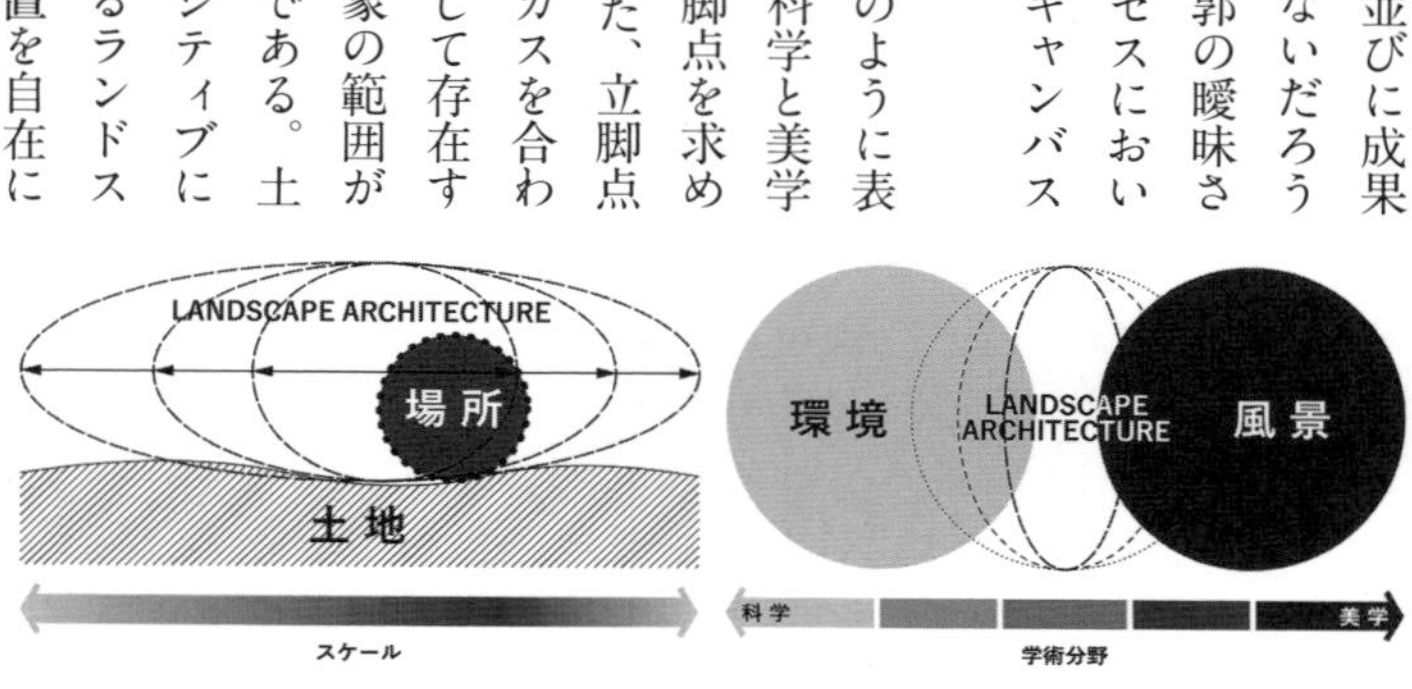

［図5］環境と風景（右）、土地と場所（左）の対応関係

繰返しになるが、この図式において科学的概念としての環境と美学的概念の風景は、それぞれ土地と場所に対応するわけではない。土地は様々な環境の要素に細分化されたうえで、科学的な分析と評価の対象となると同時に、美学的な観察の対象となる風景の基層をなしている。同様に、場所は人の記憶と感性を通じて、そこに固有の美学的な意味をまとう風景が立ち現れる空間領域となると同時に、様々な環境科学、認知科学のフィールドとしての価値を有している。このように、環境と科学、風景と美学は、土地と場所のあいだでクロスオーバーする関係を構築することができるのではないだろうか。

と、ここまで書いてみて思い出したことがある。一九八四年にアメリカ留学した際、現地の書店で最初に手にし、即座に購入した書籍のタイトルのことである。*Design on The Land*[3]、著者はHarvard GSDの名誉教授であったノーマン・T・ニュートン(Norman T. Newton)。今では古典となった感があるこの書は、ランドスケープアーキテクチャーの職能とその軌跡を、豊富な実例の精緻な分析、考察を通じて描いてみせたものである。やはり、この職能の輪郭が立ち現れてくるのは、ランドスケープの基盤をなす土地、その中に固有の意味を伴って発現する場所、そのあいだに広がる無限の領域であるように思う。

[3] The Belknap Press of Harvard University Press, 1971

二人の先達が描いた輪郭

本書の冒頭にあたる第一章の前半では、ランドスケープアーキテクチャーという職能の輪郭が、どのように私たちの目に映ってきたのかということについて、主に北米での発展の経緯を通じて、少しばかり客観的な視点から総合的に記述してみた。あわせて、そこに見え隠れしていた二つの併置される概念、即ち環境と風景のあいだをつなぐ職能の立脚点を、土地と場所の関係に置き換えることによって、その輪郭線の曖昧さをいささかなりとも補正しようと試みた。しかし、職能であるからには、それが属人的に発現しないことには、社会の中で実質的、実践的にどのような意味を発しているのかはわかりにくい。つまり、具体的なランドスケープアーキテクトに焦点をあててみることも、職能の輪郭を確認するための視点を提供するうえで有効ではないかと思われる。そこで、ここでは舞台を日本国内に移し、私自身がモデルとしてきた二人の先達の活動の軌跡を、きわめて主観的な視点からレビューすることによって、その輪郭のありようを考えてみたい。

プロフェッショナルの目標像

手もとに二冊の講義録がある。冊子と呼ぶにはあまりにも分厚いその印刷物の白い表紙には『公共空地特論講義録』[4]という素っ気ない文字が並ぶ。私がまだ千葉大学に助教

[4] 上野泰「公共空地」研究会、千葉大学大学院自然科学研究科『公共空地特論講義録』平成5年度後期および6年度後期、一九九三および一九九四

授（現在の准教授）として在職していた一九九三年と九四年の二年間のみ、田畑貞寿教授（当時）の発案により、大学院博士前期課程の集中講義として実施された授業の内容をとりまとめたものである。著者、即ちこの授業の講師であったのが上野泰であり、講義内容の解題と補講を行ったのが曽宇厚之である。私はコーディネーターとして、この授業の準備をサポートする立場にあった。

講義では、初年度にオープンスペースを都市デザインにおける最も有効な空間的媒体の一つとして定義し、その意義や手法について歴史的なレビューを行っていた。続いて二年目には、上野と曽宇の様々な実務経験の中から、主に多摩ニュータウンおよび港北ニュータウンをケーススタディとして取り上げ、プランニングとデザインの統合がどのような要素と手法によって実現されるべきかを論じたものであった。誰がどう見ても、都市デザインに関わるランドスケープのあり方を真正面から論じたものであり、ランドスケープアーキテクチャーの本流と呼ぶにふさわしい内容であった。

大学という教育研究の場を通じて知己を得ることに限って言えば、このときが私とこの二人を直接つなぐ唯一の機会であったと思われる。しかし実際には、過去三〇年余にわたるランドスケープのプランニングとデザインの実務を通じて、私の視線の先にはことあるごとにプロフェッショナルとしての二人の存在が見え隠れしており、今なお私と私の事務所のパートナーたちにとって、彼らはデザイナー、プランナーのプロフェッショナルとしての目標像であり続けている。振り返れば、これまでに様々な機会を通じて積み重ねたディスカッションの数々とそこから引き出されたコンセプトの多くを通じて、おぼろげながらこの職能の輪郭を想像していたのかもしれない。

計画論への戦略的思考——曽宇厚之

四年間にわたるアメリカ留学とその後の設計事務所での修業を経て帰国した一九八八年の初夏、当時の千葉大学造園学科で設計演習を担当することになった私は、非常勤講師として同じ科目を担当していた曽宇厚之と出会うことになる。促されるままに学生たち(たしか四年生だったと思う)と出向いた多摩ニュータウン稲城向陽台地区は、私が抱いていた日本の郊外ニュータウンのイメージを一新させるものであった。当時、この地区の基本設計は、日本都市総合研究所(当時)の松本敏行(故人)の統括のもと、曽宇が広域的な土地利用計画を、上野泰が地区レベルの土地利用計画と公共空間のデザインを担当していた。上野のデザインについては後述するとして、まず驚かされたのは、曽宇によって周到に練り上げられた土地利用計画とインフラの配置計画である[図6]。

地区外に保全された緑地と連接する位置にインフラとしての公園緑地の用地を担保したうえで、それらが住区を分節する土地利用として位置づけられ、歩行者専用道路を含む生活道路や緑豊かな並木道、小規模な街区公園などを経由してオープンスペースが住宅地内部に深く入り込むシステムが構築されていた。面積としてはさほど余裕があるわけでもないのに、住宅の建築計画とともに実に豊かなパブリックスペースと多様な景

[図6] 多摩ニュータウン稲城向陽台地区の鳥瞰

観が創出されているのは、ニュータウン開発の事業構造を熟知したうえで、インフラ計画と上モノとしての建築計画が分離されてしまうという状況から逆説的に導き出される戦略を採用しているからであろう。建築に先行して整備されるインフラのありようによって、間接的に建築計画を規定するという方針が徹底されていたのである。考えてみれば、郊外ニュータウンの市街地やその大部分を構成する住宅という建築形式は、その性能のかなりの部分を、市街地や建築を取り囲むオープンスペースの状態に依存しているのであるから、この方針の有効性はかなりの部分で保証されている。後発する建築計画の大部分は、オープンスペースの配置計画が意図していたコンセプトを強化する方向に貢献する。ただし、この段階でのオープンスペースには限定的な機能が想定されているわけではない。オープンスペースのみによってその存在の必然性が仮定されるものであってはならず、あくまで偶有性が優先する。

計画論に対する曽宇の戦略的思考の原初的なかたちは、郊外ニュータウンと対極にある高密度な既成市街地における集住体の屋外空間に関する考察において、より明確に見てとれる。『高層高密度団地における戸外空間設計資料・改訂版』の表題がある報告書は、驚くことに一九六九年のものである。発行者はＨＦ研究会[5]であったが、この研究会の構成メンバーには横山光雄(故人)や田畑貞寿ら学識経験者に加え、曽宇や上野の名前もあり、実際に報告書の大半を執筆したのは曽宇であった。この研究会は、当時、建設の機運が高まりつつあった既成市街地の面開発による高層高密度な住宅団地の計画理

[5] HF=High Flat、即ち高層集合住宅の建築形式による高層高密度住宅団地の意味。報告書には、ほかに前野淳一郎、辻野五郎丸、斎藤泰子、沖中健らが研究会のメンバーとして名前を連ねている

論を、それまでの郊外住宅団地と比較検討するために行われたものである。

難解をきわめるテキストと模式図を私なりに解読し、またのちに曽宇本人との直接対話の中から理解しえたのは、高層高密度団地を構成する様々な空間要素を関係づけ、かつその総体を団地が立地する既成市街地のコンテクストの中に矛盾なくビルトインするためには、オープンスペースが最も有効な空間的媒体だ、ということである。曽宇が「結合組織」というやや抽象的な概念によって表現しているものは、住宅団地の屋外空間を構成するリクリエーション空間や植栽地に加えて、高層高密度市街地に特有のコンテクストを反映するべきオープンスペースの一形態である。その存在のありようが、敷地内の住棟や他の機能的空間の配置はもとより、住棟の建築形式すらも規定するべきだという主張であった。大げさに表現するならば、オープンスペースによって団地計画、ひいては周辺地域を含む都市デザインの覇権を握ってしまおうという戦略的思考の現れである[図7]。

曽宇は自らの仕事に関して、ランドスケープという語を使用することを好まない。ランドスケープは運動論を展開するための象徴的ツールとしては機能するが、計画論を展開するための戦略的ツールにはなりえないと考えているからであろう。彼にとっての戦略的ツールとはオープンスペースであり、それは近代都市計画が前提とする限定的な機能と存在の必然性を伴うものではなく、非限定的で偶有性、つまりその存在自体が必然であることを条件としない性質を有する空地《くうち》でなくてはならない。曽宇は我々の前でよく、ランド・アーキテクチャー・スケープという語順によって、日本の造園計画と設計のあり方を揶揄していた。土地の上にまず建築行為とそれを支えるインフラが発生し、

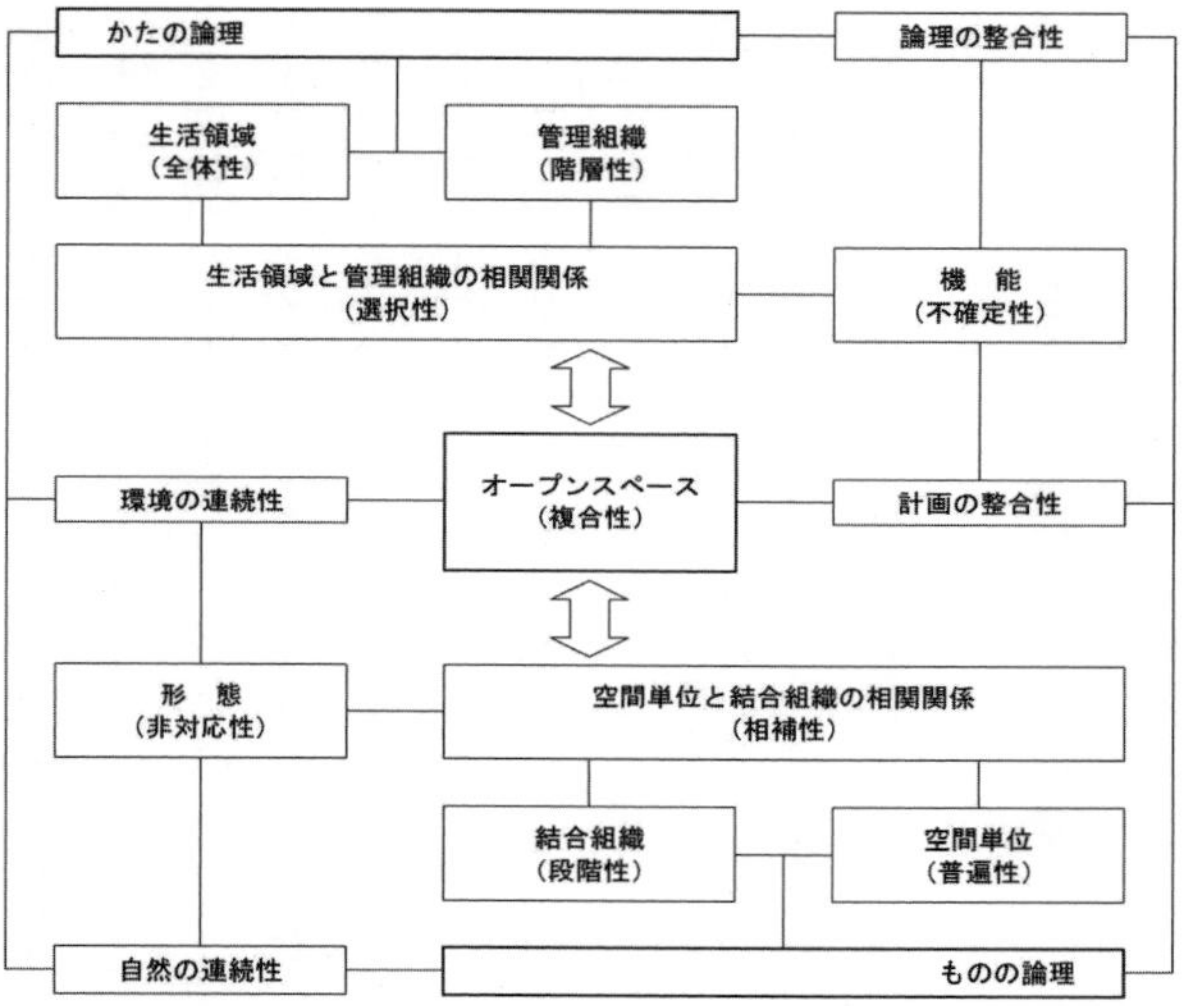

［図7］高層高密度団地におけるオープンスペースの組織

「かたの論理」

- それぞれの系は固有の論理をもつ
- それは、その系の構成要素の固有性でもある
- 要素の選択によって系の階層性は変化する

- 系と系の相関関係はそれ自体が系をなしうる
- それはまた新しい要素の出現を意味する
- 系と系との相関関係は選択性として現象する

- 全体系は部分系の単純総和とは限らない
- したがって全体はそれ自体の論理をもつ

「ものの論理」

- それぞれの結合組織は固有の指向性をもつ
- それはまた結合部分の指向性でもある
- 部分の位置によって結合組織の段階性は変化する

- 結合組織はそれ自体一つの部分をなしえる
- それは部分を結合組織とみなすことを意味する
- 部分と結合組織は形態的に相補的である

- 機能と携帯は1:1で対応するとは限らない
- 空間はそれ自体複合的な存在である

造園はそのインフラの一部である公園や緑地を計画し設計するにとどまる、という意味である。ランド・スケープ・アーキテクチャーという語順が、ランドとアーキテクチャーとを関係づける空間的操作の概念としてスケープが位置づけられることを示しているとすれば、ランドスケープアーキテクチャーは、文字どおりランド／スケープ／アーキテクチャーの統合的関係を表象する空間を意味することになる。これが曽宇が定義するランドスケープアーキテクチャーなのであり、これを具現化するためには、オープンスペースという戦略的ツールを駆使するための計画論と、スケールの大小を超えて建築を先導するオープンスペースをプロデュースしていく能力が必要となる。その意味において、曽宇の活動は、欧米を中心に発展してきたランドスケープアーキテクチャーの本流に重なる部分が少なくない。後年、建築家とのコラボレーションが中心となった私自身の設計活動の中で、この考え方は決定的な影響を与え続けている。

プランニングとデザインの統合——上野泰

私自身が上野泰の存在を強く意識したのは、一九八三年の日本造園学会全国大会における彼の学会賞受賞者講演の際であったと記憶している。むろんその名前は学部学生時代から知ってはいたが、具体的な活動とその背景にある思想に触れたのははじめてのことであった。当時、京都大学大学院に在籍しアメリカ留学を目前に控えていた私にとって、ランドスケープがニュータウン開発事業を先導する様は実に新鮮であった。また、アメリカで学ぼうと志していたことが、例外的なものであったとしても、日本で実現可能な状況にあると確認できたことは、異郷に赴こうとしていた自分自身を鼓舞するに十分刺激的であった。

上野の学会賞受賞は、「多摩ニュータウン・落合鶴牧地区におけるオープンスペースの計画・設計」による。公園緑地ではなくオープンスペースなのであるが、そこには協働者としての曽宇厚之の存在が見え隠れしている。TNT―B3というプロジェクトコードで表記されていたこの地区の開発がすすめられたのは一九七〇年代の後半であった。前記した稲城向陽台（TNT―B6）に先立つこと約一〇年である。一九六〇年代から続いた画一的な住宅団地建設への社会的な批判に端を発し、賃貸から分譲へと住宅供給の重心をシフトさせつつあった事業主体の日本住宅公団にとっては、ずっと住み続けることのできる街づくりをアピールすることが急務であった。そのためには従来の均質な郊外住宅団地のイメージを脱して、資産としての価値を認めることのできるランドスケープを創出することが求められた時代でもある。上野と曽宇は、この課題に対してオープンスペースによる地区の構造化を具体的な空間のかたちを通じて提案し、それを複数の公園緑地を連担させる土地利用計画と具体的なデザインによって実現した。のちに松本敏行が「基幹空間」と命名したこの空間構造は、道路や建築に頼ることなく、オープンスペースによって市街地に明確な視覚的イメージを生起させ得ることを実証したもので、これ以降、私たちの実務においても再三にわたって応用する概念となった［図8］。

［図8］多摩ニュータウン落合鶴牧地区の基幹空間イメージ、上野泰によるスケッチ

上野が「ストラクチャリング(structuring)」、即ち「構造化」と呼ぶ手法では、第一義的に空地つまりヴォイドであるというオープンスペースの特性を活かして、まずは対象空間の中にヴィスタラインによる視覚的関係が構築される。さらに、公園緑地という都市施設が本来的に有する土地の形状(ランドフォーム)と各種公園施設や植栽などのモノとしてのソリッドな形態が具体的なデザインの対象となり、それらの連続体が構造を強化する。ここにおいて、プランニングとデザインの統合が、一人あるいは一組の主体によってなされる契機が生まれてくるのである。プランニングはシステムと数量を提案すること、デザインはそれらに物理的形態を与えること、この両者は別人格の主体が行っても問題はなく、むしろそのほうが望ましい……などと宣う学識者やお役人がいて、そのことにきわめて懐疑的であった私は、溜飲を下げたことを覚えている。ランドスケープのフィジカルプランニングとデザインは、やはり一つの人格のもとで遂行されるべきである。現在においても、これはほとんど確信に近い。

しかし、この手法の有効性は、オープンスペースに関係する様々な制度や事業のプロセスに関する深い知識と経験がないとなかなか担保されない。上野や曽宇に出会った頃に認識したことは、都市デザインに関わるランドスケープアーキテクトの職能が、圧倒的に経験値を必要とするものだということ。見方を変えれば、デザイナーからプランナーへと職域を広げていくことはできても、その逆はかなり困難なのではないかと思われることである。上野の経歴と業績を通観し、その言説に注目していた私は、そのことを自分なりに確認しつつ現在にいたるまでの設計・計画の実務において、デザインからプランニングへ、そして再びデザインに立ち戻るベクトルをつねに意識してきたつもりである。

さて、そのデザインであるが、着目すべきは大小二つのスケールにおける特徴である。一つはすでに前記したように、土地の造形に対応する空間スケールである。これは、敷地の中で完結する「土」の造形ではなく、敷地境界を越えて広がる「土地」のかたちをランドフォームとして操作することであり、多くの場合、土地造成のデザインに相当する。ともすれば、土木的な標準仕様だけに根拠を求めた画一的な造形がなされることが多いのだが、上野はここに切り込んでいた。多摩ニュータウンや港北ニュータウンでは、住区の基本計画や基本設計の段階から関わることによってその端緒を見いだし、公園緑地にとどまらず住区全体のランドフォームのデザインを通じて土木的造形とは一線を画する形態を創出している。実はこのことは、植生や水系の保全を含め、本来のランドスケープデザインには欠くべからざる視点であり、現代的な意味における持続可能な環境形成へと発展する可能性を内包していたことに注目するべきである。

もう一つは、まさしく原寸のモノのスケールにおける造形である。これは上野の類まれな造形力とそれをヴィジュアルに表現する描写力によるところも大きい。一つのプロジェクトをすすめる過程において生産されるおびただしい数のスケッチを通じて、形状、寸法、素材、工法、仕上げなどが詳細に検討されており、そのまま実施設計図書や施

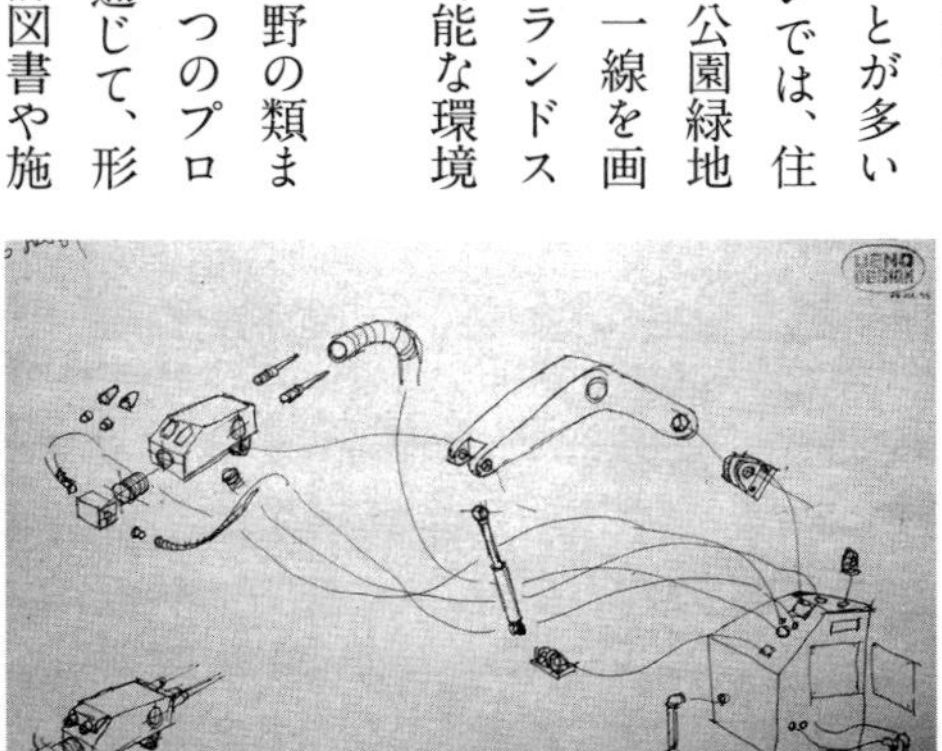

［図9］多摩ニュータウン稲城向陽台地区のサインファニチュア、上野泰によるスケッチ

工図に移行できるような情報がもりこまれている。特に代表作の多摩ニュータウン落合鶴牧地区や稲城向陽台地区の公園緑地に配置された様々なオブジェクトの意匠では、「異形化」という概念を用い、オープンスペース全般の空間に対置される造形を試みていた。ともすれば西欧的なテイストが支配的となりがちな日本のニュータウンのランドスケープの中に、主にヴァナキュラーな造形要素をもちこむことによって、オープンスペースの視覚構造を強化する効果が得られている。この手法の原理は、取り入れるスタイルやテイストの違いがあったとしても、今もなおデザインの実務において参照するモデルであり続けている[図9、10]。

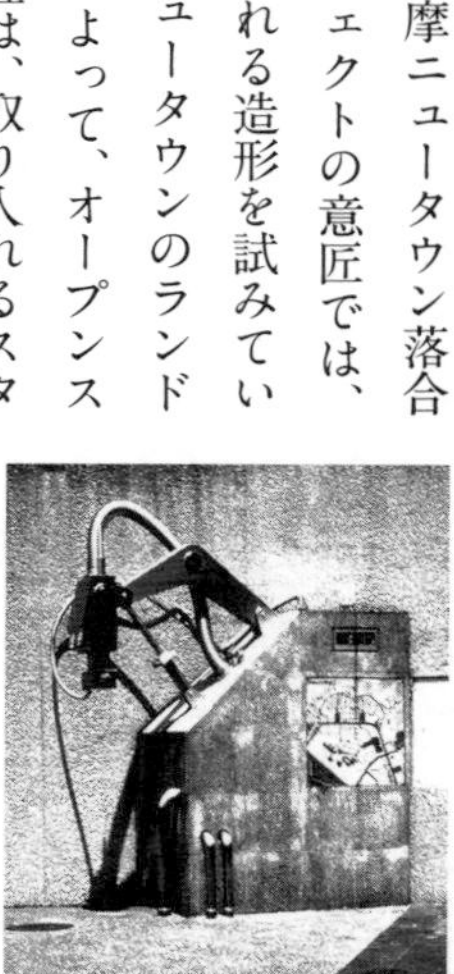

[図10]多摩ニュータウン稲城向陽台地区のサインファニチュア、[図9]を実体化したもの

近代造園研究所に見る職能の輪郭

一九六一年から七年間だけ存在した近代造園研究所という設計組織がある。公共の造園設計を専門的に行う日本で最初の設計事務所であり、前記した上野泰と曽宇厚之の実践的な活動はここを母胎としてはじまった。近代造園研究所の活動の詳細については他の文献[6、7]に譲るが、驚くことに二人は千葉大学在学中および卒業直後よりこの組織の中心的なメンバーであり、曽宇の理論と上野のデザインを車の両輪として、当時として

[6]『近代造園研究所 LANDSCAPE DESIGN '61-'64』近代造園研究所、一九六四

[7]『近代造園研究所の活動について——UR賃貸住宅における屋外空間の設計特性に関する基礎調査報告書』独立行政法人都市再生機構・設計組織プレイスメディア、二〇一一

は出色の作品を世に問うていった。いきなり、自分自身の裁量と責任のもとで計画と設計の実務に従事していたわけである。今どきの学部生や大学院生が、設計事務所でのアルバイトやインターンシップで働くのとはわけが違う。ここでは、その足跡をたどることによって、当時の日本国内で、おぼろげな像を結びはじめていたこの職能の輪郭を確認してみたい。

近代造園研究所の設計理論

近代造園研究所の活動内容とその背景にある理念を知るうえで、特に注目すべき資料が一九六四年に発行された同研究所の作品カタログである[図11]。同年にはじめて日本で開催されたＩＦＬＡ(International Federation of Landscape Architecture)の総会にあたって、同事務所のＰＲ用に作成されたものである。旧来の造園設計という枠組みを超えて、その職域の開拓や職能確立への想いの強さが伝わってくるものである。

カタログには、「現代の機械文明の発展に伴い、我々の生活環境はますます装置化、設備化しつつある。このような段階において、人間の空間は、外部の自然とは全く異なったシステムによる自己完結的なものとなろう」[6]というテキストがある。人間の空間の一形態が、敷地全体を一つのユニットとして装置化されることを意図していたことをうかがわせる。当時、猛烈な勢いで進行しつつあった工業化や都市化についての無批判な肯定のように思われるが、それまでの庭園や公園、緑地といった閉じられた造園空間像

[図11] 近代造園研究所カタログの表紙

から脱却しようとする意思が伝わってくる。ユニットという建築用語を外部空間に適用すること、並びに共通言語として扱うことで都市空間の再構成、構造化を試みたものである。

上野による一九六〇年前後のモデルプラン[図12]には、その具体的なイメージを垣間見ることができる。共通するのは、都市や空間の骨格となりうるペデストリアンウェイが周囲の環境から切り離されて存在し、そのペデに子どもの遊び場などの施設がぶら下がるというものである。後年、上野にヒアリングした際には、このペデとそこにぶら下がる施設が大きなユニットとして存在し、その全体が子どもの遊び場になるといったことを意図していたということであった。

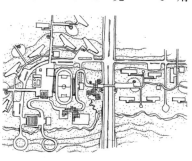

[図12] 都市公園のデッキシステムを市街地に展開し、都市全体を公園化する提案、上野泰、一九六〇頃

三つの床と構法思考の過程

上野による一九六〇年の論説「三つの床について」[8]は、前記したユニットの概念が生まれた背景を示唆する論考である。基盤となる土地の面を床面と見なし、そこに植物や施設をいかにビルトインするのか、ということを、人間の生活を支える三つの「床」の存在に着目して概念的に提示したものである。三つの床とは、第一の床：自然の大地(natural land)、第二の床：加工された床(reconstructed land)、第三の床：人工の土地(artificial land)である。図13が、それら三つの床の相互関係を示している。第二の床から上下に延びる二つの継ぎ手においてoutdoorとlandscapeの二つの空間領域に分けて理解することが

[8] 上野の「三つの床」の概念については、以下の文献を参照されたい
①上野泰「三つの床について」『造園雑誌』24巻1号、一九六〇
②宮城俊作・木下剛・霜田亮祐「初期の公団住宅におけるプレイロットの設計理論と実践」『ランドスケープ研究』64巻5号、二〇〇一

できるものである。第一の床に第二の床をいかに取り付けるかということがlandscape designであり、第三の床をいかに第二の床が待ち受けるかということがoutdoor designであるとした。第二の床の具体的イメージとして、竪穴式住居の地盤面であったり、農地や道路もその形態に含まれるとしていた。そして近代以降においては、第三の床である建築物を支える基壇の機能を有するものであった。ここにおいて、次に述べる「構法思考の過程」のベースとなる考え方が示されている。

近代造園研究所の作品カタログでは「構法思考の過程」という見出しによって、団地のプレイロットの空間形態が進化する過程が提示されている。当時、住宅団地の建設において、プレキャストコンクリートによる一定のモジュールに準拠したスラブ、壁、天井

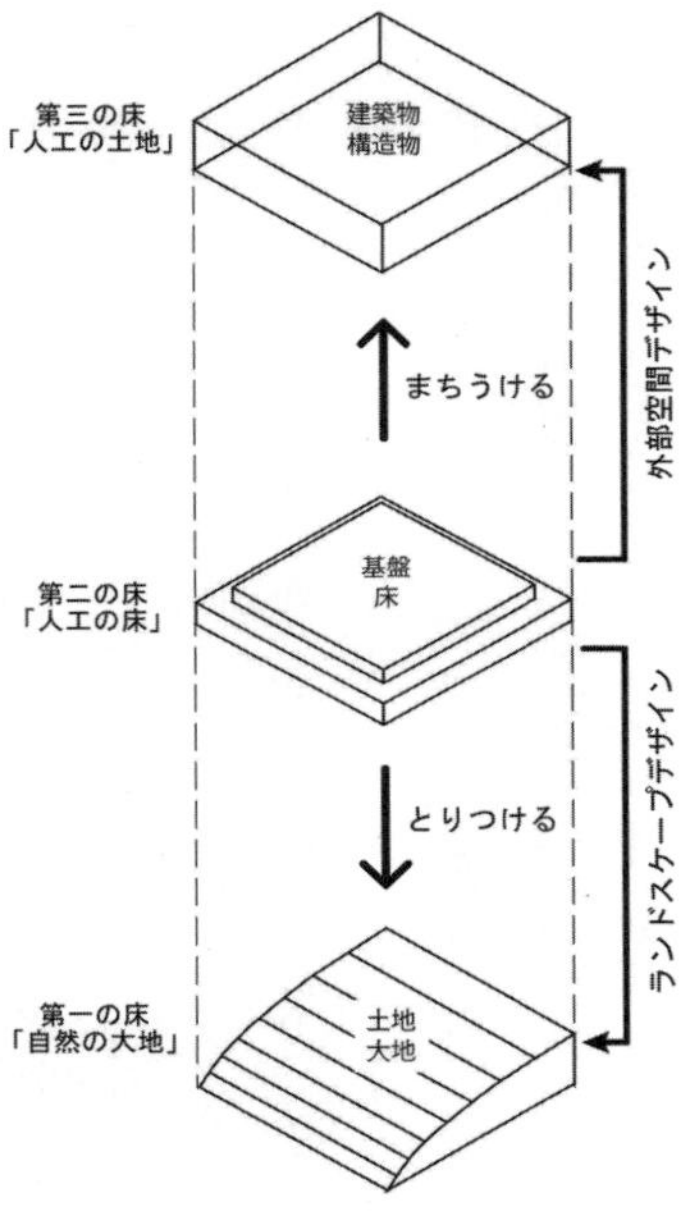

［図13］三つの床の関係、［8］②の文献より転載

の構成が検討され、設計における合理化と効率化がすすめられていた。構法という見出しをつけたのも、そのような背景があることが理由である。民間の設計事務所として日本住宅公団からの造園設計業務を受託した組織として、建築設計と同様の設計手法を模索していた結果でもある。

近代造園研究所の設計活動と理論的な背景を研究した霜田亮祐によれば、近代造園研究所の設計活動では、前述したような床面の装置化、構造化が上野を中心としてすすめられていたということである[9]。構法思考の過程では、遊具の構法とそれをいかに地面(床面)にジョイントし一体化できるのか、あるいは敷地を含めたユニットとして独立できるのかが、専用化と多様化という二つの対立する概念で説明されている。専用化は遊具やその他の施設の構法を示す。多様化は専用化の過程でつくられたものをいかに地面、敷地に取り付けることができるのか、あるいは地面になにかしらの操作をほどこして遊具や施設を待ち受けることができるのか、ということを示している[図14]。

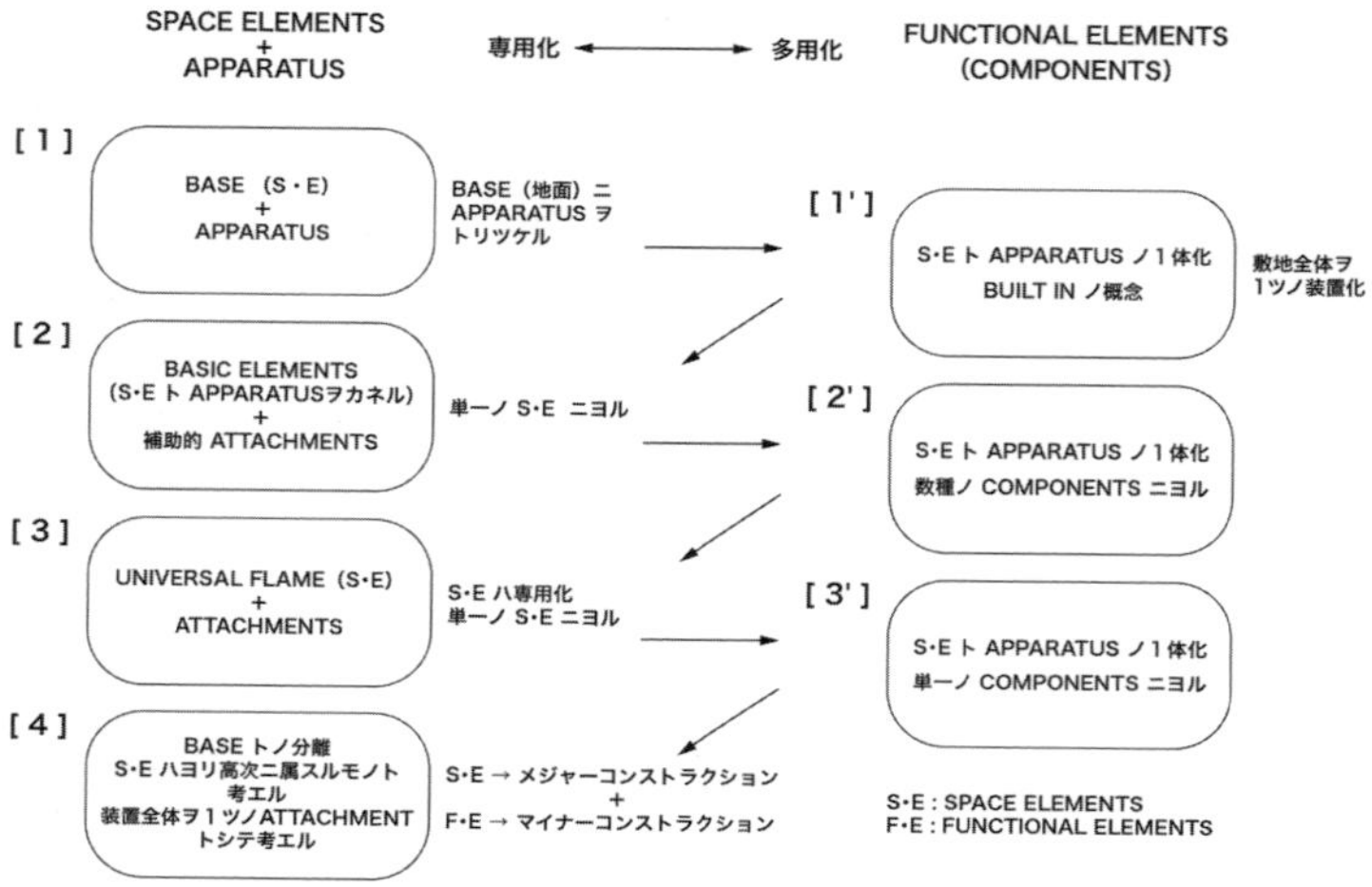

[図14] 構法思考の過程を示すダイヤグラム

職能の輪郭を描く意志

一九六〇年代の日本では、住宅団地の屋外空間の設計に関しても、同時代の要請に基づき、手法の確立や合理化が急務とされていた。そのため、標準設計手法の確立を目指して様々な試みが繰り返されていたが、上野を中心とする近代造園研究所の活動は、民間の設計組織として日本住宅公団の外部にありながら、プレイロットの設計手法に関して明確な理論を構築し、多くの作品を残したという意味で出色であった。ややもすれば、標準化や圧倒的な工業化、都市化の中で、造園ないしはランドスケープアーキテクチャーという職能の存在意義が希薄になりかねない状況の中で、理論と実践の創造的な関係を切り結び、それが実体化した空間を創出することで、造園設計、ランドスケープアーキテクチャーの職能が、戦後の日本社会に定着していったとも言えるであろう。都市の「地と図」の関係の中では、建築と同等に「図」として認識される作品群を遺したと評価することができる。

むろん、上野や曽宇をはじめとするメンバーの多くは、工業化や都市化を無批判に受け入れていたわけではない。近代造園研究所を離れた一九六〇年代の後半から、上野と曽宇は、ここに示したコンセプチュアルな空間思想と戦略的思考をひっさげて、当時、開発事業が緒についたばかりの首都圏における大規模ニュータウンの計画と設計に参入していった。そこで展開された計画論とデザイン論は、前記した多摩ニュータウン稲城向陽台や落合鶴牧地区、さらには港北ニュータウンのグリーンマトリックスを構成す

［9］霜田亮祐「近代造園研究所――その実体化された作品からみる設計思想」千葉大学大学院自然科学研究科修士論文、一九九九

る緑地系統の計画と様々な公共空間のデザインに結実する。ただし、その際にもつねにストラクチャリング＝構造化を最も基本的なコンセプトとして、自然環境の都市空間への取込みや骨格構造化を目指していた。住宅団地の屋外空間は、ニュータウンの空間スケールに比べればはるかに小さなものであるが、当時の子どもの遊び場への社会的要請を踏まえた数々の思考こそが、のちの設計活動の基礎になっているものと考えられる。地であろうと図であろうと、そのような平面的な関係を超え、土地と都市、あるいはその中に発生する場所との垂直的関係を空間化することによる職能確立への強い意志を感じとることができるのである。

第二章

ランドスケープと建築

ランドスケープと建築の関係はきわめて多義的である。対象としての土地と建物、属性としての自然と人工、手法としての修景と構築、職能としてのランドスケープアーキテクトと建築家等々、いずれも両者を併置することによってその関係を際立たせることに意味を見いだしている。しかし、逆説的に両者を重ねあわせることから見えてくるものもあるのではないかという問いが、ここでの主題の背景にある。そこで、モダニズムの建築ないしは建築家がランドスケープをどのように捉え、どのように表現してきたかを具体的に検討したうえで、再び両者の基本的属性を対置することによって、特に都市というフィールドにおいて構築すべき相互補完的な関係と二分法を超えたコラボレーションのあり方を展望する。

モダニストのランドスケープ観

F・L・ライトとランドスケープ

フランク・ロイド・ライト(Frank Lloyd Wright)が二〇世紀のアメリカを代表するランドスケープアーキテクトの一人であることに、疑いをさし挟む余地はない……、私がアメリカに留学中であった一九八四年頃、生前のヒデオ・ササキ(Hideo Sasaki)[1]から直接聞い

[1]二〇世紀アメリカを代表するランドスケープアーキテクトの一人。ハーバード大学のランドスケープアーキテクチャー学科の学科長を長く務めるなど教育面での貢献に加え、ランドスケープデザインとアーバンデザインの組織事務所Sasaki Associatesの創始者の一人でもあった。一九二〇〜二〇〇〇

た言葉である。ライトの代表作の一つであるカウフマン邸(通称"Falling Water"・落水荘)やシカゴ郊外のオークパークに広がる住宅群を訪れたり、豊かな樹林や建物に寄り添う緑が丁寧に描き込まれたパースを目にしたことのある者には、さして唐突な言葉ではないだろう、当時は漠然とそう感じていた。事実、ニューヨークのグッゲンハイム美術館など、ライトが晩年に手がけた規模の大きな建築は例外としても、ライトの手による住宅建築の多くは、あたかもずっと以前からその場所に建ち続けていたのではないかと思わせるほどに、敷地そのものや周辺との馴染みがよい。それは、単に水平性を強調するプレーリースクール特有の建築造形だけに帰することのできるものではないだろうとも想像できた[図1]。

アリゾナ州スコッツデールにあるタリアセン・ウエストに拠点をおくフランク・ロイド・ライト財団には、ライトが遺したおびただしい数の図面類や設計仕様書などが所蔵されている。それらの中には、敷地とその周辺環境との関係から建築の配置を検討するために作成されたと思われる平面図が多数見られる[2]。敷地に存在する既存樹木の位置、大きさ、樹種が一本ずつ丁寧に描き込まれ、それらに干渉しないように建築の配置を検討しているもの、隣接する住宅群との距離感や見え掛りを検討するためのもの、地形のアンジュレーションと建築の位置を検討するために、等高線が克明に描かれたものの、いずれもランドスケープアーキテクトがデザインのプロセスにおいて用意するものばかりである。土地とそこに創出される場所との関係を、建築することでランドスケー

[2] Charles E. Aguar and Berdeana Aguar, *Wrightscapes*, McGraw-Hill, 2002

[図1] フランク・L・ライトによるフランク・ライト・トーマス邸、イリノイ州シカゴ、オークパーク

プへと展開していることがよくわかる。

しかし、私自身がササキのこの言葉に込められた意味をより身近に感じたのは、後年になって建築家とのコラボレーションが、自らのキャリアの中心的な位置を占めるようになってからだった。建築が依ってたつ土地との関係については、一般論ではあるが、モダニズムの建築はそのローカリティに起因する制約条件から解放された存在であることを前提としている。ただし、その理念の発現形はきわめて多様であり、字句どおりの意味から最も遠く離れた位置にあるのがライトの有機的建築であったのであろう。ライトにとっては環境から生み出されるものが建築の本性であって、土地こそが常に建築の基本的要素そのものだったのである[3]。前章で述べたように、土地と場所の関係の上にランドスケープアーキテクチャーの職能の輪郭を描くことができるとすれば、ここにおいてライトの建築がランドスケープデザインそのものであるように感じられることには、十分に納得することができる。むろん、その対極、即ち建築を土地に固有の物理的条件から切断することを意図した建築家の代表が、ヨーロッパ起源の原初的モダニズムから出発したル・コルビュジエ(Le Corbusier)でありミース・ファン・デル・ローエ(Mies van der Rohe)であったことは論をまたないはずである。

[3] Frank Lloyd Wright, *The Natural House*, Horizon Press, 1954

土地という制約条件からの解放

コルビュジエについて言えば、柱とスラブによる構成を基本としたドミノ住宅の原型からして、すでに土地との絶縁は明らかである。柱の基礎を地形に合わせ固定してしまえば、床面の高さは自由に設定できるし、外部との関係は壁面と開口によって自由自在に制御可能となる。サヴォア邸(Villa Savoye)の平面形態に見られる非対称性、螺旋状に外縁に向かって広がる空間のダイナミズムは、厳格に規定された方形体の中に封じ込められ、ピロティはその自立的な領域を土地から浮遊させ隔離するための空間装置となった。外観からはうかがい知ることの困難な屋上庭園[図2]の存在は、建築することによって剥ぎ取られた土地を空中に再生し、居住者自身がその高みから自らの家庭生活の領域を確認するためのものであるようにも見える。むろん、このことは建築の周辺環境に対する否定的な態度を意味するものではない。逆に、建築の外側に広がる無限の領域は、「三〇〇万人のための現代都市」のスケッチに描かれた豊かな緑と明るい太陽光と清浄な大気を保証し、その恩恵に浴するための環境をもたらしてくれるものとして、もとのままに保護されるべきであるとした。建築と土地、ないしは自然とのあいだに単純かつ楽観的な二分法が成立している。

ミースの場合、この二分法は主たる活動の場をアメリカ合衆国に移すことによって、内容の進化を伴いつつより明確なものとなっていく。初期の代表作である一九二九年のバルセロナ博覧会ドイツパビリオン(通称バルセロナパビリオン)では、フリープランの中の自立壁によって規定された空間が、明確な輪郭や囲みを伴うことなく屋外へと連続していく。そこには明らかに敷地周辺のランドスケープ的なコンテクストへの応答があった

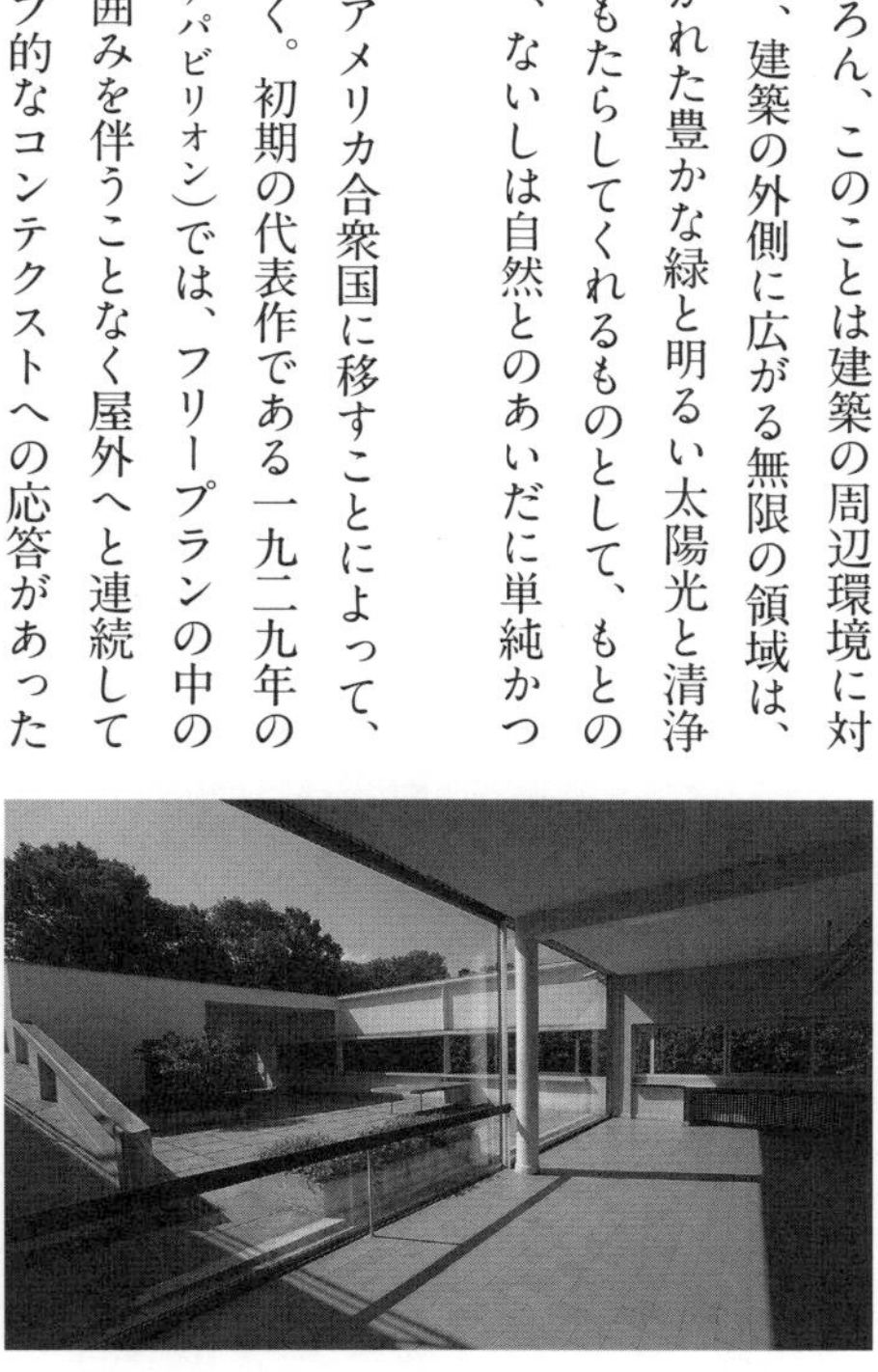

[図2]サヴォア邸のルーフガーデン、一九三一、ポワシー、フランス

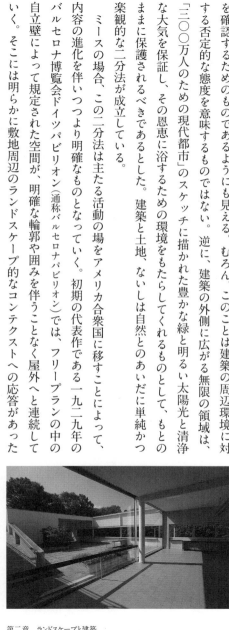

と見てよさそうである。また、コーリン・ロウ(Colin Rowe)も指摘するように、ミースの初期の作品では自立した壁面が建築の外殻を超えて周辺の空間へと延伸されており、土地と建築をめぐる明確な二分法は認められない。事実、初期のミースはライトからの多大な影響を自認していたとも言われる[4]。

しかし、渡米後のミースの作品は、それ自体が完結した直方体としての建築へと変貌し、意識は自律的な建築の機能性と構造的合理性へと振り向けられていく。その一方で、土地や自然との関係は即物的にではなく、より抽象的な精神性において切り結ばれようとしていた。曰く「私たちは自然と住宅とそこに住む人が、より高い次元において共存できるように努力するべきである。ファーンズワース邸のガラス面を通して外部の自然を眺めるとき、人は自然の中にいるよりもはるかに意味のある体験をしていることになる。このようにして自然はより豊かに表現される」[5]。地盤面から持ち上げられたファーンズワース邸[図3]の基壇と床、長大なガラス面とそれを縁取るスチールの梁と柱は、周辺の自然豊かなランドスケープを二次元のパノラマとして室内にいる者に切り取って見せる。建築との隔たりはより明確なものとなり、自然は土地の視覚像に置き換えられ、純粋に絵画的な価値が与えられることになった。

一九三二年のMoMAにおける「国際様式展」を経て、二〇世紀中葉のアメリカ建築は、ヨーロッパ起源のモダニズムが席巻する。したがって、土地や自然との関係について言えば、その対極にあると目されたライトの建築が、この時期の原理主義的なモダニズム

[図3]ファーンズワース邸、イリノイ州シカゴ

[4] Colin Rowe, 'Neo-Classicism and Modern Architecture,' *The Mathematics of the Ideal Villa and Other Essays*, MIT Press, 1976

[5] Wolf Tegethoff, *Mies van der Rohe, The Villas and Country*, The Museum of Modern Art, 1985. この論考の中に、ノルベルグ=シュルツによるミースへのインタビューが引用されている

のカテゴリーから抜け落ちても当然であっただろう。そして爆発的な建設ラッシュの中、土地のコンテクストから解放された条件下で設計され生産された建築が、次々と機械的に造成された敷地＝サイトの上に置かれていった。しかし現実の問題として、これらの建築を再び土地の上に定位するためには、そこになんらかの下ごしらえが必要である。あるいは建築と対峙する自然がよりそれらしく見えるようにと、様々な手が加えられるようになる。これら一連の作業はサイトデザインと呼ばれ、ランドスケープデザインの中に形成された新たなジャンル、ある意味ではきわめてアメリカ的なジャンルとなった。

サイトデザインへの意識

この時代、ランドスケープアーキテクトとして、サイトデザインの実践に先鞭をつけたのが、主に西海岸を設計活動の舞台としていた一群のデザイナーであり、その代表的な位置にあったのが、トーマス・チャーチ（Thomas Church）とその後継者と目されたガレット・エクボ（Garrett Eckbo）である。彼らの活動が西海岸地域に限定されていたことには、それなりの理由がある。それは、年間を通じて少雨・温暖な気象条件をもたらす西岸海洋性もしくは地中海性の気候風土であり、屋外空間が建築の内部空間の延長として、あるいは両者が一体のものとしてデザインされうる可能性があったことによる。また、重厚な壁体に異存する建築構造から解放されることにより、建築内外の境界部に多様な開口部と中間領域を形成することができる余地が大幅に広がった。

この時期、〝Outdoor Room〟即ち戸外室という呼称をあてがわれた空間領域が発生するようになったことにも注目しておきたい。結果として、建築と屋外空間、住宅と庭園の関係を超えて、両者が空間的、機能的に融合するきっかけをもたらした。そうなると、敷地に余裕がある場合などには、どこに建築を配置するかは、建築計画の課題であると同時に、ランドスケープデザインの課題としても認識されるようになる。さらには、敷地境界を越えて、周辺の景観や環境への意識が高まることになり、ガーデンデザインから進化したサイトデザインのジャンルが確立されるようになった。

ミースと同じくヨーロッパからアメリカに活動の場を移したモダニストの一人、リチャード・ノイトラ(Richard Joseph Neutra)は、サイトデザインの作業をランドスケープアーキテクトの手に委ねず、自らの手で行うことも多かったとされる。彼もまた熱心なライトの信奉者[6]であったのだが、建築の様式そのものは純然たるインターナショナルスタイルである。ノイトラが設計した住宅では、建築と屋外空間の関係を積極的に空間化しようという意図を平面構成と空間要素の両面において明確に読み取ることができる。即ち、屋内と屋外のダイレクトな接触を促す要素、たとえば開放のために可動性を確保したガラスによる壁面の構成、ふところの深い軒や庇、屋内の床面積に匹敵する屋外のテラスやデッキ、ルーフバルコニー、屋上庭園などの中間領域を形成する装置が提案されている[図4]。また、建築平面に対応した機能的な屋外空間の構成やそれをサポートする

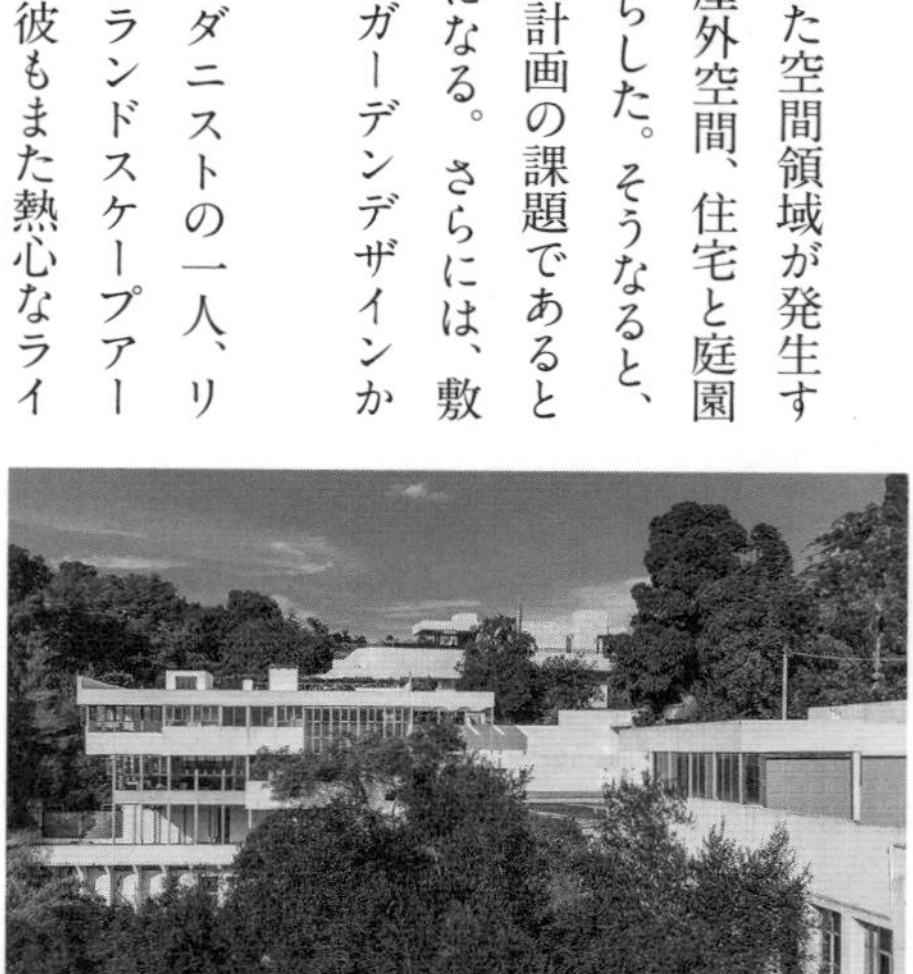

[図4]リチャード・ノイトラによるローヴェル邸、カリフォルニア州ロサンゼルス

[6]一九二三年にアメリカに移住後、しばらくライトのタリアセンで働いた経験がある

植栽なども見られるが、造形的には簡潔で抽象度の高い建築に呼応し、装飾性を排したシンプルな幾何学的構成が特徴である。

このように、ノイトラが主たる活動の場として選んだアメリカ西海岸、なかんずく南カリフォルニアの気候風土がもたらした住空間の戸外への延伸が、二分された建築と土地の関係を調停する契機となったと見るほうが自然であろう。土地との関係については、コルビュジエやミースの原理主義に対して、ノイトラは修正主義的モダニストであったと言うこともできそうである。しかし、それはあくまでも原理の修正であって、自らの建築を自然の中の樹木にたとえ、土地と建築、内部と外部の有機的な統合を目指したライトの建築との隔たりのほうがはるかに大きいのではなかったか。結局、その隔たりは、チャーチやエクボを筆頭としたランドスケープアーキテクトによって実践されたサイトデザインと、その延長上にあるランドスケープデザインが埋めていくことになる。むろん、そこにはランドスケープアーキテクトに固有のモダニズムの解釈が介在しており、建築家とのコラボレーションを通じて具体的な空間像を結びはじめることになったのである。

この章の冒頭にあるササキの言葉は、二〇世紀のランドスケープアーキテクチャーのかなりの部分が、モダニストの建築家の作品や言説を通じて表明されたランドスケープ観の広がりの中で実践されてきたことを意味している。モダニズムの呪縛からの解放、あるいは次の時代の持続可能性の追求という現代建築のテーマに対して、ランドスケープアーキテクチャーがそのための手がかりの一つを提示できるとするならば、それはモダニストが目指した土地と建築との創造的関係の発露を、再び詳細に検討することを必要とするのではないだろうか。しかし、その前にもう一人、ランドスケープと建築の関係に強いこだわりを見せた日本人のモダニストの活動をレビューしておきたい。

ランドスケープと建築をつなぐ感性——建築家・瀧光夫のこと

建築のための緑——みどりのための建築

建築物や都市空間の緑化推進が叫ばれるようになって久しい。昨今では持続可能な建築と都市環境の実現のために、緑化は必要欠くべからざるものとして認識されている。しかしその一方では広義のGreenの意味がSDGs（Sustainable Development Goals、持続可能な開発目標）への貢献を標榜する企業や団体によって矮小化され、その象徴として、これでもかというくらいに緑をまとった建築のイメージがメディアにあふれている。Green Buildingの本来の意味は、より広義の環境保全と持続可能な開発に貢献するものであるはずなのだが、ここでも緑化された建築が即ちGreen Buildingであるかのような誤解が蔓延している。つまり、実体としての植物である緑が、建築が存在し続けるための手段であり、方便になっているのだ。誤解を恐れずに言えば、建築による環境負荷の増大を正当化するための免罪符になっているという見方すら成り立ちそうである。これらは、建築が建築として存在するための緑、それも表層を覆う視覚的な記号としての植物であることが第一義であるように見えてしまう。

一方、今から四〇年以上前の日本で、建築のための「緑」ではなく、「みどり」のための建築を世に問い続けた建築家がいた。それが瀧光夫、その人である[7]。ここで私が「緑」と「みどり」を使い分けていることにはそれなりの意味がある。漢字で表記された緑は、即物的な存在である植物個体とその群を意味する。これに対しひらがな表記の「みどり」とは、植物と人の関わりのすべてとそのために設定された状況やプロセスを意味する。言い換えれば、緑と人のつながりのありようを「みどり」という語で表現していることになるだろう。植物がその個体を維持することができる、ということにとどまらず、良好に生長し更新されるために人の手によって整えられた環境がみどりである。また、様々な季節や環境のもとで、人が緑に触れる、緑を感じる、緑を育てる、そのために整えられた状況もまた、みどりだということができるだろう。見方を変えれば、この場合のみどりとは、やや意味の限定を伴うものの、ランドスケープそのものであると定義できるはずである。そのような文脈のもとに瀧が遺した作品を通観するとき、彼が目指したものが「みどりのための建築」「ランドスケープのための建築」であったことを実感できるのではないだろうか。では、それらが単なる緑化建築とはどう違うのか、ここでは具体

[7] 二〇二〇年春、京都工芸繊維大学美術工芸資料館において、「建築家・瀧光夫の仕事——緑と建築の対話を求めて」と題された回顧展が開催された

的に三つの視点を提供してみたい。

緑に媚びない造形

一つめは、建築そのものの造形と空間が緑に媚びない、ということである。仮に、瀧の建築作品から緑をすっかり取り除いた状態を想像してみるとよいだろう。建築の空間造形に敏感な人ならば、おそらく、そこに緑がなくともモダニストの建築として立派に成立していること、それも質の高い空間体験をもたらしてくれるものであることを即座に感じとるのではないだろうか。今では大きく生長した樹木群に埋もれるかのようにたたずむ愛知県緑化センターの本館も、木立のあいだから顔をのぞかせるガラスのファサードは、あくまでも直線的なエッジを想起させる［図5］。緑濃い斜面のあいだに見え隠れする石川県林業試験場の展示館は、樹林に向かって突き出た鋭角のシルエットが、スギ木立の垂直的な樹木群とはっきりとしたコントラストをなしている［図6］。みどりに建築の存在意義を求めながら、それでいて緑に媚びることなく凛とした存在を主張する造形である。

私自身は、建築家とのコラボレーションを経験する中で、時折困惑するような状況に遭遇することがあるのだが、その多くは緑やランドスケープが建築の「粗を隠す」ための手段と見なされていることに起因していると言ってよい。緑が建築の表層的な化粧となることを求められているのである。そのような状態を演出するための作業を、私は外構

［図5］愛知県緑化センター本館、豊田市

［図6］石川県林業試験場展示館、白山市

設計と呼んでいる。これはあくまで個人的な定義であるが、外構設計とは「建築壁面線から建築基準法上の敷地境界までのあいだを建築家が設計すること」である。私の記憶が確かならば、瀧は「外構」という語を使っていなかったと思う。

断面図へのこだわり

二つめは、設計のプロセスにおける断面図へのこだわりがきわめて強いことである。瀧が遺したおびただしい数の手描き図面の中でも、特に目を引くのが、様々なスケールの断面図である。建築設計であれば、細部の納まりや矩計が断面図で検討されるのがあたりまえなのだが、それらはもとより、敷地全体とその境界を越えて隣接地にまで範囲を広げて描かれることもあった敷地断面図(site section)は、一般的な建築設計図書の中ではあまりお目にかかることはない。さらに言えば、そこには樹木、水景、擁壁、法面など様々なランドスケープの要素も、きっちりと寸法や構造もあわせて描き込まれている。もはや、ランドスケープデザインの設計業務で求められる断面図そのものなのである。あるいは、建築とランドスケープにまたがるサイトデザインの表現媒体としての意味もあるだろう。

特に衝撃を受けたのが愛知県緑化センター本館の敷地断面図[図7]であった。南北二〇〇m以上の敷地とその背後の斜面を含めて一〇〇分の一の縮尺で描かれた図からは、建築と土地が、どのように折合いをつけようとしているのかをつぶさに観察するこ

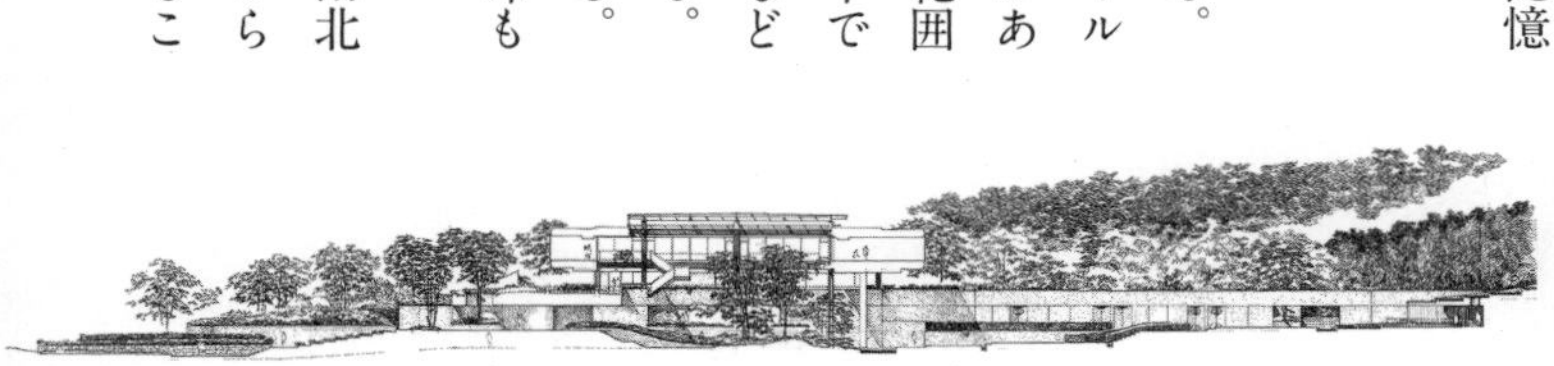

[図7] 瀧光夫による手描きの愛知県緑化センター本館南北断面図

とができる。また、建築の基壇となる部分とその上に構築される架構のあいだに生まれる隙間のような空間を通じて、建築の内外が連続して認識できるような透明感が確保されていることにも驚く。この隙間のような空間の創出は、実は、敷地断面図を通じて検討される微妙な高低差の処理、レベルの設定によってはじめて可能になるものだ。その際には、建築の開口を通じて内外を眺望する人の視線の仰角と俯角のわずかな違いへの配慮も十分になされている。

もう一点は、建築にとって植物はどのような存在であるべきかを表現した断面詳細図のことである。瀧の建築における植物は、単なる添え物ではなく、建築とともに成熟していくみどりでなくてはならない。そのための条件を整えるために検討された断面図は、緑を載せたり貼り付けたりするためのものではない。十分な深さと面積がある植栽土壌のスペース、灌水と排水のための設備、維持管理のためのスペースの確保など、植物群が持続可能な状態で生長するために必要な基盤のあり方を、あくまでも建築設計の対象としている点に注目しておくべきであろう。

固有のディテール

さらに三つめは、みどりのための建築として、固有のディテールがあるということ。瀧が遺した作品群の多くを占めるのは、いわゆる植物園建築、温室建築であるが、それらは西欧近代からの借り物として幅をきかせてきたガラスの工作物 Green House ではない。Green House は、内部の環境をコントロールするためのガラスのシェルと内部の環境であって、それ自体が独自の空間を構成することは希であろう。これに対して、瀧の建築はどうか。建築の空間領域を明確に主張するRCの架構、随所に配されたヒューマンスケールの空間分節、内部と外部の連続と融合を促す多様な中間領域の設定などにはじまり、人が直接触れる隅々のディテールにいたるまで細心の配慮がなされ、近代以降の建築意匠に求められた普遍的な課題への回答が用意されていた。

素材の選択とその組合せ、細部の取合い、仕上げについても同様である。当時、瀧の事務所で目にした実施設計図書が、そのことを雄弁に物語っていたと思う。もちろん、現在のようにCADやBIMを用いることができる環境にあったわけではないから、すべてが手描きであったのだが、それだけに設計者個人の想いが、鉛筆の先を通じて細部まで浸透していたのであろう。後年、私自身が設計の実務に携わるようになっても、しばらくのあいだはすべての設計図書が手描きであったし、CADを使用するようになった現在も、初期のアイデアスケッチやディテールを詰める作業において手描きへのこだわりをもち続けているのは、やはりその頃の影響が大きいと思っている。

瀧が活躍した時代と現在を比較したとき、みどりに関して決定的な違いがあるとすれば、それは緑化技術の飛躍的な向上である。建築による環境負荷の増大を正当化するための免罪符ではないかと揶揄した緑もまた、それを支える緑化技術なしには存在しえない。それらが建築のための緑だけではなく、みどりのための建築に適用されるとき、どのような空間、景観、環境を創造しうるであろうか。建築家・瀧光夫ならばどのようにふるまうであろうか、想像してみたくなるのは私だけではないだろう。その先に見えてくるのは、おそらく、次世代のGreen Architectureなのだろうと思う。だた、そのときでもなお、瀧が実践して見せた建築とランドスケープをつなぐあふれんばかりの感性の発露は、庭と風景のあいだを行き来しようとする私の意識の中で、つねに参照され続けている。

ランドスケープと建築の相互関係

ランドスケープ・アーバニズムがもたらしたもの

ランドスープと建築の創造的な関係を展望するうえでは、都市計画や都市デザインにおいて、この両者がどのような位置にあるのかを確認してみることが最も有効ではないかと思われる。そのための手がかりとして、ここでは一九九〇年代後半の北米で台頭したランドスケープ・アーバニズム(Landscape Urbanism)において、どのような主張がなされ、どのような実践を経て現在にいたっているのかを簡単に見ておこう[8]。

[8] 欧米におけるランドスケープ・アーバニズムの台頭から約二〇年間の動き、その間の実践、現在の評価については、以下を参照。
①Charles Waldheim, *The Landscape Urbanism Reader*, Princeton Architectural Press, 2009
②「特集 ランドスケープ・アーバニズムがもたらしたもの」『ランドスケープ研究』第78巻第4号、二〇一五

ランドスケープ・アーバニズムが、都市計画や都市デザインに関わる概念として注目されるようになったのは、一九九七年にシカゴで開催された国際会議[9]とその後の様々な出版物を通じた啓蒙によるものであった。この時期、北米だけではなくヨーロッパ諸国においても、産業構造の転換に伴って空閑地化した鉱工業生産施設用地や廃棄物処理場などのいわゆるブラウンフィールドの増加が顕著となっていた。その再生を通じて持続可能な都市構造への再編を目指すためには、従来の建築や土木技術では限界があり、社会経済活動の履歴を含む土地の生態学的なポテンシャルを、都市空間の中に実体化するためのアプローチが必要であると説いた。要するに、都市計画や都市デザインの主導権を、建築や土木からランドスケープへとシフトさせようとする主張である。

この主張とその根底をなす思想は、世紀をまたいで実践されたいくつかの著名なプロジェクト、たとえばニューヨーク市のハイライン(High Line)やフレッシュキルズパーク(Freshkills Park)などを通じて、アーバニズムに新たな潮流を浮かび上がらせた。前者は、廃棄され、長年にわたって放置されていた鉄道高架を歩行者空間として再生させるだけではなく、その影響が周辺地域の不動産の資産価値向上と都市再生の促進に反映されるなど、地域の都市構造の再編につながる効果をもたらしたとされる[10]。また、大都市圏から排出された廃棄物の処分場を対象としたプロジェクトである後者は、長期にわたる土地再生の過程を生態学的な知見に基づいて段階的に予測したうえで、ランドスケープの動態そのものを表現の対象とし、システムとプロセスへとデザインのモードを転換す

[9] グラハム財団の支援によって一九九七年四月二五日から二日間にわたりシカゴで開催。その際の講演や展示などの内容をとりまとめたものが前記[8]①の文献である

[10] ハイラインが周辺地域への資本投下による都市再生を促進したことは、一方においてローカルコミュニティにおけるgentrificationをもたらしたという点についても注意が必要

るための具体的な方法論を実践している。いずれも、ランドスケープ・アーバニズムが標榜する都市計画、都市デザインのパラダイムシフトを、都市空間の実体に反映させたものとして注目を集めた。

このように今世紀の最初の一〇年間に理論と実践の双方で体系化がすすめられ、都市デザインにおけるランドスケープアーキテクトの存在感を高めることに貢献したランドスケープ・アーバニズムであるが、その後の展開には大きく二つの方向が認められるようである。その一つは、地球温暖化と気候変動がもたらす様々な問題、とりわけ自然災害に対する都市のサスティナビリティ（Sustainability）とレジリエンス（Resilience）の獲得に向けた取組みを支える理論と実践である。

これらは、ランドスケープ・アーバニズムからエコロジカル・アーバニズム（Ecological Urbanism）[11]への進化として捉えることができるものであり、先進国における縮退する都市、新興国における成長し拡大する都市、途上国におけるインフォーマルに形成される都市、それらのいずれをも対象領域におさめることができるとした。グローバルスケールの環境を意識した領域の拡大である。

今一つは、ランドスケープ・アーバニズムを通じて獲得された都市に関わるための立脚点と、そこからの新たな視点を伴ってランドスケープアーキテクチャーに回帰する流れである。これは、ランドスケープ・アーバニズムの主たる関心がシステムとそれを構築するプロセスに集中するあまり、結果としてもたらされる物的環境のあり方や実体と

[11] エコロジカル・アーバニズムについては、以下の文献に最も包括的な理論と多様な実例がとりまとめられている。Mohsen Mostafavi and Gareth Doherty, *Ecological Urbanism*, Lars Muller Publishers, 2010

しての空間、景観に対する意識が希薄になっていることへの反省から生まれたものであるようだ。都市や地域のローカルなスケールにおいて、具体的プロジェクトの実現を通じて還元されるべき成果を追求する方向への進化である。

さて、ランドスケープ・アーバニズムという概念自体は、その誕生から約一五年を経て、すでにその元祖であった北米でも言及されることがなくなりつつあると言う。大学での研究教育の現場においても、プランニングやデザインの実践的な活動の局面においても、この概念が参照されることはほとんどないようだ。一過性の運動論であったという見方もできるであろう。しかし、一時的なものであったとしても、先行していたアーキテクチャー・アーバニズム(Architectural Urbanism)に対置されるカウンターコンセプトである以上、その理論構築と実務へ展開の過程では、原初的かつ本質的な意味における建築との比較と相対化がなされているはずである。ここでの主要なテーマであるランドスケープと建築の相互関係について多少なりとも深く考えるためには、この点を避けて通ることはできない。この文脈において、ランドスケープ・アーバニズムがもたらしたものとは、ランドスケープと建築の相対化をはかるための概念的な枠組みであったと言えそうである。

対義的な四対の基本的属性

前記したように、アーバニズムの主導権を近代建築からランドスケープへシフトさせるという野心的な動機に突き動かされるかたちではじまったランドスケープ・アーバニズムでは、その初期において、両者の原初的かつ基本的な属性を相対化する試みがなされていたように思われる[12]。ここでは、それらを対義的な四対の属性を通じて考えてみることにしたい。即ち、ランドスケープと建築について、①土地の表層(Surface)に対して空間の形態(Form)を、②土地の水平方向の様態(Horizontality)に対して垂直的な(Verticality)造形意志を、③要素の分散(Dispersion)に対して集中(Concentration)を、そして④変化するプロセス(Process)への指向に対して機能と形態の因果関係(Cause and Effect)の表現を、それぞれ対置することである。

土地の表層と空間の形態[図8]

対義的な四対の属性の中で、最もわかりやすいのがこれではないかと思われる。Landscapeの"Land"がこの職能の輪郭を形成する基本的な要素であることは、本書の第一章で述べているから、ここで繰り返す必要はないであろう。少しばかり突っ込んだ検討が必要であるとすれば、それは「表層」がなにを指すのかということである。字句どおりに解釈すれば、厚みのない二次元の表面になる。しかし実際には地表面の被覆の状態とそこから一定の深さの範囲に存在する土壌の物理性や化学性、生物相、それらをもたらす地形地質や地下水の状態がランドスケープの要素に作用する。また地上部に目を向ければ、地表面から一定の高さの範囲における植生の状態はもとより、地表面に存在

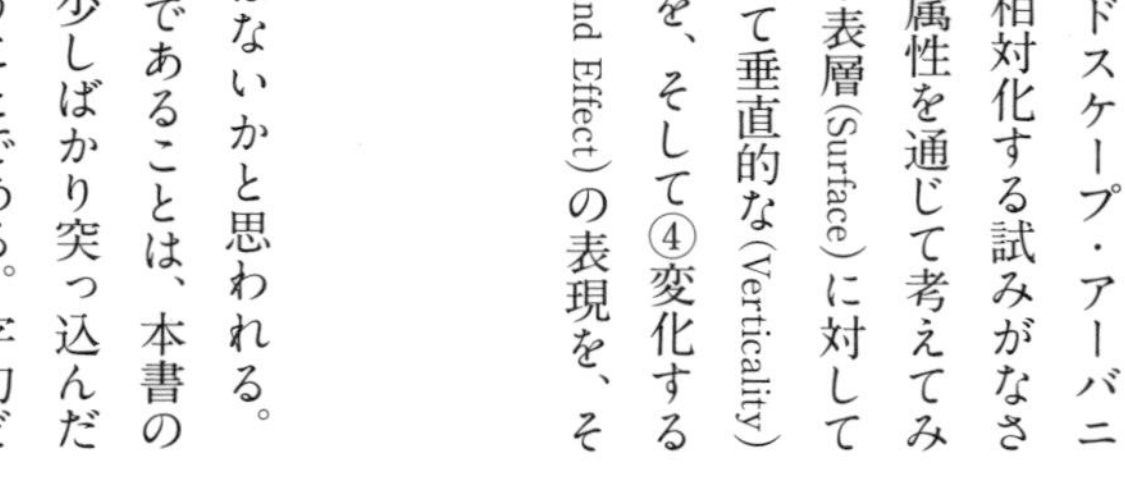

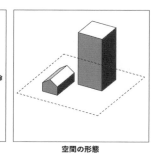

[図8]ランドスケープと建築の対義的な属性
①土地の表層と空間の形態

[12]この四対の対義的な属性は、前記[8]①に掲載されていている様々な論説から抽出することができたものである

する水とその動態や大気の動きは、ランドスケープにとって最大の関心事の一つである。つまり、一定の物理的な厚みをもった層であることが前提となっていて、そこに太陽エネルギーや様々な気象的要因が作用するし、微生物からほ乳類にいたる動物が介在する食物連鎖も関係する。もっとも、この厚みを地球規模で相対化してみれば、球体の表面を覆う薄っぺらな表皮でしかない。ちょうど薄皮饅頭の表皮である。ところが、この薄皮があることで饅頭の味わいが大きく変わることも事実である。つまり、人間の様々な営為が直接間接の影響を及ぼす範囲がランドスケープアーキテクチャーの扱う土地の表層になるわけで、そのあり方如何が問われることになる。

これに対して、建築が扱う空間の形態については、ことさら説明は必要ないかもしれない。規模の大小やローカリティを反映する表現はあるにしても、屋根、壁、床によって構成される建築内部の空間の広がり、外部から観察される三次元の形状やシルエットこそが、建築を建築たらしめている最も原初的な属性である。そして、この空間の形態が土地の表層に置かれたとき、それすらもランドスケープの要素として認識されることになる。このように解釈すると、建築がランドスケープに包含されてしまうのだが、そう言ってしまうと元も子もないので、ここではあえて両者を対置していることを断っておきたい。

水平的な様態と垂直的な造形［図9］

二つめの対義的な属性は、前記した土地の表層と空間の形態の関係から、自明のものとして導きだされる。ランドスケープが土地の表層を扱うということは、即ち、土地の水平的な広がりの中で認識される様々な要素が、どのようなヴィジュアル、あるいはエコロジカルな様態を呈するのかが問題であることにつながる。古典的には、地表面に近い場所に固定された視点からの近・中・遠の景観がどのように眺望されるのか、ということに代表されるように、建築や都市の範囲を超えた広がりのスケールに関係する事象であったのだが、現代ではこれがきわめて多義的になっている。その要因の一つが、地表面から様々な高さに視点を設定できるドローンによってもたらされる図像であり、さらにはそれらが動画になることによって移動の時間的な変化の中で水平的な様態を捉えることができるようになったことである。それまで、地上に固定したアイレベルの視点からの水平方向の眺望を形成している要素間の関係を、地図や空中写真などの平面の図像で確認していたものが、眺望と地図がひとつ一つに統合された図像とその連続体によって認識できることになった。このことは、土地の水平的な様態を扱うランドスケープの分野には、かなり大きな変革をもたらす可能性を秘めている。さらには、ここにGISによる地理情報やデータサイエンスの情報が加味されると、その可能性は著しく拡張されるであろう。

これに対して、三次元の空間形態を扱う建築という行為に見られる垂直的な造形への

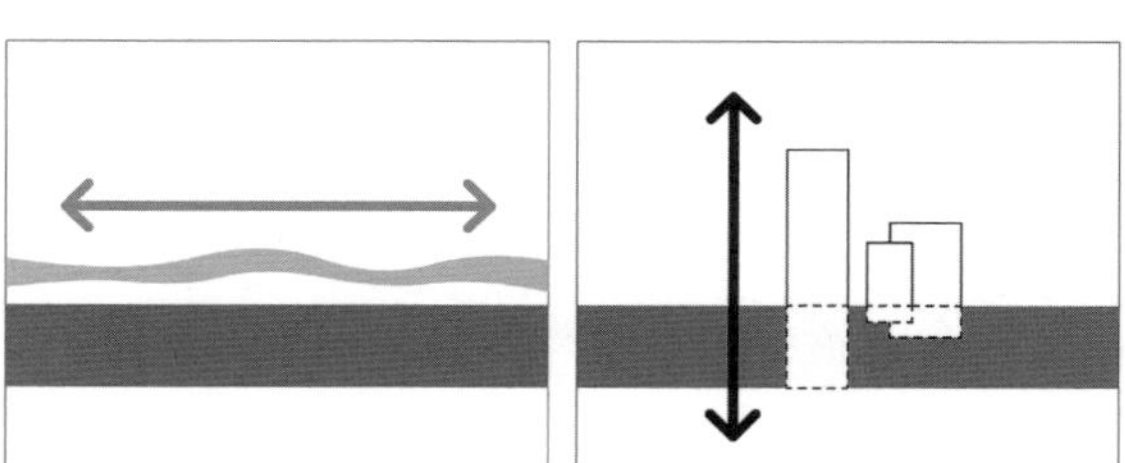

［図9］ランドスケープと建築の対義的な属性
②水平的な様態と垂直的な造形

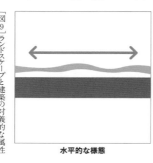

意志は、古今東西を問わず表明され続けており、それは近代の超高層建築においてより顕著となってきた。むろん、それを支えた構造、設備、施工の技術革新、並びにその基礎をなした近代工業技術の発展が背景にあることは誰もが知るところである。重力に抗して天空に聳え立つスカイスクレーパーに象徴される人間の造形意志は不滅であるかに思われ、それを正当化(?)するかのような「スカイフロント(Sky-front)」の造語も現れている。同じように、「ジオフロント(Geo-front)」の造語も見られるようになったが、こちらは地中に向かう垂直的な空間拡張の意志を反映する。いずれも、天空と地中という領域に、新たな活用の可能性を想定したフロンティアのようなものである。これらをランドスケープの水平的な様態に関係づけるならば、前者はドローンと同じく水平的に広がる土地の様態を多様な高さから観察する視点を、後者は地表面下の地質や水系を保全・再生するための接点を、それぞれもたらしてくれそうである。

分散と集中［図10］

さて、三つめの対義的な属性に関しては、まず、建築の側から述べていくほうがわかりやすいと思われる。近代建築によって形成される近代都市は、人、物、情報の地理的な集中と集積がもたらす経済活動の効率性と合理性を最大限に発揮できるかたちを求めた結果であった。経済活動の生産性は、人と人、人と物の地理的、物理的距離が小さいほうが高く、また人を介して流通していた情報やコミュニケーションは、通信ネット

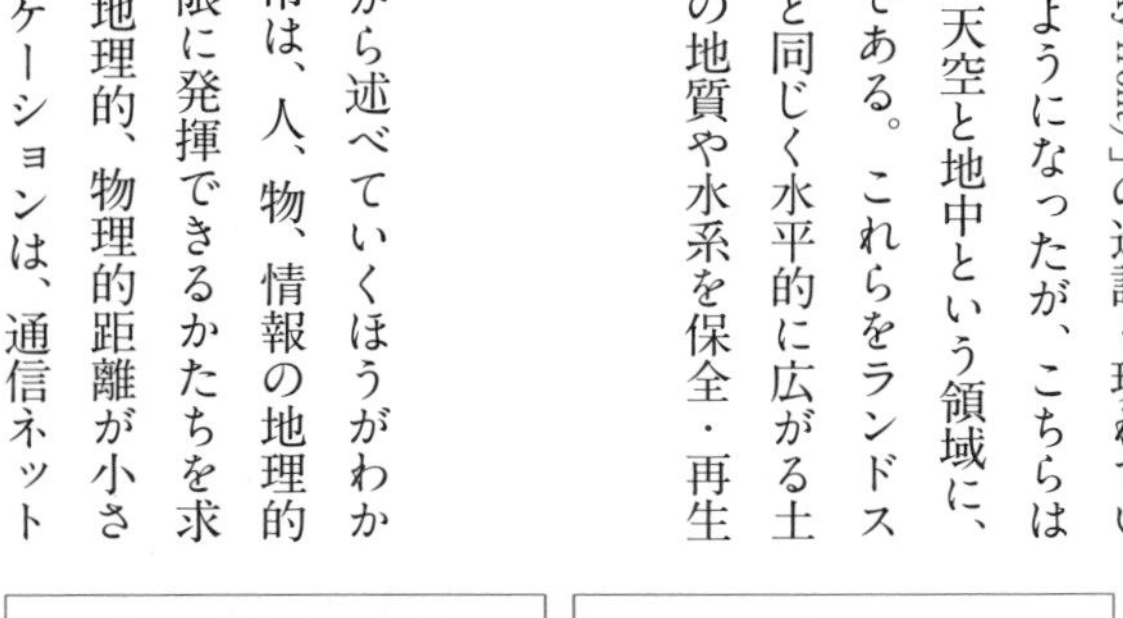

［図10］ランドスケープと建築の対義的な属性
③分散と集中

ワークが地理的な距離を超越した現代においてもまだ、属人的な部分を残したまま現在にいたっている。

その結果として、都市に集まる人と物をおさめる器としての建築もまた集積の度合いを高め、さらにそれを下支えする都市インフラの発達とそのための資本投下とともに、集中すること自体が目的化したような状況ができあがった。先進国だけでなく、いわゆる新興国においても、大都市の郊外から都心にかけて幾何級数的に高まる建築物の密度が、都心部の超高層建築群のスカイラインを形成する。さらに詳細に見ると、同じ都心部でも主要交通ターミナルの直上や隣接地とそれ以外で集中密度が異なる。いわゆる“Transit-orientated Development”（公共交通指向型開発）のなせるところである。そして、これらは前記した二つの属性、即ち空間の形態と垂直的な造形の直接的な発現形となっている。

これに対して、ランドスケープの要素はおしなべて分散的、非集中的であると見なせるだろう。むろん、水系のように線状のネットワークを形成する要素もあるのだが、それらとて、広い流域をカバーしているという意味で分散的だと解釈できる。このこともまた、前記した二つの属性に関係するのであるが、土地の表層に沿って水平的に広がることがもたらす帰結でもあるだろう。また、集中することのメリットを認めにくいこと、言い換えれば、最適な密度でできるかぎり均等に分散していることのほうにメリットがあるという特性によるものであろうか。たとえば、熱帯雨林の最上層を形成する樹木群

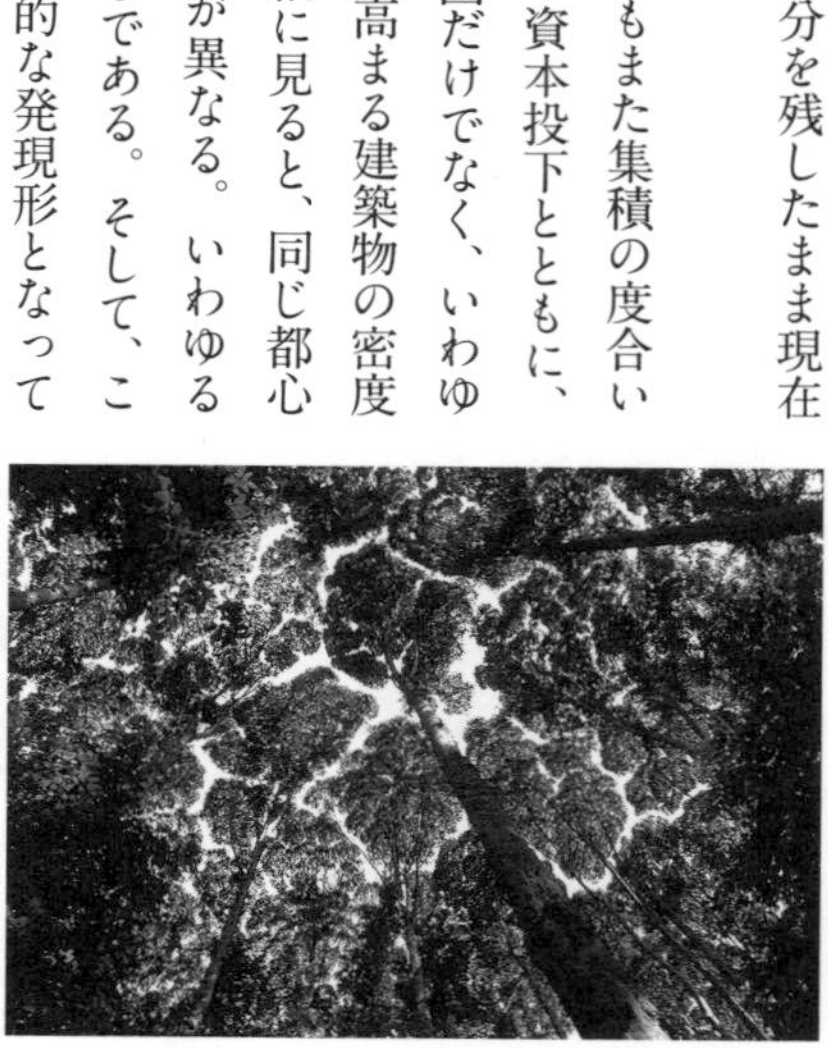

[図11] 均質に分散している熱帯雨林の樹冠の広がり、マレーシア

[13] 複雑な断面構造をもつ亜熱帯・熱帯雨林では、最上層を占める樹木が最も効率よく太陽光エネルギーを享受できるようにキャノピーが上空を占有するような個体の分散が起こることがあり、その平面的な図像はボロノイ（Voronoi）にたとえられる

のキャノピー（樹冠）の広がりが均等に分散していることなどがその好例であるし［13］、そもそも、樹木個体にとって理想的な生育環境を追求すれば、おのずとそのような状態にたどりつく［図11］。

さて、分散と集中という対義的な属性の関係には、二〇二〇年に発生した新型コロナウィルスのパンデミックによって微妙な変化が見られている。言うまでもなく、経済活動が地理的、空間的に集中すること自体にリスクがあるということがわかってしまった。一方で、ソーシャル・ディスタンスという語に代表される物理的距離の最適化や密度の分散についての意識が高まったことは記憶に新しい。ここでも、両者の関係を最適化する方向へのパラダイムシフトが発生する可能性があることは容易に想像される。

プロセスと因果関係［図12］

対義的な属性の四つめについても、まず、建築の側から考えてみたい。ここにあげた因果関係という属性は、結「果」として存在する建築の規模や形態には相応の要「因」がある、ということである。ただし、この場合の建築は機能主義の近代建築を意味するから、機能という要因が建築の空間形態をなんらかのかたちで規定することになり、ここに因果関係が成立する。この場合の形態は、いわゆるビルディングタイプに相当するもので、建築の空間形態というよりも、建築の相貌という言い方をしたほうがしっくりくるかもしれない。既存建築の用途変更を伴うコンバージョンなどが行われるケースを除けば、

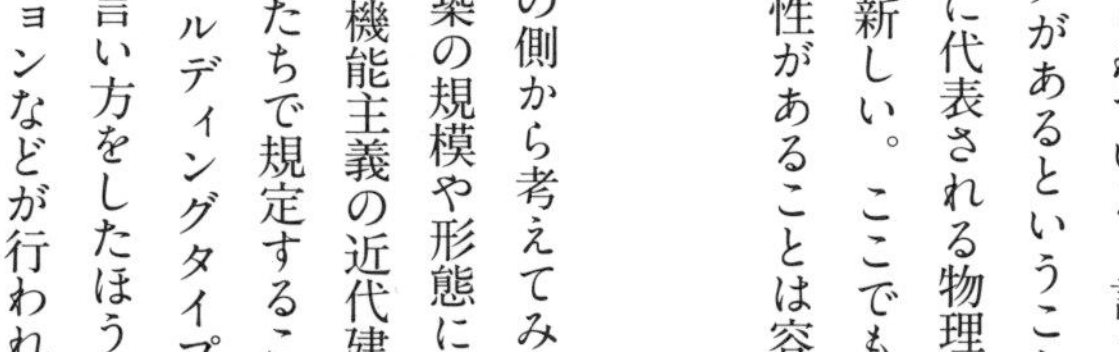

［図12］ランドスケープと建築の対義的な属性
④プロセスと因果関係

個別の機能に特化した建築には、ビルディングタイプとしての特徴のある相貌が見られる。

たとえば、オフィスビルと集合住宅では、明らかに建築の顔つきは異なるものであるし、それは工場などの生産施設についても同様である。また、美術館や図書館などの文化施設の建築には、どこか共通した佇まいを見てとることができる。ビルディングタイプによって、建築の機能と相貌のあいだに比較的はっきりとした対応関係=因果関係が成立していることになる。その関係が成立しなくなるということは、建設当初にその建築に与えられた機能と意味が終焉を迎えたということである。ただし、フィジカルなストックとしての価値が失われたわけではないことには注意しなければならない。

これに対してランドスケープはどうか。そもそも、ランドスケープの基盤をなしている土地には、それぞれ異なる目的の土地利用が想定されていたりいなかったりする。明確な利用目的がある土地であれば、そのタイプごとに特徴のあるランドスケープが形成されるが、そうではなかったり多様な利用が混在している場合には、機能を反映した建築の相貌のように両者の明確な対応関係は確認できるわけではない。しかし、その土地は、そこに利用目的が設定されるようになる以前からそこにあって、ランドスケープがなんらかのかたちで立ち現れていたはずである。土地利用が変化すれば、呼応してランドスケープも変化し、土地利用が放棄されれば、更地化されるか荒涼としたランドスケープが広がる。鉱工業生産施設が遺棄されたあとのブラウンフィールドはその典型である。つまり、ランドスケープには明確な始点と終点は存在せず、連綿と続くプロセスそのものだと言えるのだが、土地の資産価値の高いところでは、長期的に見れば循環的に変化する場合もあって、それは土地の輪廻を体現するようなものになるかもしれない。仮に、特定の土地利用とランドスケープの対応関係が成立しているとしても、それはプロセスの一部を時間的に切り取って認識しているというだけのことである。

このように考えてみると、建築のビルディングタイプと相貌の因果関係が成立しなくなるということは、そこで明確な始点と終点によって建築の存在が完結することであり、それが土地利用の変化につながる場合には、ランドスケープのプロセスの一部に取り込まれていくことになる。対置された二つの属性のあいだに、包含関係が成立することを意味するだろう。

都市における相互関係のイメージ

さて、ここまでは、対義的な四つの対概念の関係を概観することを通じて、ランドスケープと建築の原初的かつ基本的な属性を相対的に確認してきたわけであるが、このことは両者の相互補完関係が、実際にはどのような状態に発現しているのか、どのように発展する可能性があるのか、というような関心を喚起することになるだろう。そこで、ランドスケープと建築が対置されている具体的なイメージを参照しつつ、次にそのことについて考えてみたい。

［図13］セントラルパークと周囲の高層建築群、ニューヨーク

ここに二枚の写真がある。一つはニューヨーク市のマンハッタン中央に広がるセントラルパーク[図13]、今一つは、東京渋谷あたりの上空から俯瞰した明治神宮の森である[図14]。いずれも日米を代表する都市の中で重厚な存在感を発するランドスケープであることは、誰しもが認めるところである。そして前者では、広大な矩形の公園の四周を高層建築群が取り囲む。高さや規模にはある程度の多様性が認められるものの、公園に面した建築群の壁面線はきっちりと揃っていて、群としての形態は明確である。一方、後者では、やはり広大な緑の面が広がるところまでは同じであるが、背景において対置される建築群は、周辺から高く突き出た様々な形態の超高層建築が集合したスカイラインを形成している。これら二枚の写真からは、これまで述べてきたランドスケープと建築の対義的な四つの属性のうち三つについて、その物理的なイメージを説明できそうである。

まず、土地の表層と空間の形態について。これは一目瞭然であろう。あくまで相対的なスケールにおける捉え方になるが、セントラルパークと明治神宮は、いずれも土地の表層を覆う緑の面として認識され、植生にはある程度の厚み、つまり樹木群の高さがあり、さらに、それらを生物学的に支えている地表面下の地形地質、土壌や水分などの生態学的関係の存在を感じさせる。一方、街路を隔ててセントラルパークを取り囲む四周の建築群も、神宮の森の背景をなす超高層建築群のスカイラインも、その形態は明快である。違いがあるとすれば、前者が公園の巨大なヴォイドを形成する箱の内側の面であ

[図14] 明治神宮と新宿副都心

るのに対し、後者は単純な前景と背景の関係をつくりあげているところだろう。二つの近代都市の発展に関わる歴史的な経緯と都市計画的な制度がこの違いをもたらしている。

続いて、水平的な様態と垂直的な造形についても、比較的わかりやすいのではないか。セントラルパークと明治神宮の森、ともに土地の表層を覆う植生が水平的に広がり、連続する林冠やところどころに発生する樹林のギャップがつくりだすテクスチャーの様態が特徴的である。これに対して、建築群の垂直的な造形はやや異なる様相を見せる。セントラルパークを取り囲む建築群の垂直性はもちろん明快であるが、個々を詳細に吟味すればそれぞれに特徴的な造形の集積であることを見てとることができる。しかしそれ以上に特徴的なのが、グリッド状の街路に沿って壁面線が揃うことによるファサードの垂直面の連続であろう。水平に広がる植生面が、ファサードの垂直面で切り取られていることによって、そのコントラストはより明快になる。一方、東京新宿の副都心は、低層から中層の建築群が面的に広がる周辺の市街地から超高層建築群が突出しているため、それらの垂直的な造形性が明確なシルエットを見せる。

さらに、分散と集中についてはどうだろうか。セントラルパークも神宮の森も、地表面に沿って水平に広がる植生を構成している個々の樹木は、その樹冠の集合の状態から見て、全域にわたってほぼ均等な密度で分散していることがわかるはずである。これは自然発生的なものであれ人工的に植栽されたものであれ、個々の樹木の個体維持と健全な生長のために分布密度が最適化されていることの顕れである。このようなランドスケープの状態に対して、セントラルパークのあるマンハッタンは、限られた土地を効率的に利用するために、最も基盤的なインフラとして当初からグリッド状の街路パターンが整えられ、最適化されたサイズの街区に高い密度で建築が集積する。この傾向は図13のアッパーイーストサイドやウエストサイドよりも、現代の超高層建築が集中するローワーマンハッタン(Lower Manhattan)においてより顕著である。新宿副都心もまた、同じ論理で構築されたスーパーブロックの街区に超高層建築が集中することによってこのイメージが形成されるが、それらを取り巻く周辺地域が中低層になっているために、実際の容積の違い以上に集中の度合いが顕著に見えてくる。

さて、前記した三つに対して、四つめの対義的属性については、少し具体的かつ丁寧な説明が必要かもしれない。もっとも、建築の機能とそれを反映したビルディングタイプとその相貌にはかなり明確な因果関係があるわけで、そのことはマンハッタンも新宿副都心も大きな変わりはない。一方、プロセスとしてのランドスケープについては、それぞれ固有の経緯をもって現在にいたっている。

一八七〇年代に開園したセントラルパークでは、もともと氷河地形に起源をもつモレーン(氷堆石地形)の中に、変成岩の露頭が随所に見られる茫漠とした風景が広がっていた。公園の建設は、当時の都市住民が抱くノスタルジーに訴求するような理想の田園風景を切り取ってこの土地に移植することであった。そのためであろうか、開園後しばら

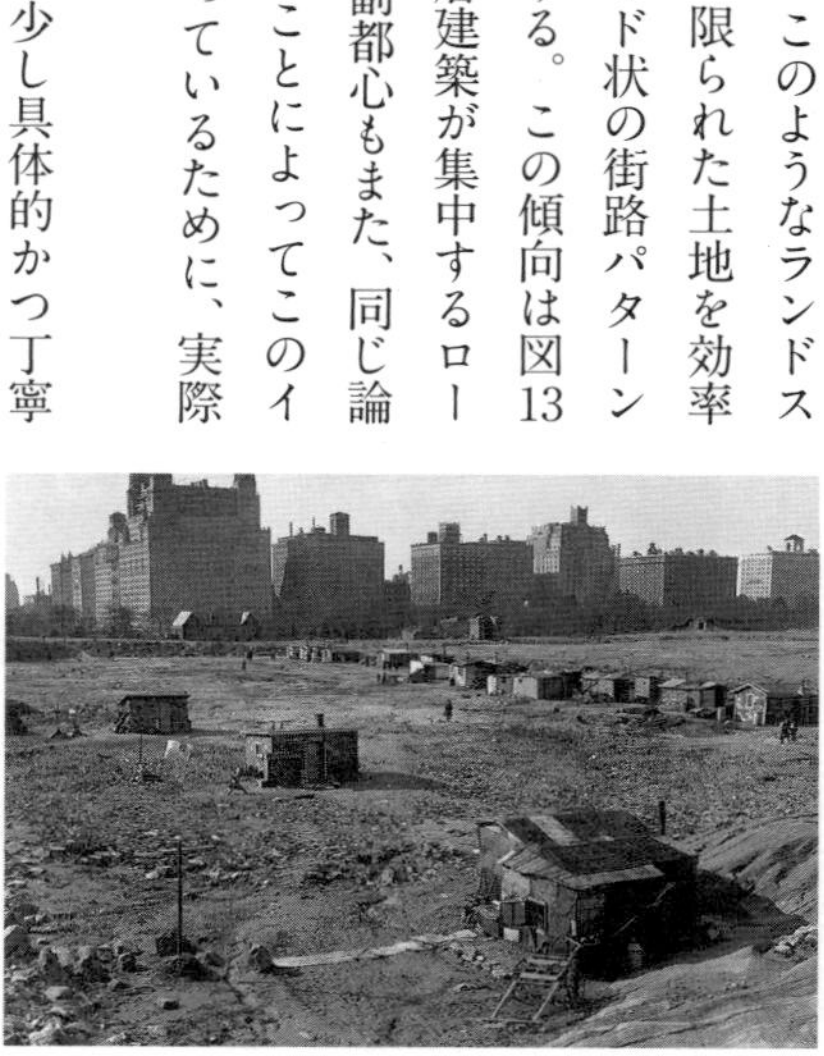
[図15] 大恐慌時代のセントラルパークに現れた路上生活者の住居、一九三〇年頃

くのあいだも公園には放牧（放置？）された羊の群れが徘徊し、ここを訪れる市民と共存している様子には、大きな違和感を覚えることがなかったようだ。一方、さらに時代が下がると、資本主義市場経済がもたらす様々なストレスを空間的に吸収する場所としての意味も付加されていく。一九二九年の株価大暴落とそれに続くニューディール政策の時代、大量に発生した失業者が路上生活者となったときには、彼らの居所となったのもこの公園であった［図15］。その後、第二次世界大戦を経て現在にいたる間に見られた経済活動と人口の集中、その過程で変化してきた公園や緑の存在価値を反映したランドスケープが、プロセスを表象するものであり続けていることは容易に想像できる。

一方の明治神宮の森のランドスケープが、どのようなプロセスを表象しているのかについては、すでに本書の第一章において取り上げており、その他にもいくつかの出版物があるので詳細はそちらに譲りたいが、それをひと言で表現するならば、植生の相観が変化するプロセスそのものである［図16］。また、東京都心にあって、その周辺地域の建築群が劇的な変貌をとげる中で、神宮の森のランドスケープは、植生遷移の時間スケールに沿って、毎年のように季節変化を繰り返しながらゆっくりとした時を刻む。そこでは、機能と形態の因果関係が直接的に表現される建築の相貌に、社会と自然のプロセスが発現するランドスケープの相観が、文字どおり対置されている。

［図16］日本国内各地からの献木によって植栽が行われつつあった当時の明治神宮内苑

相互補完関係への展開

さて、ここまではランドスケープと建築の相互関係のあり方を、四つの対義的な属性と都市における具体的なイメージを通じて概観してきたが、この章の締めくくりとして、両者の関係が相互補完的に展開するならば、どのあたりにその可能性があるのか、希望的観測を含めて述べてみたい。

まず比較的わかりやすいのが、ランドスケープと建築のあいだに、どちらの基本的属性をも兼ね備えていると解釈できるような中間的領域を想定してみることであろう。そして、この中間的領域が、立地環境の特性と空間スケールに基づいて、豊かな多様性が発現する場所に進化することである。場所をつくる土地の表層が水平的に認識され、その上に三次元的な造形の意志が反映された空間が成立している状態であろうか。ランドスケープと建築のあいだに引かれた線の上で両者を隔てていた面が、ある程度の幅や奥行きを伴う領域として扱われ、しかもそこに可変性が担保されていることになるだろう。そのような領域は、形態において曖昧さを、機能との関係において冗長さを伴うことになる。しかし、その曖昧さや冗長さが、ランドスケープと建築の二分法を超えた、豊かな空間体験の場を提供してくれることを、我々は知っているはずである。

今一つの可能性は、建築の空間を支える構造や造形が、そのままランドスケープの基盤になっている状態を想定すること、つまり建築(群)に、ランドスケープの基層をなす土地にとって替わる部分が発生するということである。これは、建築の表層をなすランドスケープの要素が、たとえば植物的な自然をまとう（＝緑化）ような即物的な意味を超えて、建築の内部の奥深くにまで入り込んでくる状態や、建築の造形そのものがランドスケープの要素に置き換わるところまでを視程に入れている。建築の表層と内部が連続するひと続きの面として造形され、それらがそのままランドスケープの基盤である土地の面＝地面にまで連続する状態である。こうなると、どこまでが建築でどこからがランドスケープであるか、などということはあまり意味をなさない。人はランドスケープと建築の境界を意識することなく動きまわり、土・水・緑など自然の要素は様々なかたちを伴って軽々と境界を越え、両者のあいだに遍在する。

このような可能性の延長上では、分散するランドスケープの要素と集中する建築群、などという対義的な属性の単純な二分法は成立しない。また、建築物の建設から解体までが、経時的にはランドスケープのプロセスに組み込まれていく。そうなると、両者が互いに不足している部分や弱点となる部分、未発達な部分を補い合い、それぞれの完成度を高めていくという相互補完の関係から、それぞれにとって外生的な存在を取り込んで進化する相互包摂の関係へと展開することを期待したくなる。しかしながら、この相互包摂のイメージが物理的な空間実態を伴って我々の眼前に現れるようになるためには、技術的な課題以上に社会制度的な課題が大きく立ちはだかるであろうことは想像に難くない。願わくば、ランドスケープと建築の相互関係を創造的に読み解き、実践することから建築や都市のあり方を司る制度の問題に肉薄していきたいところである。

第三章

意匠のパラダイムシフト

ランドスケープアーキテクチャーに固有の意匠性をどこに求めるべきかについては、かねてより造園の意匠との共通性をもとに論じられることが多い。そのこと自体に否定的である必要はないが、ランドスケープの分野に対する社会的要請の多様化に鑑みれば、異なる視点からの検討も必要である。ここでは、意匠を考える立脚点の変化を前提としたパラダイムシフトの方向を探る。具体的には、意匠に込められたデザイナーの意図が濃厚に反映されるランドスケープのディテールデザインを、スケール横断的に展開する際に参照するべき五つのコンセプトについて論じるとともに、着目すべき空間要素や手法を通じて、地域、環境、社会への応答のあり方を模索する。

ランドスケープ的ディテールデザイン

変化する立脚点

私たちの設計事務所が設立されてから二〇年を迎えるにあたって、これまでの設計活動をなんらかのかたちでレビューすることを考えはじめたのが、二〇二一年の春であった。この頃には、ちょうど一年前から顕著となった新型コロナウィルスの感染拡大によって在宅勤務やリモートワークは常態化し、パートナーもスタッフも新しい働き方に適応しはじめていたことが、ある意味では幸いであったのかもしれない。参加する場所を問わないオンラインミーティングによって、従来とは比べものにならないくらいコミュニケーションの頻度と密度が高まったことが、意外な効果をもたらした。主としてヴァーチャルなメディアを通じてディスカッションを重ねることが、逆にリアルなものへの渇望を高めたのではないかと感じている。具体的に言えば、モニター上に映し出されるデジタル化された空間や景観のイメージが、ほぼスケールレスであることに対して、等身大のリアルなモノとスケールを反映するディテールデザインへの意識が先鋭化したということである。

ここで誤解されては困るので申し述べておくが、それまでディテールデザインへの意識が希薄であったわけではない。むしろその逆で、私たちの組織設計は人一倍ディテールへのこだわりをもち続けていたと自負している。ただ、実のところそれは、建築におけるディテールデザインと同じ考え方で取り扱うものであって、どこまで建築のディテールに肉薄できるか、という目標に向かって実践されていたにすぎない。ランドスケープと建築では、ディテールデザインへの向き合い方は異なるのではないか、漠然とそう感じてはいたものの、その違いはどこに見いだされるのか、深く考える機会がなかったことも事実である[1]。もちろん、機能性、合理性、経済性、安全性、さらに近年ではそこに環境性を加えた多様な要件のもとで、無理のない自然な納まりと洗練された審美性を追求することが、ディテールデザインの本分であることに疑いを差し挟む余地は

[1] まったくそのような機会がなかったわけではないが、そこでもやはり建築のディテールデザインと同様の捉え方が基調であったように感じられる。「風景を生むディテール」『ＳＤ』特集2、鹿島出版会、二〇〇三

ない。さらに、ディテールの集積としての空間の全体像、あるいはその逆に、全体を構成する部分としてのディテールという相互規定の関係も不変であるはずだ。

しかし、それはそれとして、もう少し異なる立脚点からディテールデザインを俯瞰してみることもできるのではないか、"God in the Details"のGodがディテールのどこにいるのか、そこからディテールを通して見る先になにがあるのか、というような問いを発することもできそうであった。ディテールとその周辺に想定できそうな立脚点をいろいろと模索してみようということでもある。そして、過去に手がけた様々なプロジェクトのスケッチ、模型、設計図書、写真などを掘り返し、それらをもとに事務所の若手スタッフやパートナーたちとディスカッションを繰り返すうちにたどり着いたものが、空間の完成度を高めるとともに現代の社会的課題に対してなにがしかのメッセージを発することのできるディテール、という命題であった。ここではその切り口としていくつかのコンセプトを設定したうえで、従来の位置から少しばかりシフトしたそれぞれの立脚点から、ランドスケープのディテールデザインのあり方を考えてみたい。

五つのコンセプト

コンセプトを設定するにあたって考えたことは、これまでの実務経験の中で幾度となく意識してきた概念をディテールデザインにあてはめてみるとどうなるか、ということであった。それらの多くは、デザインのテーマや課題、解決策にいたる戦略を組み立てる際に参照してきた概念である。設定されるテーマや実際のデザインに落とし込むための戦略や手法は、クライアントに十分理解される必要があるし、共感を得るためには、同時代の社会に広く共有されている問題意識や価値観を反映させることが求められる。

実直であると言えばそのとおりなのだが、振り返ってみると、デザインのテーマや戦略をそのような意識のもとにディテールに反映させようとしたことはそれほど多くはなかったと思う。理由はいくつかあったのだが、やはりディテールを考えるうえで避けては通れない、そう信じて疑うことのなかった空間スケールの制約が大きいと感じる。一方で、空間の絶対的スケールの呪縛からいったん開放された状態で考えてみることができると、少し展望が開けるのではないだろうかという淡い期待もあった。そこで、とりあえず仮設的にではあるが、五つのコンセプトを設定してみた。具体的には、地域性(Locality)、多様性(Diversity)、持続可能性(Sustainability)、レジリエンス(Resilience)、物語性(Narrative)である。

以下に、それぞれが一般的に意味するところから、ランドスケープのディテールにどのような価値とデザインの方途を見いだすことができるのかを考えてみたい。なお、ここで参照した事例の多くは、私たちの事務所で設計したものである。

地域、環境、社会への応答

地域性(Locality)

ランドスケープデザインが、対象となる空間が立地する地域の様々な環境的特徴を反映するべきものであることは自明である。それだけに、最もわかりやすいと思われる「その場所ならでは」の地域性という概念をディテールに反映させるために参照すべき事項について、あらためて確認することからはじめてみたい。

素材のローカリティ

まず、即物的な対応として誰もが思いつくことは、ディテールに使用する素材に見いだされる地域性である。これについては、植物素材とそれ以外に大別しておく。植物素材については、地域の気候風土のもとで長期にわたって存続してきた植生を構成している植物群から用いる素材を選択すること、さらに植栽設計において、植物種の組成と配置・配植を、植生の相観(Physiognomy)[2]や垂直的な断面構造を踏襲するかたちに整えることが原則になる。植物群の自律安定的な生育と成熟を期待するのであれば、この原則を曲げることはできない。そのうえで、一部を際立たせるために特定の植物種を集中的に配し、視覚的に特化した部分をつくっておくことも、集約的な維持管理を前提とするならば、積極的に採用されるべき手法である。

[2] 植物群落の外観を意味するが、単なる視覚的景観ではなく、植物の種組成、かたち、構造などを反映し、主として群落の優占種の生活形によって規定されることが多い

植物以外の素材については、その地域で産出する石材や木材を積極的に利用し、その特性を顕在化させるための仕上げや組合せが追求されるべきであるし、地域の伝統産業がもたらす材料や伝統工芸の意匠へのこだわりがあってしかるべきであろう。ただしここで注意すべきは、その引用が表層的・記号的にならないことである。素材そのものの本質的な属性を抽出したうえで、その価値を最も端的に表現するディテールを追求することであり、それこそが、素材とそれを生み出した地域に対する敬意を示すことを意味するはずである[図1]。

コンテクストとの連接

続いて、敷地とそのコンテクストに見いだされる「その場所ならでは」の特徴を、地域性を醸し出すランドスケープの様相に実体化するうえで着目すべきディテールの一つは、ランドフォームの操作と敷地境界部の扱いではないかと考えている。前者については、敷地とその周辺の土地が平坦であるか、起伏や勾配があるかにかかわらず、その表層をどのように被覆するかという平面的操作と、そのエッジをどのように処理するかという断面的操作の二つのディテールデザインに置き換えてみるとわかりやすい。土地の平坦性を強調するならば、おそらく、水面あるいはそれに代わる媒体、特に平面がフラットであることを視覚化できるもので表層をつくりあげることが最も効果的であることは論をまたない。逆に、起伏と勾配のあるランドフォームの場合は、柔軟性や可塑性の

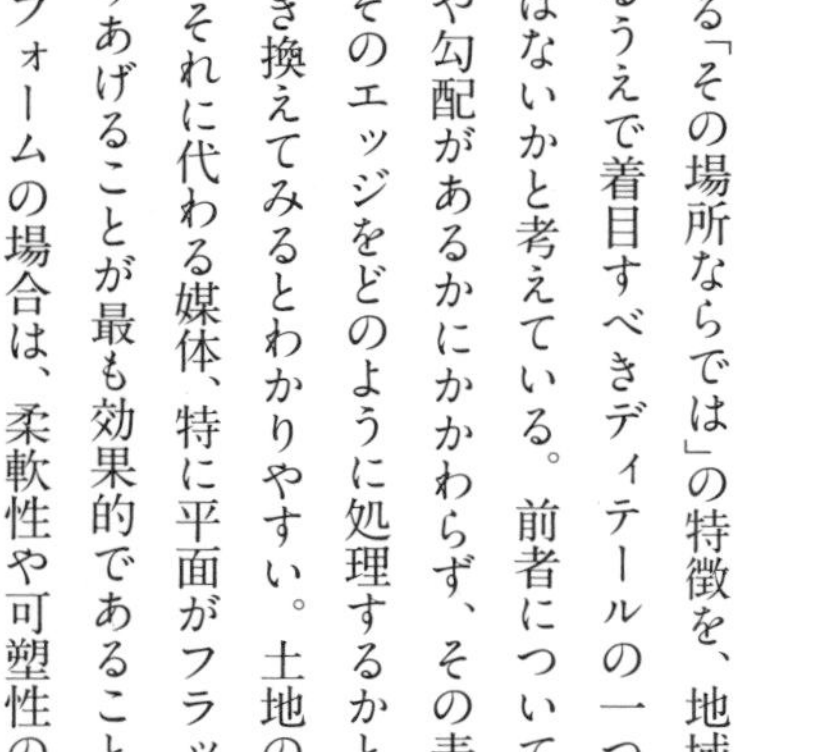

[図1]地域の伝統産業である鋳物技術を活かしたオリジナルデザインのツリーキーパーとスツール。埼玉県川口市、並木元町公園

ある素材による表面の自在な造形に加えて、領域のエッジにおいてランドフォームを周辺に同化させるか切断するかの選択肢が生まれる。ランドフォームとその被覆面をエッジで切断することは、起伏のある三次元の曲面をエッジに立ち上がる二次元の断面に置き換えて表現することになるであろう。

空間領域のエッジにおけるディテールは、そのまま敷地境界部の扱いにつながる。敷地とその周辺の関係において、地域性を反映しようとするならば、原則として境界を「開く」という操作が前提になるが、その開き方には、文字どおりローカリティを反映して実に様々な方法を想定することができる。ここではそのタイポロジーとディテールに逐一立ち入ることはないが、基本的には開くことによって生まれる敷地内外の視覚的、機能的関係のパターンをいくつか想定することができる。これらのパターンの一部または全部を空間に実体化することによって、地域性を内包したランドスケープの創出に肉薄できそうである［図2］。

眺望景観の扱い

また、「その場所ならでは」は、地域のより広域的なランドスケープの要素とどのような視覚的関係を切り結ぶか、によっても表現される可能性がある。すぐに気づくことであろうが、これは伝統的な日本庭園における景観形成技法の一つである借景にも通じる。その際、地域性の価値を体現する景観要素の本質をどれくらい抽象化して印象的に

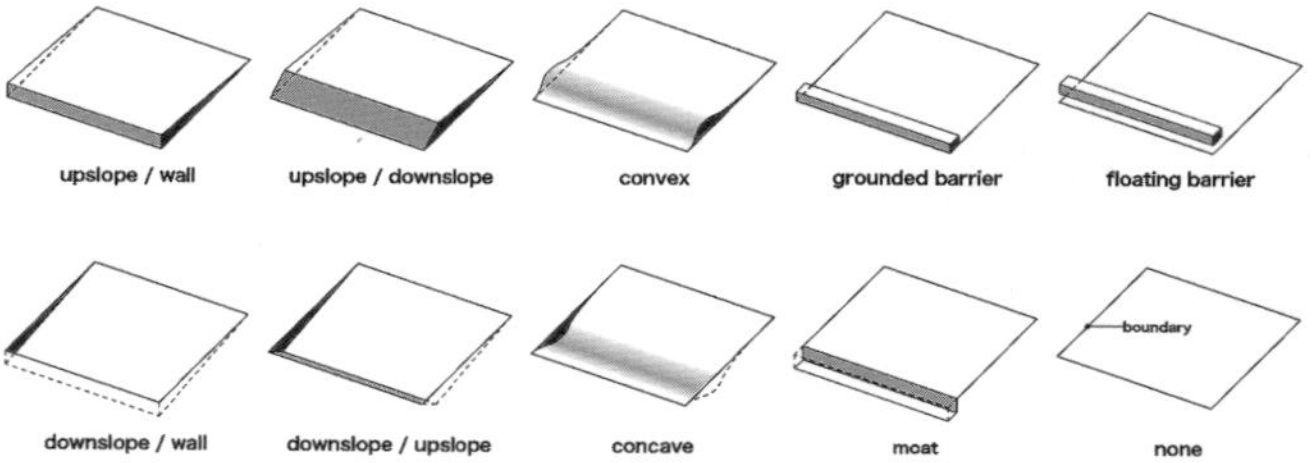

［図2］空間領域のエッジの扱い方によるランドフォームの同化と切断によって、敷地を含むローカルなコンテクストとの関係に変化をもたらすことができる

取り込むことができるかがキーポイントになりそうである。そのためには、まず取り込む要素に向けたヴィスタラインとその角度を明確にしておくことであり、都市デザインでも歴史的に用いられてきた「山あて」[3]に準じた方法を援用することが有効であろう。続いて、ヴィスタラインの焦点になる要素と前景のあいだに設定する水平、垂直の「見切り」に何を用いて、どの範囲にどのように設定するかが次の課題になる。つまり、対象となる要素を含む視覚的な構図の整え方である。さらに、構図の前景となるスペースをどのように設えるかが、重要な検討事項になるであろう。具体的には、対象となる眺望景観の受け皿となる地表面の広がり、造形、テクスチャーなどの選択である。眺望の奥行き感についても、この部分の扱いによってコントロールすることができるし、主要な地点からの視線を誘導する要素の配置についても、同様に構図の前景において考えるべきことであろう。このように、ヴィスタライン、見切り、前景の設えに関わるディテールは、眺望景観におけるランドスケープの地域性を発揚するデザインの対象とすることができる[図3]。

[3] 地域の景観を代表する山や丘などへのヴィスタを軸として街路線形を設定することや建築群の配置形態を構造的に規定する手法

多様性(Diversity)

近代都市を形成する近代建築と都市インフラは、多様性の対極にある画一性ないしは均質性を前提とした機能の効率性、サービスの公平性を追求してきたことから、多様性の概念はニュートラルもしくはネガティブに作用するものと考えられてきた。しかし、

[図3] ローカリティを醸し出す遠景の山の稜線に対して、視線を誘導する前景のシンプルな園路と並木、その間の見切りとなる樹林の柔らかなシルエット。兵庫県豊岡市、植村直巳冒険館

社会の価値観が転換しつつある現在、多様性の意味するところは様々な分野においてポジティブに捉えられ、促進されるべき共通のコンセプトになっている。建築や都市、ランドスケープの分野においても例外ではない。ここでは、ランドスケープデザインのディテールを多様性の概念を通じて考えるために、抽象度の異なる二つの目標を提示してみたい。

生物多様性の担保

ランドスケープデザインにおいて、多様性の意味を即物的に展開しようとする際に最初に思いいたることが、生物多様性(Biodiversity)である。第四章で詳しく述べているが、生物多様性の保全と再生は、人間が地球環境から享受する生態系サービス(エコシステムサービス・Ecosystem Service)を長期安定的に確保するために必要不可欠なアクションである。その前提には多様な動植物の生息域(Habitat)の総量を、ある一定の地理的立地の範囲内において減らさないこと、一時的に減じる場合には代償措置を講じるという原則、つまり"No net loss"[4]がある。このことにランドスケープのディテールデザインが対応するうえでは、二つの空間的な様相をあらかじめ想定し、そこに向けた手法を適用することが求められる。

その一つは、空間が多孔質(porous)であるということ。字句どおりに説明すれば孔《あな》が多く、それらがつながっている状態を指す。その孔のネットワークを通じて、空気、水、エ

[4] 事業活動が生物多様性に与える影響を最小化するとともに、減失分を補填する代償措置によって、生態系全体における損失を相殺すること

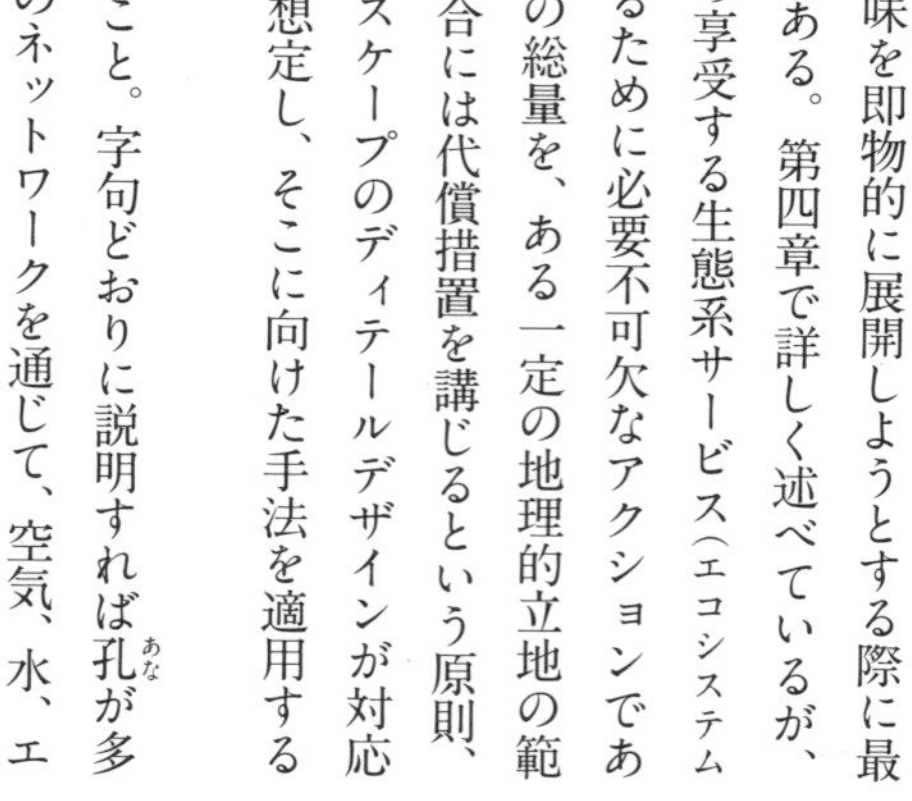

[図4] 水辺に多孔質の護岸を形成する際に多用されるフトンかご(Gabion)。ここでは敷地造成の際に取得した川石を使用している。富山県黒部市、パッシブタウン

ネルギー、物質、生物と種が移動し、そのプロセスが生息環境の多様性をもたらす。多孔質であることは、スケール横断的に発生する様相であり、微細なスケールで多孔質な状態が存在する素材にはじまり、素材と素材のあいだに生まれる隙間、都市空間を形成する建築のソリッドとヴォイドや樹林の中に発生する林冠とギャップの反復にも見いだされる。また、その状態は固定的であるとは限らず、時間の経過に沿って変化することも許容されるべきである[図4]。

今一つの様相は、移行帯(Ecotone)ということ。異なる属性と形質を有する空間領域AとBのあいだで、グラデーショナルに変化する階調(Tone)の領域が存在することである。この場合の階調は、AとBの属性と形質の違いがもたらす環境条件の段階的な変容を意味する。これは色彩のトーンに置き換えて想像するとわかりやすい。モノトーンの黒と白のあいだに、明度が異なるグレーが段階的に連続している状態である。異なる環境条件のもとでは、その条件に適合した生物群の生息域が形成されるから、全体を通してグラデーショナルに変化する生息域の連続帯が立ち現れる。また、AとBのあいだに発生する移行帯の環境条件の差異は、流動的に変化する三つめの環境要素、たとえば太陽光、水位、風などの作用によって、生息域への影響力がさらに強まることにつながる[図5]。

[図5]人工的に造成された水面の護岸に形成される植生のエコトーン。山口県下関市、シマノ下関工場

モザイクの効用

多様性の概念をランドスケープに展開するために考えておくべきやや抽象度の高いデザイン上の目標として、特に最近になって意識していることが、モザイク(Mosaic)の創出と動態的な維持である。この文脈におけるモザイクとは、様々な形質の断片が一定の空間領域に集合した全体像が確認できる状態、と定義しておこう。前記した多孔質や移行帯と同様に、空間的な様相の一つを指すと言っていいだろう。そしてモザイクもまた、スケール横断的に捉えるべき様相である。

形質の異なる空間要素の断片が集合した状態は、近代の都市や建築、ランドスケープでは、一つ間違うと無秩序、混乱として忌避されるべきものであった。ここにも、多様性の対極にある価値観、即ち画一性や均質性、その結果としての統一感への意識が強く作用している。しかし、既存市街地の漸進的な更新や、縮退する郊外における農住混在の地域再生などでは、空間的なモザイクの状態を避けて通ることはできないし、またそこに文化的、環境的な価値が見いだされている。そこでは、主として空間的な組成である建築とオープンスペースの集合形態がつくりだすモザイクが注目されており、その中のオープンスペース自体にも、基盤となる自然環境や都市のインフラ等に規定されることによって発現する様々な形態が存在する。また、少し俯瞰的に見れば、異なる土地被覆状態を呈する土地利用の単位が集合することによって形成されるモザイクも、Google Earthの画像を通じて地上に遍在していることが確認されるであろう[図6]。

[図6] 住宅地や緑地、都市農地など異なる被覆状態の土地利用の単位が形成するモザイクのパターン。東京都三鷹市周辺

一方、個別プロジェクトのスケールにまで解像度を高めたときに意識されるモザイクは、素材の形質がもたらす組成の多様性が発現したものであることが多い。最もわかりやすいのが、異種の個体が併存する植物群落の相観と、そこを目指す植栽のデザインであろう。その中には生活形の異なる種の併存も含まれるから、個体の平面分布がつくりだす二次元のモザイクだけではなく、垂直的な断面構成を反映した三次元の立体的なモザイクとしても認識される。さらに、土や鉱物などの地学的属性を有する無機的素材と様々な様態の水がそこに組み合わされることで、モザイクの多様性は格段に高まっていく。このスケールであれば、直接的なディテールのデザインによってコントロールが可能となる。その際に留意すべきは、モザイクのパターンが固定的なものではなく、動態的に変化するものであること。そのダイナミズムを持続させるうえで、形質が異なる要素の配列とともに、要素間の境界をどのように扱うのかがキーポイントになりそうである[図7]。

持続可能性(Sustainability)

環境の持続可能性を確保するために取り組むべきランドスケープのプランニングやデザインについては、本書第七章で包括的に述べるので、ここではやや技術的な側面から、このコンセプトのディテールデザインへの展開を考えてみたい。視点は二つ想定される。一つは、ローカルな環境の持続可能性を高めるうえで必要な事項にフォーカスす

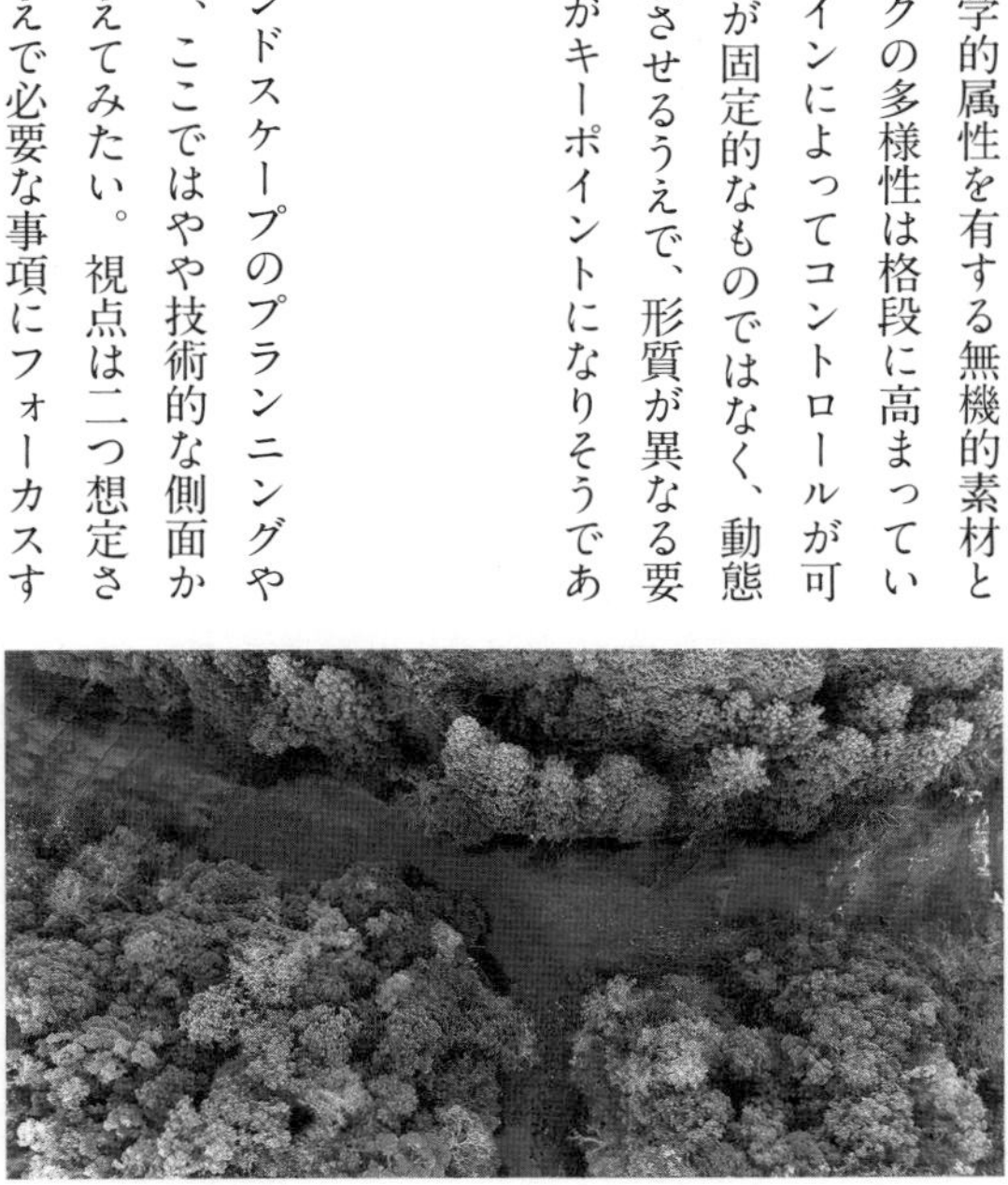

[図7] 雑木林の植生が形成する相観のモザイク。千葉県市原市

る視点、もう一つは、直接デザインをほどこした空間そのものの持続可能性を担保するうえで必要な事項にフォーカスする視点である。

循環の促進

まず、最初の視点から見てみよう。一定の広がりがある環境に持続可能な状態をもたらすためには、環境負荷の増大を抑制する屋外空間の効果に注目することが必要である。その効果は、物質とエネルギーの循環を安全で快適な環境へのニーズに最適化することによってもたらされるが、特に重視すべきは空気と水の円滑な循環によるローカルな微気象のコントロールである。空気の流れは、多くの場合、自然風に依存することになるので、やはり立地環境の気象特性を詳細に把握したうえで、敷地内への導風と防風を効果的なものとするための空間構成のディテールを検討することである。多くの場合、建築群の配置計画に加えて、単体建築の中に形成されるヴォイドの位置や大きさも関係する。場合によっては、既存の建築物や構造物の除却も方法の選択肢に含まれていてよいであろう。

一方、水の循環については、地上と地下の両方において、広域的な水系の一部を取り入れることができると、その効果はより大きなものとなる。循環のための機械設備が必要となる場合でも、視覚効果に特化した水景だけではなく、一定の時間を超えて環境の中にとどまる水であれば、コストに見合う効果は期待できるであろう。特に、植物や土

［図8］保水性の舗装と緑被に緑陰樹と水景を組み合わせることにより快適な微気象の形成を目指すデザイン。富山県黒部市、パッシブタウン

など自然素材を含む保水性能や透水性能が高いディテールは、日射を制御できる緑陰やそれに代わる装置を組み合わせることによって、局所的な微気象、とりわけ暑熱環境の緩和に寄与するはずである[図8]。このように、空気と水の循環に緑陰や保水・透水性能を期待できる素材を組み合わせることで、ローカルな環境負荷を抑制することが期待できる。そのためのディテールデザインは、当該地域の自然環境のポテンシャルを最大限に活かすことができるようにカスタマイズされなければならない。そこには、環境に対して「パッシブ＝受動的」[5]であることにインセンティブを見いだす態度が求められている。

更新と代替を促す仕様

続いて、直接デザインをほどこした空間そのものの持続可能性[6]を担保するためのディテールデザインでは、まず、空間そのものの自律的な更新を促すことができる仕様であることを重視しておきたい。これについては、植物群落と植生の良好な生育から健全な更新にかけてのプロセスが、強い人為的介入のもとでなくとも達成できる植栽設計のディテールが最もわかりやすい。具体的には、土壌や給排水設備の基盤整備をはじめ、立地の様々な環境条件を整えたうえで、目標とする植生を構成する植物種の組合せと経時的な変化、つまりマイクロスケールの植生遷移を通じた動態的なバランスとその持続性を、大きなコスト負担なしに獲得できる仕様である。ただし、想像できるようにこの

[5] パッシブデザインの要諦については第七章で詳述

[6] 素材や工法の耐候性、耐久性は重要なファクターであることは間違いないが、この文脈においては持続可能性の要件とはしていないことに注意

ことはさほど容易なことではなく、そもそも予測自体の精度はけっして高いものではない。したがって、個別の立地環境のもとで連続的な試行錯誤を重ね、その中で経験値を高めていくことが求められるのであるが、その過程では客観的な記録と検証が不可欠である。可能であれば、複数の仕様を同時並行的に適用し、比較しながら最適解を模索することが望ましい［図9］。

もう一点は、部分的な要素の取換えや代替措置によって、基本的な機能や効果を損なうことなく持続可能な状態を継続できるようなディテールデザインへの意識である。空間を構成する様々な物理的な形態要素や素材は、それぞれ異なる耐候性や耐久性を有するものであることが多いから、それらを組み合わせた場合には、部分的な機能不全の影響が全体に及ぶことも予想される。単一もしくは同質の属性をもつ複数の素材を組み合わせたものであれば、単純に部材の交換だけで事足りるが、有機的なものと無機的なもののように、属性が本質的に異なる要素の組合せには注意が必要になる。わかりやすく言えば、時間の経過とともに変化・成熟するもの、たとえば自然素材と、変化せず劣化するもの、たとえば人工的に合成・加工された素材の組合せである。特にランドスケープデザインでは、後者が前者の変化と成熟をサポートする関係を前提とすることが多くなるので、そのことは想像に難くないであろう。このような場合には、無機的な要素による構成をできるかぎり単純化するとともに、規模の拡大縮小に対応できるような寸法体系に基づくものにしておくことである。理想的には、有機的な属性の要素が経時的に成

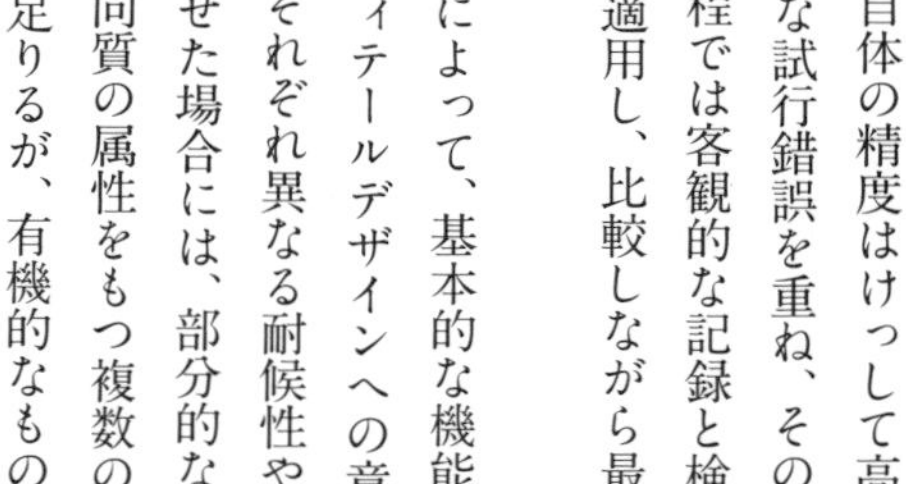

［図9］多種多様な植物種が混在する植栽設計により、時間の経過による植生の動態的なバランスを達成する試み。東京都新宿区、早稲田アリーナ

次頁［図10］無機的なメッシュプランターの植栽が時間の経過とともに有機的でサスティナブルな全体性を獲得する。東京都新宿区、河田町コンフォガーデン

熟することによって、無機的な要素の機能を代替し、全体として持続可能性の次元が一段階進化することではないであろうか[図10]。

レジリエンス(Resilience)

建築、土木、ランドスケープ、都市の分野において、レジリエンスの概念が広く流通するようになったのは、それほど過去のことではない。本書第六章で詳しく述べるが、その契機は頻発する自然災害に対する防災・減災意識の高まりにある。さらには、災害からの復旧・復興のプロセスにおいては、事業計画の最も基本的なコンセプトの一つとして、欠くべからざるものとなりつつある。まず、ここから考えてみたい。

防災・減災意識の喚起

防災や減災におけるレジリエンスは、いつの頃からか物理的な強靱さという、いささか即物的で矮小化された意味をまとうようになっている。しかし、この語には災害がもたらす物理的・社会的に困難な状態からの回復や再生、その間に発生する様々なストレスの緩和や回避という本来の意味があることに立ち返ってみる必要がある。そのような観点から、ランドスケープ的なデザインのディテールを考えた場合、災害に備える意識を維持し続けるために求められる場をどのように設えるか、という課題が浮上する。自然災害を完全に防ぐことはできないから、必要な対応は人的、物的な被災の程度を最小

化し、速やかな復旧につなげることに集約される。

その際、最も重要なことが、世代を超えて継承される記憶と経験値に基づく的確な行動と精神的なストレスを和らげる術である。これは一朝一夕に獲得できるものではなく、日常的に反復される暮らしのアクティビティの中で培われるものであるはずだ。日常的な暮らしの中で被災の記憶に向きあう場所では、場の空間と雰囲気がもたらすネガティブな心的作用を回避することは難しくとも、それを相殺したうえで、はるかにポジティブで創造的な自然への畏敬の念と意識が醸成されてほしい。そのためには、立地環境に潜在するポテンシャルを丹念に読み解き、人が自然に向きあう場を印象的なものにするデザインのディテールが追求される[図11]。

土地の可塑性と冗長性

一方、実際に被災した地域の復旧・復興の段階では、物理的な環境のレジリエンスを高める様々な方法が模索されなければならない。激甚な自然災害は、土地の物理的な形質を根本的に変えてしまうが、これは土地本来の可塑性によるものである。災害という外部からの力が作用して変化した土地の物理的形質は、ただちにもとに戻ることはないが、迅速を旨とする土木的な復旧・復興事業の効果はさておき、長期に及ぶ自然の作用による緩やかな土地再生のプロセスをサポートするデザインの役割にも、目を向けることができるはずである。これは、土地の可塑性から穏やかな弾性がもたらす復元力を引

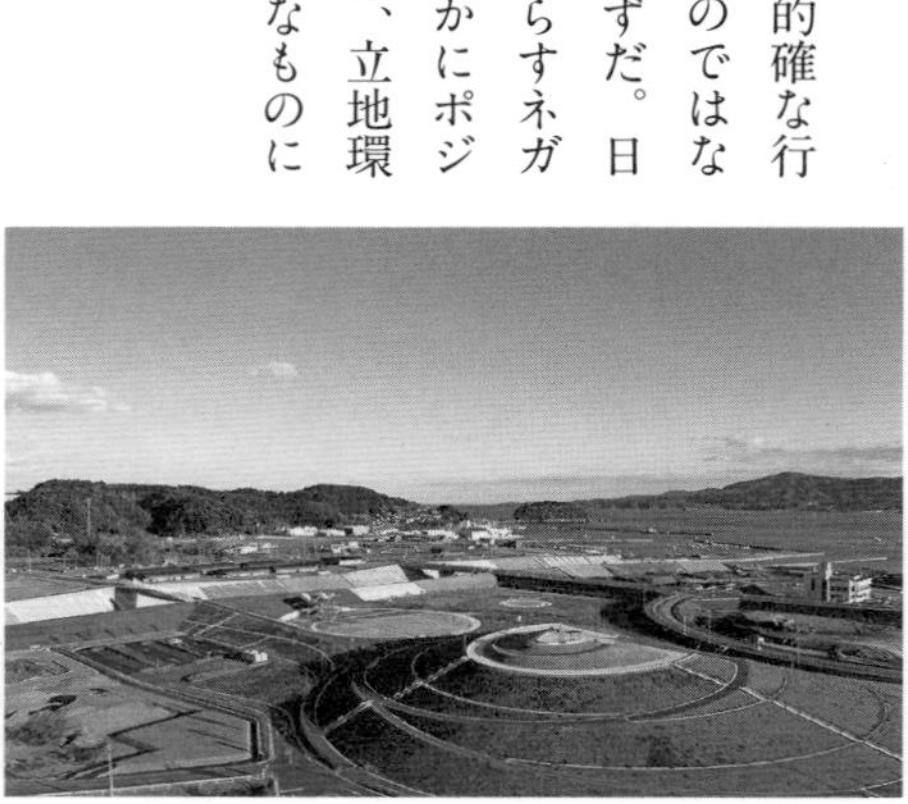

[図11] 災害の犠牲者を追悼し、被災の記憶と向きあい、自然への畏敬を感じる場の設え。宮城県南三陸町、南三陸町震災復興祈念公園

き出すことを意味する。

そして、土地の穏やかな弾性が引き出される場には、特定の実利的な効用を短期的に追求するための土地利用を計画すべきではないし、ハードな要素を用いて土地と空間の区分を明確にするデザインは控えたほうがよい。なぜなら、自然環境の作用は、人為的に設定された境界とは無関係に広がるから。つまり、限定された機能を有しない空地＝オープンスペースの状態が、曖昧な境界とともに長期にわたって維持されることである。プランニングの観点からは、空間的な冗長性(Redundancy)を計画的に担保し、それを活かすディテールを適用することになるが、これにより、復旧から土地再生につながる穏やかな弾性が土地に発現することを受け止めることができる。それだけではなく、空間の冗長性は、次に発生する災害においても直接的な被災の程度を緩和する効果を期待できるはずである。

実際の被災地において空間の冗長性を期待できるのは、いわゆる災害危険区域である。東日本大震災の被災地の中に指定された災害危険区域の多くは、海岸線に沿って立地していた市街地や集落の範囲に重なる。むろん、災害危険区域では住宅の建設が認められないだけで、その他の用途を目的としたビルトアップは許容される。しかし、その場合でも、人が居住しないことは、境界部の空間的な設えが曖昧であることを許容するはずである。この曖昧さの積極的な意味と価値を具体的な空間のディテールに反映することができれば、冗長性はさらに高まり、自然災害に対するレジリエンスの向上につな

［図12］防潮堤が建設された海岸線と市街地のあいだに広がる津波防災緑地と災害危険区域の土地がレジリエントな冗長性をもたらす。宮城県七ヶ浜町菖蒲田浜

がる［図12］。

レジリエンスの向上は自然災害だけではなく、予測が困難で想定外の状況を生起させてしまう様々なストレスに対しても有効であるだろう。この場合のレジリエンスが、スケールレスに確認される効用であることを仮定すれば、ランドスケープ的ディテールへの展開を想像しやすい。たとえば、空間自体に可塑性があれば、外力のインパクトを吸収したうえで、形質が変化した部分において、自然の再生力を活かした穏やかな弾性によるゆっくりとした回復を見込むことができるであろう。この場合の可塑性とそこからの再生には、素材の組合せや空間の構造など、物理的な条件だけにとどまらず、様々な規模の空隙が遍在することや、前記したような境界部に生まれる属性が曖昧な領域の存在効果も見逃せない。そして、それらのディテールを内包したデザインによって創出されるランドスケープの中に、災害やストレスから恢復するプロセスの審美性を表現できるのであれば、レジリエンスの次元を一つ押し上げることができるであろう。

物語性(Narrative)

五つのコンセプトの最後は、これまでの四つとはやや趣が異なる「物語性」である。ここで、その英語表記をストーリー(Story)ではなくナラティブ(Narrative)としていることには、それなりの意味がある。ストーリーが、客観的な視点から綴られた筋書きや内容を意味し、主人公と結末が存在するものであるのに対して、ナラティブにはそれらがない。物語の主人公自身が主観的に綴る筋書きは個人に固有のものであり、主人公が代われば筋書きも内容も変化するし、決まった結末があるわけでもない。言い換えれば、終わりのない私的物語である。このことを空間とそこでの体験に置き換えて、ディテールデザインのあり方を考えてみることがここでの試みである。その際、デザインとは、物語の主人公が綴る唯一無二の筋書きにとって手がかりとなるモノやコトを見いだし、その配置や配列のディテールを考えることと同義である。

場所の履歴

空間体験を通じてナラティブが綴られるときに手がかりとなるものは様々であるが、最もわかりやすいのが、その土地と場所に積層している時間と歴史を象徴する要素であろう。土地や場所には、経過した時間の長短にかかわらず、必ずなんらかの履歴が存在する。その履歴を示す要素を見いだすことから、すでにナラティブははじまっていると考えておきたい。たとえば、その土地に存在するものが、特定の場所や地点とともにあることに、特に意味がある場合などを想像してみるとよい。既存樹の保全などはその典型であるが、移植ではなくあるがままに存置することによって、ナラティブの手がかりの一つが布石されることになる。その場合、これを可能とする空間構成とディテールのデザインが求められる[図13]。

また、特定の場所から空間的に移動した場合でも、ナラティブの要素としての価値が

[図13] 地下構造物の建設にあたり、保全を優先した既存樹林によって歴史的環境の中で新たなナラティブが綴られる場を用意している。京都府宇治市、平等院鳳翔館

保全されるものも少なくない。空間を構成していた要素であったり、建築物や構築物の部材であったり、それ自体に土地の履歴が刻印されているものである。これらの場合、新たな「居場所」を見つけることが必要になるのであるが、そのときに考慮すべきディテールは、"the right thing in the right place"を旨とするべきだと考えている。つまり、「あるべきものが、あるべきところに、あるべきように」ということ。時として、それぞれの要素に備わっていた機能や役割との関係が断絶した状態で居場所が設定されていることがあるが、そのように奇をてらった、意表を衝いた設えは、刹那的な驚きをもたらすのみで、記憶に刻まれるナラティブの構築を阻害するノイズになることはあっても、プラスに作用することは少ない。

シークエンスと余白

さて、これらの可動・不可動な要素を手がかりとして綴られるナラティブは、実際には断続的なシークエンス、つまり一連の空間における要素の継起的展開として個人の記憶に映し込まれる。シークエンスは、要素の構成と配列によるが、この段階のディテールには、次の二点に留意した扱いが求められる。その一つは、文化財的な価値が尊重される場合でないかぎり、土地や場所の遺構や履歴をそのまま復元、再現するものではないこと。このような扱いをすると、そこには客観的な史実や価値観が反映された固定的なストーリーが展開され、デザインする側が語り手に、体験する側が聞き手になってしまう。それはそれで評価されることもあるのだが、体験者が主体的に綴るナラティブにはなりにくい。

そこで、手がかりとなる要素間の関係をどのように扱うのか、一連のシークエンスの中で要素と要素のあいだに「余白」をどのように挟み込むのかが二つめのポイントになる。この場合の余白には、空間と時間の両方の意味がある。シークエンスとは、必ずしも時空のシームレスな連続のことではないから、内包されている隙間を埋める空間的な余白は、要素がまとう意味に対してニュートラルであってほしい。要素が発する有形無形の情報を増幅させるものでも、減衰させるものでもないことが望ましいということである。複数の要素が同時に前景と背景をなす空間的関係においても同様で、そのあいだの余白は、要素が重層している状態から発せられる意味に対して、ニュートラルであり続けるためのディテールとして扱われる［図14］。

一方、時間的な余白については、その長短よりも人のアクティビティを介したつながりに注目しておきたい。これは、人が置かれた環境に対してアクティブなモードにあるかパッシブなモードにあるかによって、時間のシークエンスの中でつながりを意識できる要素が異なるのではないかという仮説を前提にしている。もとより、人のアクティビティのモードは、たとえば一日の中で何度か切り替わるものであるから、パッシブな時間はアクティブな時間の余白になるし、その逆も然り。モードが異なるアクティビティの時間を余白として、様々な要素をきっかけに綴られるナラティブは、それぞれに異な

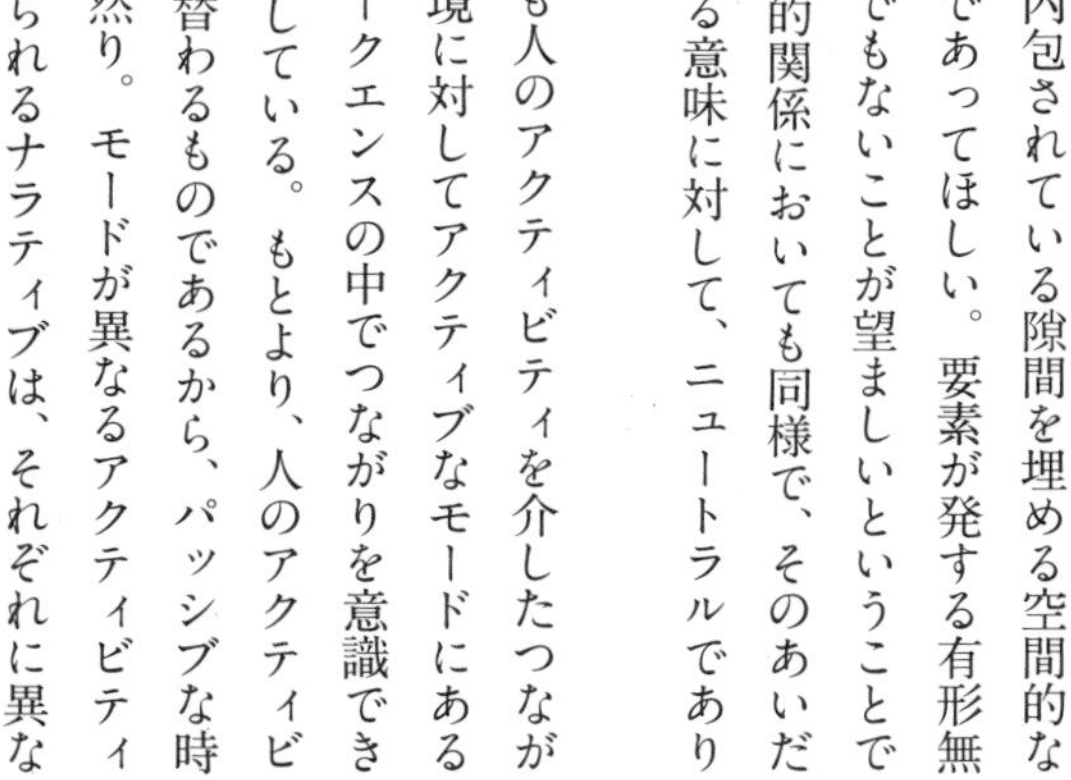

［図14］土地の履歴を体現する様々な要素とその間の余白による空間構成により、主観的なナラティブの手がかりが与えられる。京都市、Hotel The Mitsui Kyoto

る空間と情景が綴られた物語として、その人の記憶の中にとどまるのではないだろうか。

様々なメディアを通じてアクセスできる情報にあふれかえっている現代では、かたちだけのデザインやそれを実現する技術をコピーし、それを仮想空間の中に組み上げることは容易なことになりつつある。しかしながら、ここで述べたナラティブとしての物語とそれが綴られる舞台としての固有の場所はコピーできない。ランドスケープのディテールデザインには、そのことの意味と価値を空間化することが求められている。

スケールを横断するデザイン

この章の後半では、現代社会の課題への取組みや価値観を反映する五つのコンセプトを仮設的な立脚点として、ランドスケープ的なディテールデザインのあり方を様々な角度から、やや抽象度を高めて考えてみた。その過程では、ディテールを考えるうえで避けては通れない、という思込みのあった空間スケールの制約をいったん棚上げしている。つまり、空間のデザイナーである私たちに染みついている絶対的な寸法感覚を意図的に排除した。もちろん、ランドスケープにおいても、人間の身体的尺度＝ヒューマンスケールにおけるデザインの重要性は不変であるし、人間の感覚が最もセンシティブに反応するのも、そのスケールであることは言うまでもない。しかし、一方において、一人の人間を取り巻く環境は、スケールを超えて不断に連続していることにも思いを致す必要がある。言い換えれば、パーソナル（personal）からローカル（local）を経てグローバル（global）あるいはユニバーサル（universal）なスケールへの連続を意識することは、現代を生きるデザイナーの資質にとって、デフォルト（初期設定）でなければならないと思う。そのスケールの連続の中には、ここで取り上げた五つのコンセプトから引き出されるディテールの意味はすべて含まれていると考えたい。また、それら以外にも立脚点となるコンセプトは見いだすことができるはずであるし、そのための努力は継続されなければならない。

さらに、部分と全体の相互規定の関係についても、スケール横断的な意識が定着することによって変化が期待できるのではないか。もとより、ランドスケープにおいては、部分と全体の規定関係が、建築や土木と比較してもかなり緩い。ランドスケープの全体像を支える部分としてのディテールの範囲はきわめて曖昧であるし、ディテールの集積のありようがどこまでランドスケープの全体像に波及しているかも明確にはなりえない。ディテールを構成する要素自体とそれらの関係が、時間の経過と循環によって変化するからである。やや観察的な言い方をすると、ディテールを規定するスケールが伸び縮みする、あるいは入れ子の構造になっていて、どの部分をもってディテールと規定するか、その範囲が変化するということである。

繰返しになるが、ランドスケープアーキテクチャーが土地の上で物理的な空間と環境を扱う職能である以上、機能性、合理性、経済性、安全性さらに環境性を加えた多様な要件のもとで、無理のない自然な納まりと洗練された審美性を追求することが、ディテールデザインの本分であること、そのことの普遍的な意味と価値は揺るがない。それを踏まえたうえで、ここに示したような立脚点からディテールデザインを考察し実践する、そのような複眼的な視点と複線的な思考が求められる時代になっているのではないか。庭と風景のあいだで多様なポジショニングを模索することは、そうした思考のために必要な手続きであると思う。

第四章

アーバンネイチャー

都市の自然をどのように定義しどのように扱うかは、ランドスケープアーキテクチャーにとって、この職能の成立時から現在にいたるまで、そしておそらく将来にわたっても最も重要な課題の一つであり続けることは、この分野に関わりをもつ者には自明であるだろう。それほどに多様な解釈と評価、そして価値観の表現が可能である。ここでは、都市における生態系の保全と安定を前提とした自然環境の捉え方、目標としての生物多様性の再生に向けたデザインにおいて、どのようなランドスケープの要素を対象とすることができるか、さらに都市の自然を再生、創造するための技術体系である緑化の限界を指摘するとともに、新たなアーバンネイチャーの概念に関わる試論を提示する。

エコロジーとランドスケープ

エコロジーとランドスケープの接点

一八世紀のヨーロッパで流行した風景画(Landscape Painting)の美学的規範であるランドスケープ、一九世紀の実証的近代科学とともに生まれたエコロジー、つまり美学と科学という本来は出自の異なる二つの概念が、環境というキーワードを介して接点をもちはじめたのは、言うまでもなく一九世紀後半にランドスケープアーキテクチャーという社会的職能が発生したことがきっかけとなっている。そのことについては、本書の第一章においても少し詳しく述べている。そして、両者の関係が現在のように不即不離なものとして認識されるにいたる過程では、一九六九年に出版されたイアン・マクハーグ（Ian L. McHarg）の『デザイン・ウィズ・ネイチャー（*Design with Nature*）』の存在がメルクマールとなっていることに異論はないであろう。

今では古典となった感のある同書において提示されていたのは、生態学的な地理情報に基づく環境管理と土地利用の妥当性を検証する方法論である。約半世紀を経た現在もほぼ不変であるこの方法論の基本的構造は、総体としての環境を様々な要素に細分化し、それぞれの要素について個別の評価を行ったうえで、再度それらを統合することによって土地の生態学的な特性を客観的に表現するというものである。つまり、総体としての環境を様々な要素に細分化したうえで個別に抽出し記述すること、その作業を地図上で区画されたメッシュを単位として行うこと、この二つの細分化の手続きによって、方法の再現性と普遍性に通じる科学性が担保される。そして、メッシュの単位で行われた個々の環境要素に対する評価が、個別のマップやマトリックスの重ね合わせによって、生態学的な特性を示す評価値の総和として機械的に算出される。この後半のプロセスが、環境の生態学的な再構築である。

これら一連のプロセスの有効性を支えたものは、客観的なデータの収集技術とその処理技術である。即ち、衛星からの広範囲にわたる正確なデータの採取とコンピューターによる高速のデータ処理という近代科学技術がもたらした成果であり、技術そのものの進歩によって方法の汎用性も著しく拡大していった。さらに今世紀に入ってから目まぐるしい発展をとげた地理情報システム（GIS）と情報通信技術（ICT）の組合せは、この方法論の精度を高めただけではなく、対象となる土地と環境のスケール横断的な把握を可能とし、この方法を利用することのできる主体の多様化にも貢献してきた。いずれにしても、このような客観的なプロセスとそれを支えるテクノロジーによって、エコロジーは科学的な技術体系としてランドスケープのあり方に関与してきた。その過程を通じてエコロジカルなランドスケープのプランニングやデザインとは、種々のマップやデジタル画像を通じて、科学的な意味における環境の視覚的発現形を扱うものへと変容している。課題は、そこから美学的な意味や価値を付与されたリアルな空間や景観を創出していくための手法をいかにして確立し、実践するのか、という一点に集約されるのではないか。

対立から進化へ

さて、開発と保全の対立的な構図を前提とし、そこに発生する矛盾を調停することだけが、エコロジーとランドスケープアーキテクチャーを関係づける唯一の契機であるかと言えば、必ずしもそうではない。意外にも、開発するあるいは自然環境への人為的介入を出発点として、そこから直接的に新たなエコロジカルランドスケープにアプローチする方途も見えはじめている。

従来の生態学が、主として現象的自然の動態的な理解を目指していたのに対し、リチャード・フォアマン(Richard T. T. Forman)らが提唱したランドスケープエコロジーの形態論的アプローチ[1]は、それまで自然環境に対する侵略や攪乱とされてきた人為的開発を、ダイナミックに変化するエコシステムの力学を理解するための起点に据えており、開発から直接的に生態系のあり方を論じる可能性を含んでいる。このアプローチは、従来の生態学が援用してきた統計学やモデルの数式など、現実の環境から抽象される理論体系のみに頼るのではなく、人間の目に見え、誰にでも即座に認識される「カタチ」によって生態系の動態的なメカニズムを論じている。具体的には、ランドスケープの中で「図」として認識されるかたちを、パッチ(Patch)とコリドー(Corridor)に大別し、その背景の「地」をなす部分をマトリックス(Matrix)、さらにこれら三つの形態要素のネットワークのあり方によって生態系の状態を理解し、記述するものである[図1]。

この形態論的アプローチがもたらす可能性は、自然生態系における様々な現象と人為的な環境改変を、同じ検討の俎上に載せて同時に検討することができるという点にある。たとえば、自然発生的な山火事によってできた樹林内のギャップとゴルフ場開発によってできた草地は、パッチと言う同じ形態要素として扱われる。コリドーの一形態であるLine Corridorという分類では、農地を区画する防風林の帯も、樹林地を横切る送電

[1]リチャード・フォアマンらの理論については、以下の著作を参照のこと。
①Richard T. T. Forman, Michael Gordon, *Landscape Ecology*, John Wiley and Sons,1986
②Richard T. T. Forman, *Land Mosaics*, Harvard University Press, 1995
③Richard T. T. Forman, Perry N. Moore, 'Theoretical Foundation for Understanding Boundaries in Landscape Mosaic', *Landscape Boundaries*, Springer-Verlag, 1992

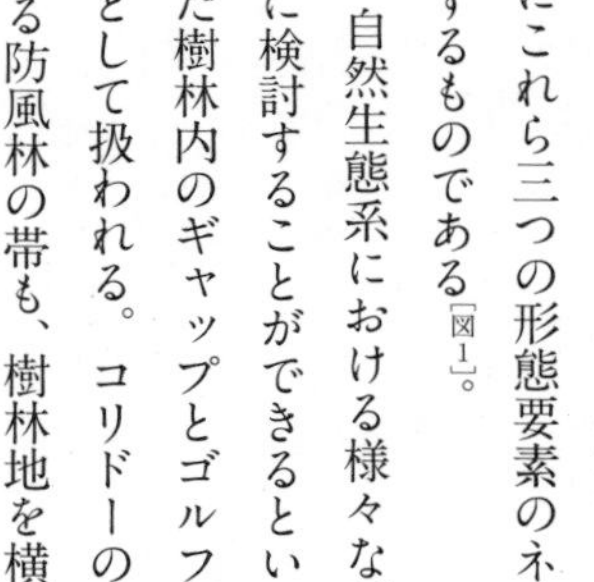

[図1]ランドスケープの形態要素と、それらによって形成されるネットワーク図像

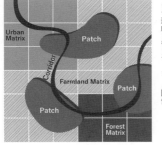

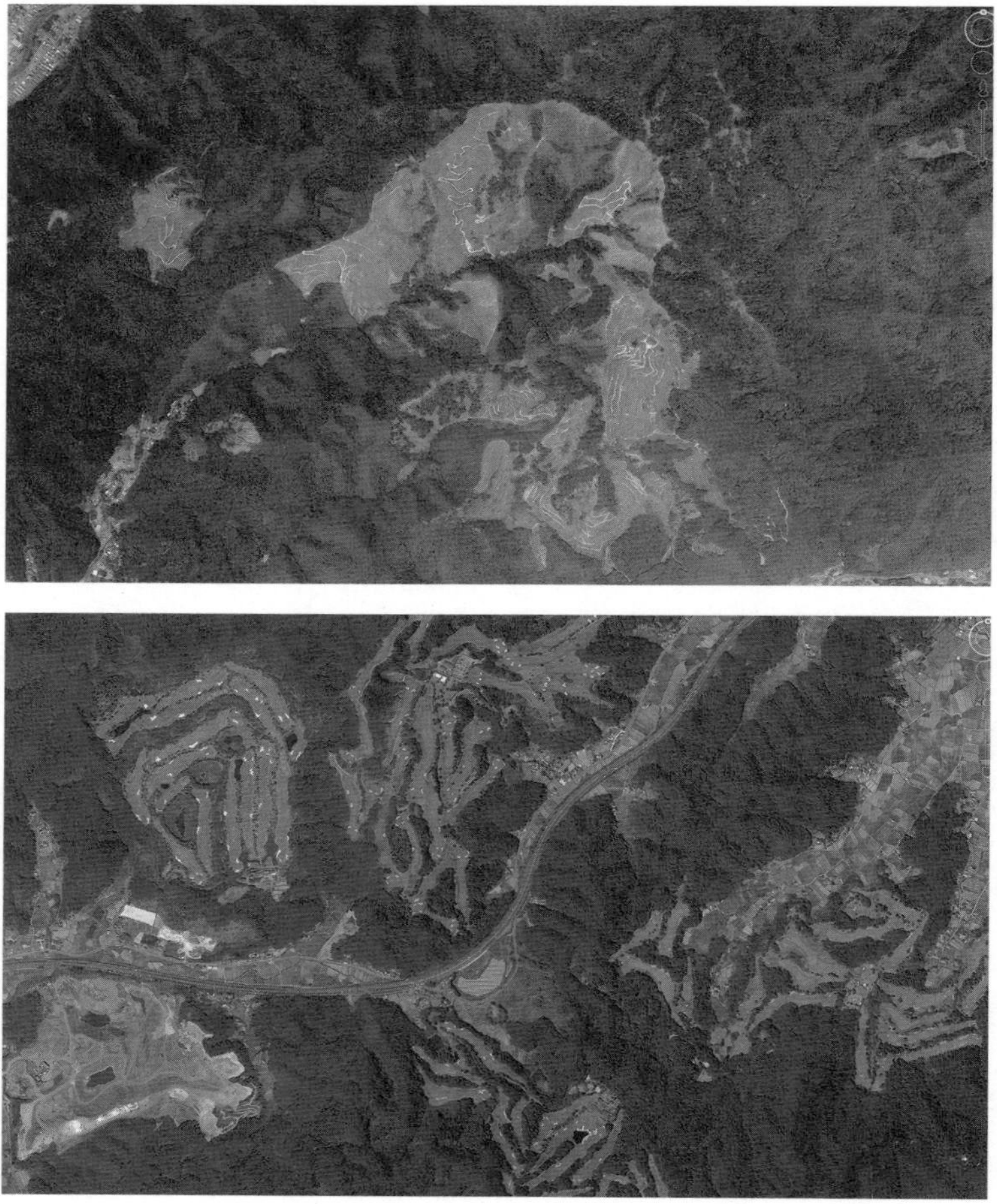

［図2］山火事によってできた樹林の中のギャップ（上）と、ゴルフ場開発によってできた草地のパッチ（下）。いずれも群馬県内

［図3］樹林の中にできた送電線の維持管理のための線状の草地（上）と広大な農地の中に造成された線状の防風林帯（下）。いずれも北海道十勝地方

線に沿ってつくられる維持管理スペースとしての伐採地の帯も、同じ形態要素として扱うことができる。これまで対立的な位置にあった保護・保全のあり方と開発のあり方を、等価のものとして論じるための条件が用意されているのである[図2、3]。

また、ランドスケープエコロジーの様々な理論の中には、属性が異なる土地利用の領域が隣接した場合に発生する境界の形態がもたらす環境の多様性について論じたものがある。これなどはランドスケープの基盤をなす土地利用のパターンやその計画に様々な示唆をもたらす[図4]。たとえば、まとまった面積の樹林地と草地が接する場合、陸域と水域が接する場合など、その境界が単純な線形にとどまっているのか、複雑に入り組んだ形態を伴うものであるのかによって、境界に沿って発生する空間領域の広がりと環境にかなりの差異が発生する。それぞれの土地利用が有する本質的な環境特性が、相互に影響しあう範囲とインパクトが作用する方向や強弱が異なるからである。もちろん、そこにはそれぞれの土地利用がどのような空間のスケールにおいて接するのかという要因が大きく関与するが、事の本質はスケール横断的に理解できるし、そこにはフラクタルな自己相似的関係も見いだすことができるであろう。

さて、このようなランドスケープエコロジーの形態論が、必ずしも生態学

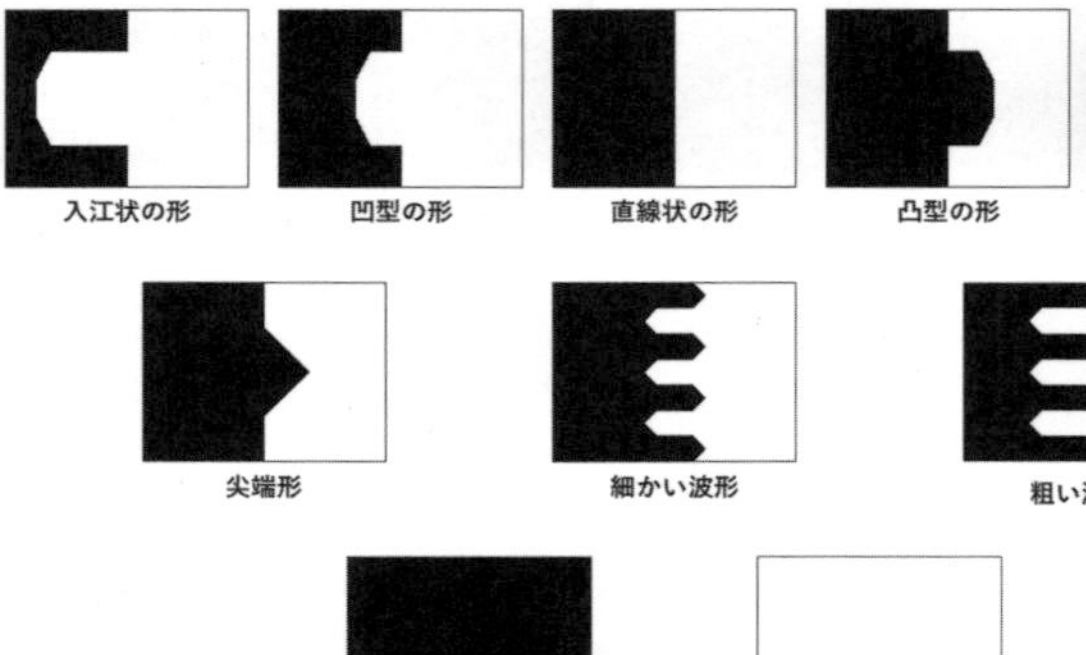

[図4] 異なる二つのランドスケープ要素あるいは土地利用単位の境界部の形状に見られる多様性。[1] 文献③の図版をもとに作成

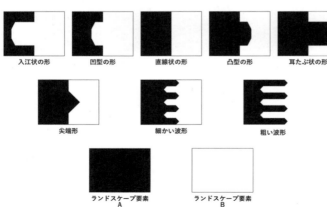

的に健全なランドスケープの形成に直接間接に結びつくのかと言えば、必ずしもそうではない。しかしながら、エコロジカルなランドスケープの様態を仮定するとき、それは保護・保全された原初的な自然環境そのものや疑似自然的な形態の模倣からではなく、むしろその対極にある開発のあり方からはじまるのではないかという予感がある。それはまさに、人間の活動も生態系の一部であるという環境の全体性に関する認識が基礎になっているであろう。保護・保全と開発が対立する構図を超えて、自然に働きかける人間の営為ないしは自然と人間の相互作用から、エコロジーを環境創造的に捉える視座を獲得することが求められている。

都市空間における生物多様性の表現

生物多様性のイメージ

江戸時代中期の京都を中心に活躍した絵師、伊藤若冲（一七一六〜一八〇〇）の代表作の一つ、『動植綵絵《どうしょくさいえ》』の中の一幅に「池辺群虫図」[図5]がある。たしか、二〇〇二年に策定された「新・生物多様性国家戦略」の広報目的で、環境

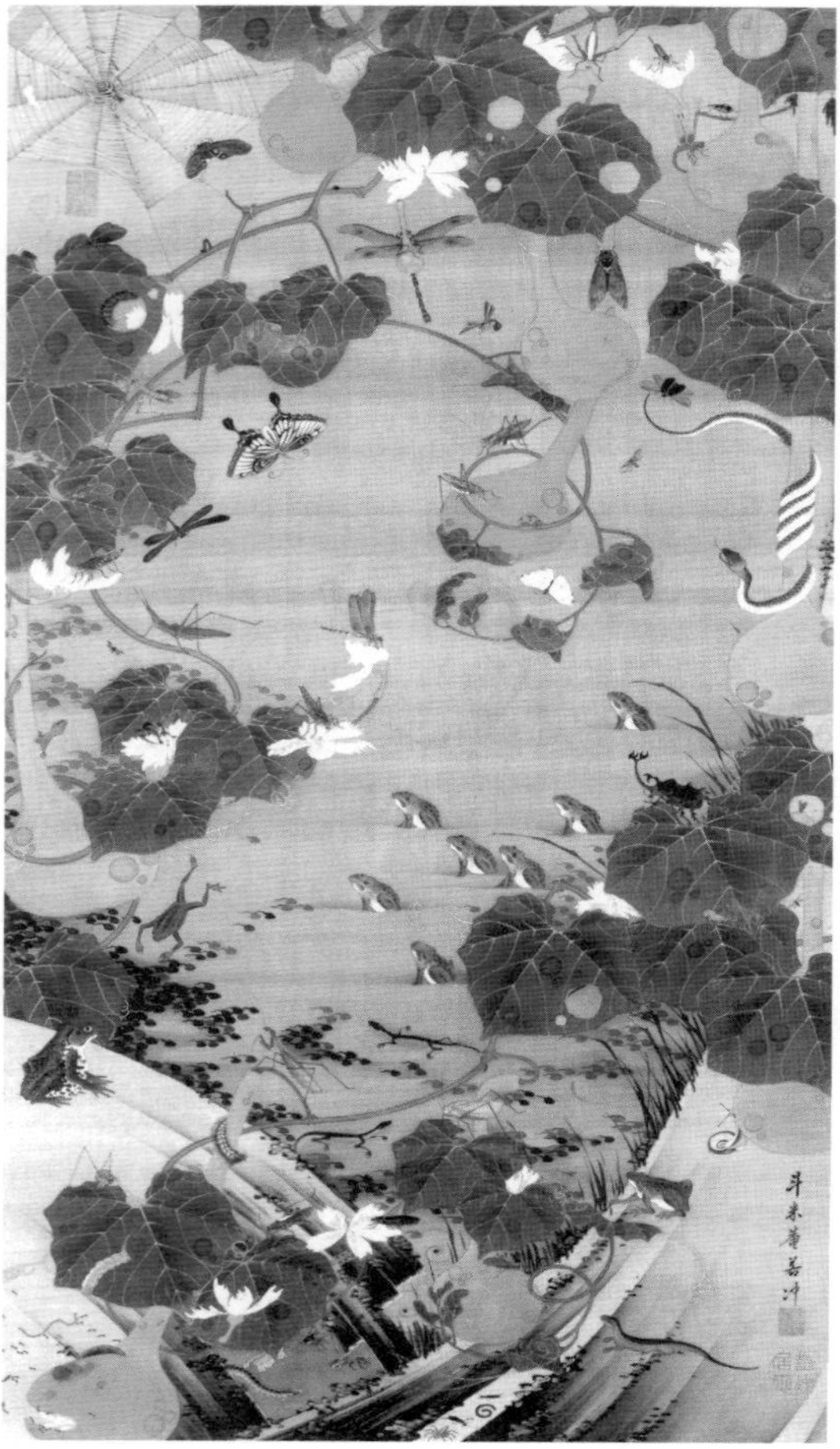

［図5］伊藤若冲「池辺群虫図」一八世紀中頃

省が作成したパンフレットの表紙に使われていたと記憶している。また、当時の環境大臣がプロデュースしたとされる「もったいない風呂敷」の絵柄に使われたりしたので、若冲のファンでなくとも目にした人は多いと思う。

池の水面と水辺、上方から垂れ下がるヒョウタンと思しきツル植物を背景に、トンボやチョウ、キリギリス、カブトムシをはじめとする様々な昆虫類、蜘蛛、両生類、は虫類などの生き物が群らがる様子が、若冲が得意とした緻密な写生と華やかな色彩のアラベスクのごとく描かれている。なんとなく自然界の食物連鎖を想像させる図像でもある。ただし、これだけ多種多様な生き物が同時に、しかもこれだけ密度高く生息するような状態は、当時の京都にも現実にはまず発生しなかったであろうから、これは描き手の想像力のなせる業ということになる。ある意味では若冲の面目躍如でもある。しかし、一見すると超現実的に思えるこの画像には、生きとし生ける万物がなんらかの相互関係のもとに共生している、という観察眼の発露が見てとれる。若冲が暮らした江戸時代中期の京都は、当時としては都会であった。現代とは大きく異なる環境にあったとしても、多くの人々が暮らす都市の中で、実に様々な生き物が複雑に絡み合いながらもその生を全うできる状態が維持されていたことを、この絵師は経験的に知っていて、それゆえにこの図像のイメージに到達したのであろう。

ひるがえって、都市における生物多様性をめぐる昨今の理論や実践の中では、理想とする空間や環境のイメージが想起されるような機会に遭遇することはほとんどないことに気がつく。様々なメディアを通じて発信されているのは、豊かな自然を断片的に表現する実写の映像や画像、あるいはそれらを加工したものが中心で、人の意思をもって描かれた環境の全体像が示されることは少ない。これは、生物多様性の保全や再生が、生態学という科学の領域を出発点としていて、デザインや風景という美学の領域とのあいだに共有される基盤が脆弱であるからだ。学術的なアウトプットとして目にする図像は、実態を説明するグラフやチャート、保全や再生のシステムとプロセスを示すダイヤグラムくらいであろう。これだけでは、プランニングはできてもデザインにはなかなか展開できない。

むろん、一部には生物多様性の再生に人の手でデザインされる環境は不要だという主張があることも事実である。しかし、様々な都市機能とのバランスを維持しなければならない都市デザインやランドスケープデザインのコンテクストのもとでは、手がかりとなるイメージはどうしても必要になるし、それらが多くの人々に共有されることがなによりも重要である。生物多様性もまた、デザインの中では人の手を経由する審美的表現の対象であるべきだし、そうでなければ、幾世代にもわたって共有されるべき持続可能な都市の環境文化として定着することはないだろう。

デザイン表現の対象

それでは、生物多様性を都市デザインの中に表現していくうえで参照するべきイメージは、どのような空間を対象とし、どのような属性において想起されるのであろうか。ここから少し具体的に考えてみたい。その際のキーポイントは空間の立地とスケールにあるように思われる。

生物多様性の保全・再生は、最終的には生き物の生息域であるハビタットの物理的環境のありようと、それらの地理的・空間的位置関係を問題にしている。ハビタットは、デザインの対象となる様々なスケールの空間に存在するわけであるが、それらの環境条件と位置関係が良好に維持されている状態のイメージには、空間のスケールと立地によって異なる発現形があるだろう。以下、試論的ではあるが、いくつかの立地環境とスケールを想定しながら、デザイン表現の対象となるイメージが、どのようなかたちで想起されるかを考えてみたい。

里山——変化する相観

日本の生物多様性が、いわゆる里山・里地と呼ばれる地域における人為の影響を受けた二次的自然の環境に大きく依存していることはよく知られている。人による持続的な干渉が植生の多様性をもたらし、それらが農耕地である里地の環境と密接に関係することによって増幅される。里山が都市の領域に含まれるものであるかどうかは、見解の分かれるところであろう。しかし、都市近郊の田園地帯に残る里山的環境は、近接する都市の生物多様性にも深く関わるものであることから、ここでは検討の対象としておきたい。

里山とその広がりのスケールにおいて、デザイン的な表現の対象となりそうなのは、植生の相観(Physiognomy)である。第三章においても述べたが、相観とは、植物群落の総体を外側から見たときの視覚的特徴のことであり、群落の中で優占する植物種の生活形や個体の密度、群落の断面構造、季節による変化などによって捉えられる概念である。植生地理学では、これによって植物群系(夏緑樹林、照葉樹林、針葉樹林などの分類)を区分する。一方、これをデザイン表現のイメージを想起させるものとして見るならば、そのテクスチャーや色彩のパターンに注目することになるであろう。

里山を構成する植物群落には細部にまで人為的な干渉が及ぶため、原生的な植生よりもはるかに多様な相観を見せる可能性がある。さらに、経年的には雑木林の萌芽更新などが含まれるため、同じ樹種の組成をもつ群落であっても、その相観はさらに複雑なものとなる。全体的には、ごくわずかな色彩やテクスチャーの違いも含めて、きわめて多様なモザイクのパターンが相観の視覚的特徴として発現するのであり、そこから想起されるイメージがデザイン表現の対象となりえる。むろん、里山の相観に見られる視覚的な図像の多様性が、即ちそこに生息する生物の種の多様性を直接意味するわけではないのであるが、明らかにハビタットの多様性を視覚的に反映するものであることは間違いない。

緑地――ハビタットの平面形

都市と郊外におけるハビタットの立地環境は、その大部分を緑地に依存することになる。ひと言で緑地と言っても、種類も面積も立地も様々であるが、デザイン表現の対象となりそうなのは、それらの平面形がつくりだすパターンではないかと思われる。この点に関しては、一九九〇年代からさかんに研究がすすめられたランドスケープエコロジーの形態論的なアプローチを参照することができる。

この章でもすでに述べたことであるが、ランドスケープエコロジーではハビタットの平面形をパッチ(Patch)に置き換え、それらをつなぐ線状の要素をコリドー(Corridor)、さらにこの二つを「図」に見立てた場合の「地」に相当する周辺をマトリクス(Matrix)と呼ぶ。具体的に例をあげれば、広大な草原の中に点在する樹林はパッチであり、樹林をかすめながら流れる小川や樹林をつなぐ並木道はコリドー、そして草原そのものがマトリックス、ということになる。そこでは、土地の平面的な広がりの中に存在する個々のパッチの面積とそれらの分布密度、コリドーの長さや太さとネットワークのパターン、マトリックスから受ける環境圧などの影響のあり方が、その地域の種の多様性と変化を規定する要因となる。動植物の種の移動の程度が、パッチ相互の距離やコリドーの強靭さに依存し、部分における特定の種の消滅からいち早く再生に向かうメカニズムに作用するからである[2][図6]。

パッチ、コリドー、マトリックスによって構成される平面的な図像には、ある種のトポロジカル(位相幾何学的)な特性を見てとることができるだろう。マトリックスを背景として、その前面にパッチとコリドーのネットワークによるハビタットの図柄が浮かび上がるが、これを種の多様性が極大になるように変位させる操作を、デザインの行為として位置づけることができないであろうか。そして、この図柄の視覚的イメージが、デザイン表現の対象となるだろう。

[2] Veronica Andrade, Xuan Feng, 'Landscape Connectivity Approach in Oceanic Islands by Urban Ecological Island Network Systems with the Case Study of Santa Cruz Island, Galapagos,' *Current Urban Studies*, No.6, Vol.4, 2018

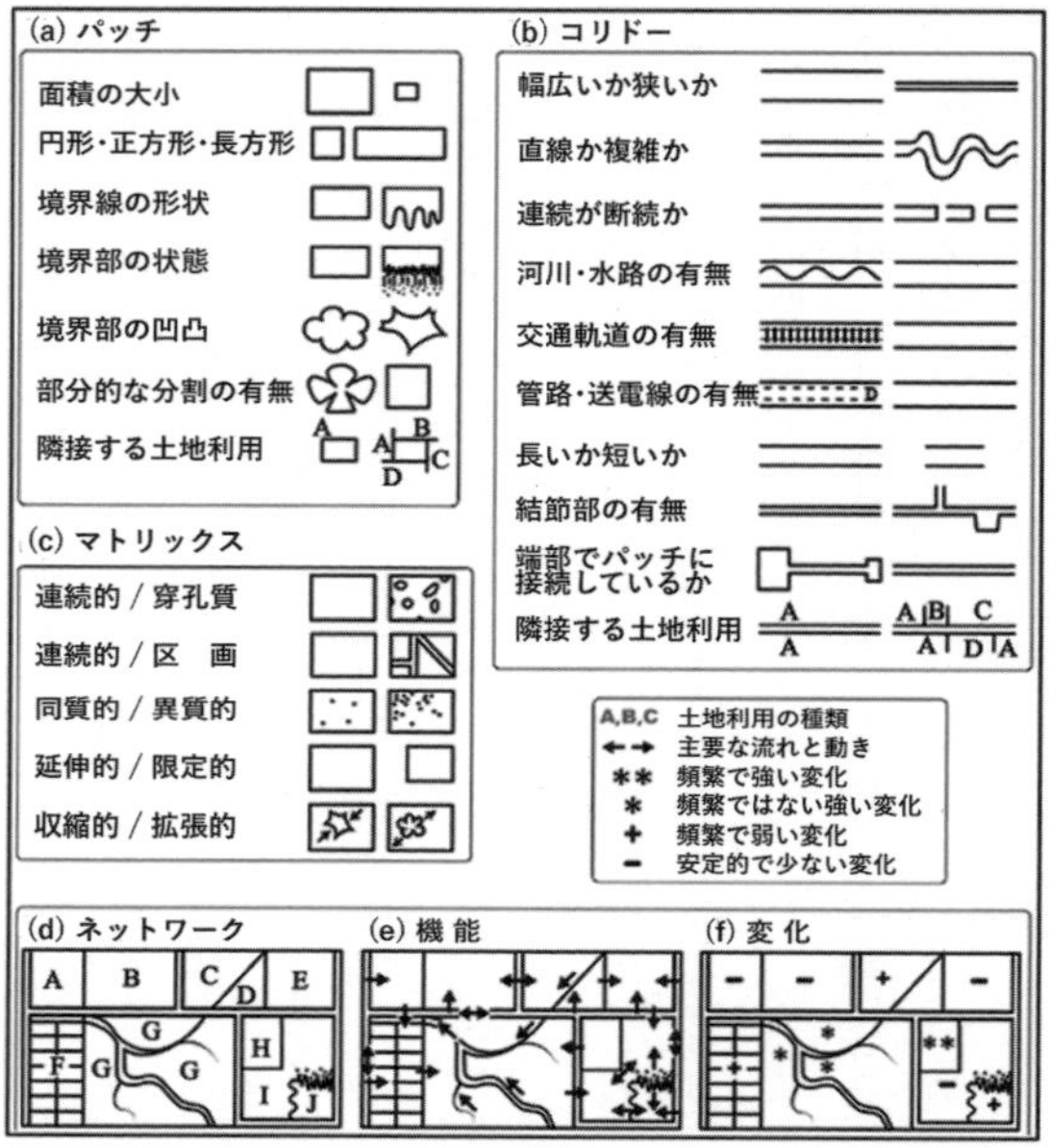

［図6］ランドスケープエコロジーの形態要素とネットワークの構造、機能、変化の関係。［2］の文献の図をもとに作成

市街地——多様なヴォイドの形成

道路などの都市インフラが空間的な構造を形成し、その中に建築物が集積する市街地のスケールにおける動植物のハビタットは、基本的に建築物が空間を占有していないところ、つまり都市空間のヴォイド(Void)に形成される。道路や河川や都市公園も

その一部であるが、それ以外にもヴォイドとなっている場所は多く存在し、それらは立体的にひと続きの空間の連鎖として認識される。前記した緑地におけるトポロジカルな平面形の図柄が、立体的に展開されることになると考えてよいであろう。

都市空間のヴォイドが、ハビタットとしての立地環境を具備できるか否かは、当該のヴォイドを構成する建物のマスの立面や地表面の状態にかかっている。特に表層から一定以上の範囲の断面がどのような状態にあるかが、最もクリティカルに作用するであろう。しかし、必ずしもそれらが自然の状態に近いほうが望ましいかどうかと言えば、一概にはそうとも言えない。たとえば、都市のウォーターフロントに営巣するコアジサシにとって、コンクリートガラを敷き詰めた建物屋上のような極端に人工的な環境が、理想的なハビタットであったりするからである[図7]。

一方、空間のかたちとして市街地のヴォイドを見ると、実に多様なスケールが想定されることがわかる。大規模な高層建築物のあいだに確保されるオープンスペースにはじまり、建物に囲まれた中庭、大小様々な建築の狭間にできる空間、そこには建物の屋上も含まれるだろう。さらには、個々の建築物の壁面や屋上にできる小さな凹凸にいたるまで、多種多様なヴォイドが、これまた多様なパターンで分布しており、部分的には入れ子状になっていたりする。個々のヴォイドを構成する面の状態が、ハビタットに求められる環境に合わせて技術的に対応するべき事項であるとするならば、規模、形態、素材などに多様なヴァリエーションを想定したヴォイドを、市街地の中に組み込んでいく

[図7]下水処理場の屋上がコアジサシの営巣地になっている事例。東京都大田区、森ヶ崎水再生センター

こと(それは、建築のボリュームや配置をコントロールすることにつながる)によってできる都市空間の物理的形態、素材、テクスチャーが、都市デザインにおける生物多様性を表現するイメージになっていきそうである。

工法と素材——スケールを横断する多孔質

さらにスケールダウンした都市空間の中では、個々のハビタットがどのような工法と素材によって整備されるのか、その内容をイメージするための手がかりを求めることによって、デザイン表現の対象が見えてきそうである。具体的には、ハビタットの空間スケールを横断的に規定する「多孔質」という物理的な特性によって表現されるイメージであろう。

多孔質とは、もとは材料工学の分野で主に用いられてきた語で、物質が多数の細かな孔ないしは空隙を有している状態を意味する。転じて、生態学や生物多様性の分野では、良好なハビタットを形成するうえで有効な形態を意味するようになっている。一つには、孔ないしは空隙が、外部から保護された状態にあるハビタットとして有利であるという意味において、今一つは、多孔であることによって、ハビタットを形成する空間や物質の単位体積(容積)あたりの表面積が増大し、それだけ外部環境とのインターフェイスに相当する部分が多くなることによる貢献である。インターフェイスの面積増大は、外界とのあいだで物質循環やエネルギーの交換が活発になることを意味する[図8]。

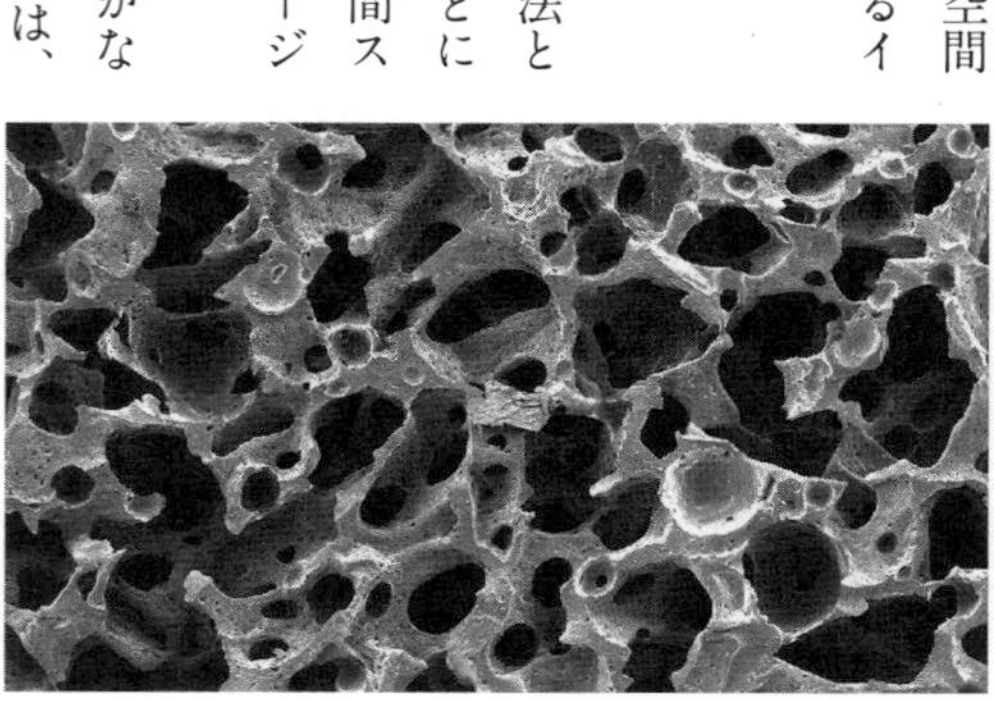

[図8] 多孔質の形態的特徴があるセラミックの顕微鏡写真

たとえば、は虫類や両生類のハビタットとして、石や倒木が積み重なってできる空隙が重要であることや、魚類や水生動物の繁殖地として、近自然工法でつくられた護岸が望ましいことはよく知られている。また、顕微鏡でしか確認できないような微細な気孔をもつ素材によって、空気と水分の流通が良好に維持され、微生物の作用による物質の分解と循環が促進されることにいたるまで、多孔質であることのメリットは広いスケールのレンジにおいて認められる。

このような多孔質のハビタットを創出するために採用される工法と素材については、今日ではかなり技術開発がすすんでいる。一方、デザイン表現では、空間の構成から工法、素材にいたるまで、スケールを横断的に連続する多孔質のイメージが維持されていることが重要であるだろう。

フラクタルに発現するイメージ

前記した工法と素材における「多孔質」というハビタットのデザインイメージは、実は市街地において多様なヴォイドが連続する空間のイメージにスケールを超えてつながる。市街地の建造物の狭間にできる大小様々なヴォイドは、「孔」に相当するものと見なすこともできるからである。市街地の空間そのものが多孔質であり、そこで採用される工法によって、ヴォイドを構成する面もまた多孔質のものとなる。さらに、ミクロの気孔を多くもつ素材を用いることもできるであろう。つまり、空間スケールのいくつかの階層にわたって概念的な相似形のイメージを繰り返し想起することができるのである。

また、マトリクスを地としてパッチとコリドーの図がつくりだす緑地の平面形においても、地と図の境界部における凹凸が、いくつかのスケールの階層において繰り返し似たようなパターンをもたらす。土地の被覆状態が異なる二つの領域(たとえば樹林と草地)が互いに接しあう境界線では、マクロなスケールで異なる土地利用の領域が相互に接しあう状態から、ミクロなスケールでそれぞれの領域を構成する要素が複雑に絡みあう状態まで、似たような線形を繰り返し観察することができるはずである。さらに、里山の植生の相観に見られるモザイクのパターンにおいても、どのスケールに視点を置くかによって、比較的まとまりのある植物群落から植物個体にいたるまで、パターンの解像度が異なってくるものの、やはり似たようなモザイクが繰り返し現れることになる。

このように、都市において生物多様性の保全や再生を担うハビタットでは、様々な立地とスケールを超えて、自己相似形に近いイメージが繰り返し発現するという特徴がある。都市デザインにおいては、このフラクタルな特性をどのように活かすかが、表現上の重要なテーマになりそうである。

いくつかの条件

様々なスケールと立地環境において想起される生物多様性のイメージを都市空間に写しかえるデザインを実践し、相応の成果を得ようとするためには、クリアするべきいくつかの条件があるように思われる。現時点で考えられるそれらの条件について三点ほど指摘しておきたい。

第一に、これまで述べてきたように、都市の生物多様性を支えるハビタットのかたちは、ミクロからマクロまで、きわめて広いスケールのレンジに対応する空間において繰り返し現れることから、それらをスケール横断的にデザインできるような機会と仕組みが必要である。都心であれば、個々の建築物の素材や工法の選択から、敷地内の空間構成を超えて街区や市街地全体にいたる範囲において、郊外であれば、街区の中の緑地分布から地区全体の緑地の配置やコリドーとなる線状の緑地、その先に広がる里山の植生にいたる範囲において、プランニングにとどまらず、デザインのありようを定めるコードのようなものがあってよいのではないか。

第二には、ハビタットの状態はつねに変化するものであることを受け入れること。言い換えれば、動態的なデザインを積極的に展開できることであろう。ともすれば、固定的なイメージが維持されることを是とする従来のデザインの価値観を離れ、種の移動を前提として地域内における生物多様性を維持し高めることが可能となるよう、ハビタットのかたちを変化させることを厭わない姿勢が必要であるように思う。

さらに、第三の条件として、こうしたデザイン表現の成果として出現する空間や景観を受容する審美的な規範のようなものが、市民のあいだで共有されることが求められる。都市デザインにおける生物多様性の表現は、自然に対する人為的な干渉と自然の側からの反応が美しくかつ予定的に調和している、というこれまでの審美的な規範におさまる保証はない。その規範を逸脱したものすらも受容できる精神的な余裕が生まれ、積極的に支持しようという社会的な合意形成がなされることを通じて、生物多様性のデザイン表現が都市の環境文化として定着するのではないだろうか。

次の自然のデザインリテラシー

三次自然

二〇世紀最後の一〇年間と二一世紀最初の二〇年間は、近代という時代区分の延長線上において、人と自然の関係にわずかながら、しかしかなり重要な変化の兆しが現れた時期であったのではないか。人と自然の関係は、厳密には人が開発した科学技術とそれに反応する自然現象の関係、と言い換えたほうがよいかもしれない。先進国における科学技術の飛躍的な発展は、それまでのローテクが適用されたものづくりの現場やそれを支えたインフラが占拠した土地を、少なからず都市の表舞台から縁辺部の余剰地へとおしやってきた。そして、生産性の向上と経済のグローバル化に伴って空洞化した工業用地や遺棄された土地、工業生産を支えたインフラ用地など（これらは、一般に「ブラウンフィールド」と呼ばれるようになっている）には、これまで見られなかったような「自然」のかたちが出現しはじめている［図9］。

このカッコつきの「自然」を、ここでは三次自然と呼ぶことにする。人為的な干渉がまったくないか、ほとんど無視できる状態に維持されている原生の自然を一次自然、人に都合のよいように馴致され、人為とのあいだに調和的なバランスが維持されている自然、たとえば里山の二次林や農地と集落が混在する里地のような場所に現れる自然を二次自然と定義したときに、その次に現れるタイプの自然、という意味を込めて三次自然なのである。この「次の自然」は、それまで存在してきたタイプの自然との対比においてかなり異質なものであるようだ。

具体的には、三次自然は先行する一次、二次の自然を基盤として、あるいはその延長線上に発生するものではないということ。その意味においては、一次自然を様々な手段をもって手なずけた二次自然とも異なる出自をもつ。臨海部の埋立地にしても、廃棄された重工業生産施設の跡地にしても、さらには高速道路の高架下の空地にしても、従前からそこに存在していた自然の基盤は根こそぎ剥ぎ取られ、そこの痕跡はかなりのところまでに消去されている。むろん、自然の基盤がまったく存在しないというわけではないのだが、あったとしてもそれらはあとから人為的にもちこまれたものである。このような三次自然には、依ってたつ確固とした基盤がなく、そこに定着したくともできない、もしくは自らが基盤とならざるをえない状態にある。そのような条件に適応しなければ

［図9］廃線となり長く放置されていた高架鉄道敷に発生した植生。この場所は現在では人気のあるペデストリアンスペースとして再生されている。ハイライン、ニューヨーク

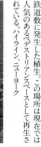

ば、自然環境を構成する要素は存続しえないし、逆の見方をすれば、それらは通常は存在しないような特殊な条件下にあるとも言える。

予定調和から緊張関係へ

実は、このような条件をクリアして存続しうる自然の要素、たとえば植生がそれほど多くないことは容易に想像できるだろう。ところが、いったんこの条件下で生き残った自然の要素には、かなりの好条件が約束される。競争相手が少ないからだ。エコロジカルなニッチ(隙間)が大きいとも言える。一方、三次自然が立地するこのような環境条件については、これまでと比較しようとしても、その具体的な手がかりはないし、従来の生態学の理論や経験値はあてにできない。たとえば、地表面の植生が剥ぎ取られた裸地を起点とした植生遷移のプロセスは、いわゆる先駆種(Pioneer Species)と呼ばれる植物種の群落からはじまる。日本の国土の大部分が属する暖温帯の気候風土のもとでは一年生の草本がそれにあたるが、そこから多年生草本の群落、落葉広葉樹などの群落を経て、その間に強い人為的干渉がなければ、最終的には常緑広葉樹(照葉樹)の極相林(Climax Forest)にいたることが、植物生態学や植物社会学の分野で、かなりの確証のもとに推論されている。しかしながら、三次自然の場合には、その起点となる環境条件が根本的に異なる。

そのことと関係しているのであろうと思われるが、最近になって私たちが目にする三次自然は、ローテクの技術によってつくりあげられた産業基盤や都市基盤の隙間に侵入し、ジワリジワリとその勢力を拡大しつつある。また、その植生遷移のプロセスも予測がかなり難しい。これは、人為と予定調和的に存続してきた二次自然とは対極的な位置にある。つまり、人の手によって馴致された二次自然の風景がもたらしてくれる、ある種の安心感や安定感のようなものは、三次自然には期待できないのではないか。しかし、だからと言って、この新しいタイプの自然が、近代以前の人が一次自然に対して抱いていたような畏敬の念の対象となるかと言えば、そうでもない。あるいは、野生の自然がそうであったように、人間の生存にとって、ただちに危険きわまりない存在になることも考えにくい[図10]。

それでは、科学技術がつくりあげた人工的な基盤の中に侵入しつつある三次自然とのあいだに、私たちはどのような関係を切り結ぶことができるのであろうか。さらには、その関係をどのような風景の様態を通じて表現することができるのであろうか。むしろ、すぐに結論を見ることのできる課題でないことは明らかであるが、なんらかの方向性を予測することくらいはできそうである。

予測されるその関係は、ひと言で言えば緩やかな「緊張関係」であろうか。前述のような二次自然とのあいだに期待されていた安心感のある調和でないことはたしかである。三次自然はつねに人間の傍らにあり、両者のあいだには微妙なバランスが維持されているが、相互には物質的な関係をもたない。しかしながら、なんらかのきっかけでその均

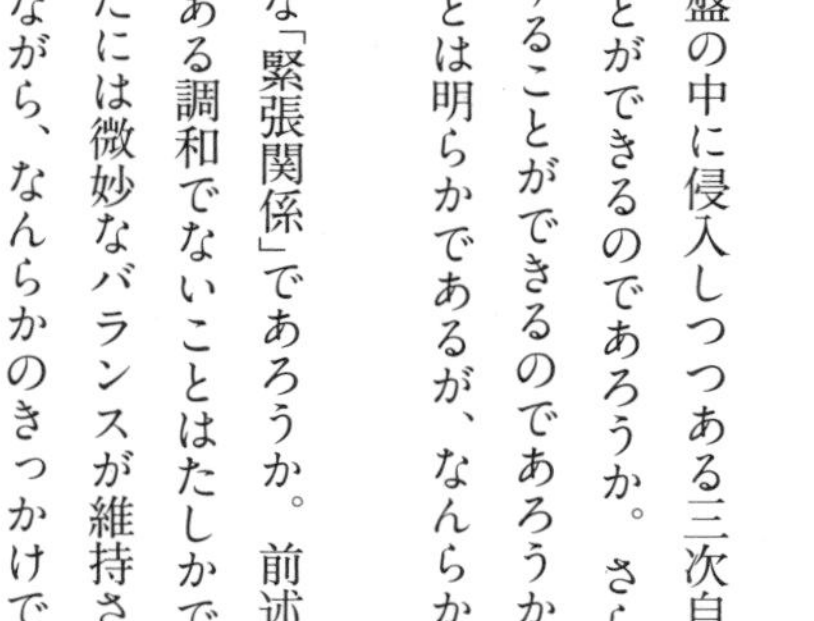

[図10] 遺棄された工業生産施設の隙間に再生されつつある植生。エムシャーパーク、ドイツ

衡点がシフトしたときには、人の眼にはダイナミックな風景の変貌として映る、そのような自然の様態が想像できそうである。その意味では、三次自然には野生の自然とは異質なミスティシズムが潜んでいるようにも感じられる。

次の自然に向き合う姿勢

二次自然の次に現れつつある自然を対象としたときに、私たちはどのような姿勢でデザインの行為に臨むべきなのか、これは現時点においてすでにかなり重要な課題になりつつある。まず、現実には、三次自然は時として既存の一次自然、二次自然に敵対するものとしての扱いを受けることを認識していなければならない。言わずとしれた、在来種によって構成されるべき生物多様性を脅かす外来生物種のことである。これらが在来の生物種の存続にとって重大な脅威となるのであれば、それらはその範囲内において排除されてしかるべきものである。

しかしながら、三次自然を構成する要素がすべからく悪であるというような見方は一方的でしかない。三次自然が跋扈する土地に、近代のランドスケープアーキテクチャーが理想としてきたような二次自然を創出し維持し続けることは技術的には可能であっても、その社会経済的コストは、残念ながら受容できる範囲を大きく逸脱するからである。中には、外来種として侵入したあとに、既存の環境に調和的な位置を獲得してきた帰化種なども含まれる。ランドスケープアーキテクトが現実を直視することを求められる社会的職能であるかぎり、この点は銘記しておかなければならない。願わくば、このような可能性を排除しないためにも、エリアを限定し、徹底したモニタリングを伴う実証実験を繰り返すことができる空間と時間の余裕はほしいところである。

比較的はっきりとしていることは、一次、二次の自然に比較して、三次自然はかなり早く変化する。場合によっては短期間で消滅してしまうことすらあることを知っている必要があるだろう。これに対し、これまでのランドスケープデザインでは、短い時間で移り変わるものに対する方法論はほとんど考えられてこなかったか、意図的に避けられていたようである。しかし、すべてが予定調和的にデザインされ、時間をかけてその調和像に向かって成熟していくよりも、短期間で変化する自然の動態にまかせるところを部分的にでも確保しておくほうが、特に都市の風景はより多様なものになるのではないか。二次自然と三次自然がつくる風景が相互に関係しあいながら、一定の広がりをもった範囲の中に共存できる状態を目標にできないであろうか。

むろん、現時点ではそのための明確なデザインの方法を明示することは困難である。しかし、次の自然のデザインリテラシーにおいて中心的な位置を占めるキーワードの一つは、「プロセス」ではないかと考えている。近代のランドスケープアーキテクチャーにおいては、目標とする風景の創造のための道程でしかなかった部分が、主題へと躍り出るのである。自然がもたらす動態的なプロセスを、美しい風景として表象するための枠組みを用意することが、デザインの行為になるような予感がある。

Re・vegetation へ

緑化＝greenの違和感

さて、主として二次自然、即ち人為的な干渉によって安定した状態を保証された自然環境の保全や、再生と新たな創出を目標として続けられてきた様々な営為は、前述した三次自然的な現象を取り込むことを前提とした場合、おそらくは、従来の緑化という概念を超えるものにならざるをえないのではないだろうか。都市の自然を主題としたこの章の最後で、若干ではあるがそのことに触れてみたい。

かなり以前のことであるが、緑化を英語表記する際の訳語の妥当性についてしばらく考えていたことがある。一般的には、緑の訳語であるgreenの他動詞の意味、「緑化する」をあてることになっているようだ。緑化に関わる様々な概念や組織の英語表記には、greenもしくはその動名詞であるgreeningが用いられていることに違和感をもつ人は少ないだろう。ただ、このgreenには、植物的な自然を人為的に創出するという即物的な意味をはるかに超えて、SDGsが標榜するような持続可能な地球環境の保全や再生、開発につながる様々なアクションを思想的に象徴する意味が込められている。しかし、これら二つの意味を同義として単純につないでしまってよいものであろうか、という疑問が頭をもたげていた。

このような疑問が生まれる理由の一つが、greenの色彩記号的な意味が全面におしだされているところにある。つまり、緑化することは、葉緑素をもつ植物によって表面を塗布すること、緑色に着色することに単純化されているのではないかという懸念である。事実、建物の屋上や屋根、壁面の緑化の場合には、建築構造への負荷を軽減するために、きわめて薄層の緑化基盤が貼り付けられることが多い。言い換えれば、屋上面、屋根面、壁面の仕上げ材のラインナップの一つとして植物がある、というだけのことだと思う。仕上げ材だから劣化することが前提で定期的に取り替える、つまり新たな植物で「塗り直す」だけのことである。その過程において、ヘタをするとそれまでの天然芝が人工芝に置き換えられてしまう、などという事態が発生することも実際にありそうだ。事実、大阪市内の某所では、壁面の垂直緑化において、リアルな植物にプラスチック製のフェイク植物が混入されていたにもかかわらず、ほとんどの人がそのことに気づかないでいたという、笑えない事実もある。

平面から断面へ

緑化が土地や建築の表層的な扱いの一部として考えられていることは、緑を平面的に捉えて、その面積の数量を指標とした環境の評価がなされていることに如実に現れている。大都市圏で少し規模の大きな開発事業に関わったことがあれば、一度や二度は経験があるだろうが、行政が課する緑化基準は、基本的に平面図上で計測される緑被面積の数値や、敷地の接道距離に対する線的な緑化周長の比率を設定して緑化を義務づけている。建物の屋上緑化や壁面の垂直緑化についても同様である。自治体によっては、基準面積あたりの高木や中木、灌木などの本数を事細かに定めている場合もある。しかし、そうした場合にも、要求されるのはあくまでも表面上の緑の量であって、地表面より下の植栽基盤の仕様や諸元にまで言及されることはまずない。緑化申請のための図書には、植栽平面図や数量表、樹種リストは求められても、植栽基盤の断面図や灌水・排水設備図の添付を義務づけている例はあまり聞いたことがない。このため、往々にして平面的な面積に対して、実際には貧弱な緑量しか確保されない事例が多くなりがちである。要するに断面で考える発想が希薄であり、問題はここにある。

この場合の断面には二つの意味がある。一つは、種類と形態の異なる多様な植物群によって立体的に構成される多層の配植形態としての意味であり、これは平面に断面を組み合わせてはじめて確認できる。もう一つの意味は、これらの植物群が健全に生育し維持されるための植栽基盤が十分に確保できているのかという意味であり、目に見える部分より下層の断面のことである。植物群の生育を支える土壌あるいはそれに代わる素材とその中における水の動態を適切に維持・管理できる構造と設備があり、その上に立体的な植物群が持続可能な状態で成立しているかどうかが、評価の対象になるべきだということ。このことは、単に目に入る緑量を増やすということではなく、都市の暑熱環境の緩和や保水力の向上など、環境性能全般に関わる指標につながる。植物によって緑色に塗られた平面や立面の景観的な効果を超えたところで評価されるべきことで、そのためには断面的な検討は不可欠なのである。

実際に、先進国だけではなく新興国を含めた諸外国の都市圏では、平面的な緑化面積の比率はもとより、その緑化を成立させている植栽基盤の断面と土壌の仕様にまで、細かな基準が設けられている場合が見られるようになっており、屋上や人工地盤上の緑化において特に重視される。竣工時に植物個体の維持がなされているだけではなく、長期にわたって、それらが良好な状態に生育し維持されることが保証されるような植栽基盤の確保が目的である。このことをより発展させて、都市環境の改善に果たす土壌や自然とその多様な機能に着目すること、つまりは緑地の生態系サービスを十分に享受できる環境を目指すことへの意識を共有することが求められる。

Re・vegetation

このように考えると、緑化に代わる適当な概念やそれを端的に表す語が必要であるように思えてくる。その一つの候補として、私自身がかなり以前から使いはじめているものに、Re・vegetation[3]がある。Vegetation、つまり「植生」に再生の意味を込めた接頭語の"re"をつけたものだから、さしずめ都市空間に植生を再生すること、ということになる。ここであえて植栽ではなく植生としている理由として最も大事なことは、これが単に植物の個体群だけを扱う概念ではないということである。植物群を支える土壌やその中の水の動態や作用、大気や日照の条件、さらには土壌中のバクテリアや飛来する生き

[3] 一九八九年に設立された日本緑化工学会は、その英語表記として"The Japanese Society of Revegetation Technology"を使用している。この学会では緑化の概念をより広く捉えており、ここでのRe・vegetationに近いが、ここではあえてプランニングやデザイン手法の概念としてRe・vegetationの表記を用いることにしている

物、そして維持管理を通じた人為的な干渉、それらすべての相互関係がつくりだす環境の総体を意味している。もちろん、そのような状態が認識できる環境を高度に都市化された空間に再生することは容易なことではないが、少なくともそこを目指しているかどうかは、根本において大きな違いがあると考えるべきだろう。

また、現実の都市空間におけるRe・vegetationでは、先に述べた三次自然のような植生が発生することや、そもそも植生が成立しない場所が多くあることもすべからく考えておかねばならない。それらを含めてRe・vegetationを想定するとき、たとえば、ＥＵ諸国で提唱され、実践されているＢＡＦ(Biotope Area Factor)に基づくモデルが有効ではないかと思われる。ＢＡＦとは、土地の地表面と下層地盤の状態の関係によって定まる係数[4]に、該当する土地利用タイプの面積を掛け合わせた数値(Ecologically Effective Surface Area)を求めたうえで、それらの総和を全敷地面積で除することによって算出される指標値[5]である。植生の存在や水の浸透を想定しないコンクリート舗装面などではＢＡＦの算定に適用される係数が0になるし、逆に水の浸透を含む下層地盤面とのつながりが不可分な植生面では1となる。また、下層の地盤面との関係が希薄な薄層の緑化面の係数は1よりもかなり小さなものとなるはずである[図11]。

都市開発のあり方を誘導するにあたって、目標となるＢＡＦの値を設定し、それに向かって土地利用のあり方や土地の被覆状態、下層の地形地質や水系との関係を調整することがその目的である。そこでは、植栽基盤としての機能に加え、一定以上の深さの植

[図11] 地表面と下層地盤面のあいだに発生する水の動態のあり方によって規定される土地利用タイプ別の係数。この係数によってその土地の生態学的有効面の値(タイプ別面積×タイプ別係数)が決定される

加重要素	係数	土地利用タイプの説明
sealded surface 不透水被覆面	0.0	コンクリート、アスファルト、不透水性平板等、植栽なし
partially sealded surface 一部不透水被覆面	0.3	レンガ、インターロッキングブロック、砂利等、植栽なし
semi-open surface 半透水被覆面	0.5	植生に被覆された砂利、木レンガ、グリーンブロック等
surfaces with vegetation unconnected to soil below A 下層土壌とのつながりのない植生面 A	0.5	地下構造物等の上部で植栽土層の深さが80cm以下
surfaces with vegetation unconnected to soil below B 下層土壌とのつながりのない植生面 B	0.7	地下構造物等の上部で植栽土層の深さが80cm以上
surfaces with vegetation, connected to soil below 下層土壌とのつながりのある植生面	1.0	下層の土壌面とつながっている植生面
rainwater infiltration per㎡ of roof area 雨水浸透のある屋根	0.2	地盤への浸透による雨水の土中還元施設がある屋根
vertical greenery up to maximum of 10m in height 高さ10mまでの壁面緑化	0.5	壁及び窓のない外壁を覆う高さ10mまでの垂直緑化面
greenery on rooftop 屋上緑化	0.7	面積の大部分が緑化された屋上面

栽土壌面や自然の土層が有する保水性や土壌生物層を維持する機能を含めて、生態学的な環境改善に資することを期待している。このような進化は、つまるところ都市の表層を緑で覆うことから、都市の中に小さな単位の新たな生態系の構築とそこに立脚した植生を創出するRe・vegetationへの意識の転換をもたらすものである[図12]。そしてその植生は、景観的には小さな水面を含む下層の地盤面と植物群との関係が表出したモザイク模様の相観を示すのではないだろうか。これからの時代に目指すべきアーバンネイチャーの視覚像とは、そのようなものであってほしい。

[4] この係数によってその土地の生態学的有効面の値(タイプ別面積×タイプ別係数)が決定される。BAFに関する詳細は、環境省『ヒートアイランド対策の環境影響等に関する調査業務報告書』(二〇〇九)を参照

[5] BAF=Σ ecologically effective surface area / total site area

[図12] 都市の中に小さな単位の新たな生態系をもたらすRe・vegetation の一つのかたち。東京都千代田区

第五章

歴史都市のランドスケープヴィジョン

日本の歴史都市は、ランドスケープのプランニングやデザインに関わる者にとって、参照すべき多数の先例とはかり知れない創造的示唆を与えてくれる場所であり続けている。それは、今もなお日本の庭園文化の源流から現代にいたるまでの様々な様式が蓄積されているからだけではなく、その基盤となる自然環境と人為の関係が様々なかたちで都市に遍在するからでもある。ここでは、日本の歴史都市を代表する平城京＝奈良から平安京＝京都への歴史的展開の中に見え隠れする自然との応答のありようを、山水、即ち水と緑が織りなす空間的様相に置き換え、スケール横断的な視点から仮説的に読み解き、その先に映し出されるランドスケープのヴィジョンを想像する。

奈良——リテラシーの継承とプロセスの表現

想像力を喚起する風景

奈良市内にある国立大学の教員として一五年余勤務したが、その前半に相当する期間は、そこが歴史都市であることを特に強く意識することは、正直なところあまりなかった。しかし、二〇一〇年が平城建都一三〇〇年にあたり、それに先立って企画された記念事業が実施されるにいたって、好むと好まざるとにかかわらず様々な情報がインプッ

［図1］薬師寺・唐招提寺がある西ノ京地域の西側に広がる田園地帯のランドスケープ

トされるようになり、少し詳しく調べてみようという気分になったことを覚えている。最初の手がかりは、国の特別史跡平城宮跡を通過するときに広がる近鉄奈良線の車窓風景や、西ノ京の薬師寺や唐招提寺のあたりから東に広がる田園風景であった[図1]。この写真にある地域は、奈良時代に平城京の京域(平城宮から南に広がる都市域、以下「京域」と表記)であったところに相当する。今はだだっ広い草原であったり、農地と集落が混在する風景であったりするのだが、しばらくその場に身をおいてみると、現代の日本人にありがちなある種の郷愁とともに、かつてそこに存在した古代都市の風景をイメージする想像力が喚起されてくることを実感する。この感覚は、そこが平城京の遺構の上である、という単純な歴史的事実を認識していることだけでは説明できない。

この感覚は、おそらく一三〇〇年の歳月を通じて連綿と存在してきた平城京の都市基盤の遺構が下敷きとなっていること、そこに気の遠くなるような歳月にわたる人の営みが積層していて、その上に立ち現れる風景であるからこそのものではないであろうか。このようなイマジネーションに基づく風景観に支配されると、復元[1]されてしまった朱雀門や第一次大極殿などは、想像力の幅を狭めるノイズのようなものに思えてしまう、そう感じるのは私だけではないだろう[図2]。

さらに、国の特別史跡である平城宮跡の範囲では、ほぼその全域が国営平城宮跡歴史公園となり、二〇〇八年から事業がすすめられ、様々な公園施設が建設された。前記した朱雀門や第一次大極殿は、一種の歴史展示として発掘調査で明らかになった遺構の上

[1] 平城宮跡は国の特別史跡に指定されているが、その範囲内に新たに建設されている朱雀門や第一次大極殿の建築意匠は、厳密な意味における復元とするには無理がある。発掘調査や文献調査などによる確実な物証がなく、あくまでも他の事例を参照したうえで推定される蓋然性を根拠として実施された事業であることは確認しておかなければならない

[図2] 特別史跡平城宮跡の中央部を横断する近畿日本鉄道の車両と復元的に整備された第一次大極殿

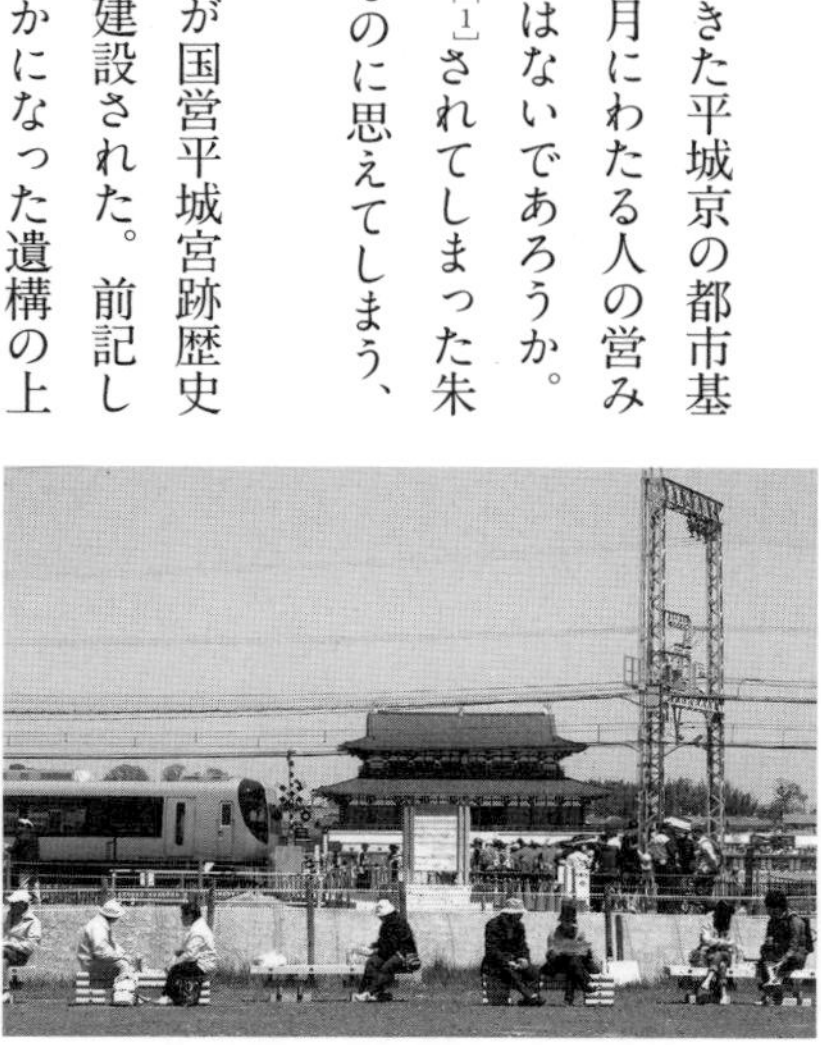

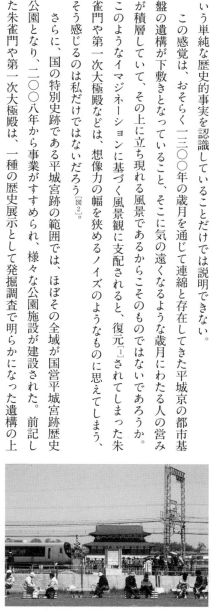

部に建設されたものなので、その建築意匠の再現性の是非についてはさておき、史跡の範囲に広がるランドスケープのスケールの中に、そのシルエットはしっくりおさまっているように感じられる。繰返しになるが、その形態がリアルなスケールでそこに存在することが、その場に立つ人のイマジネーションを喚起するものであるかどうかは、はなはだ疑わしい。しかし、より深刻だと感じる問題は、もっとほかのところにあった。

朱雀門の南側の広場には、歴史展示のためのミュージアム機能や交流機能、飲食や物販をはじめとする便益機能を担う建築群にまじって、奈良時代の中国に派遣されていた遣唐使を乗せた遣唐使船が原寸大で復元され、申しわけ程度の広さの浅い水盤の上に鎮座している。言うまでもなく、遣唐使船が当時の難波津から大和川を遡上して奈良盆地にまでたどり着いていたわけではなく、ましてや平城宮の朱雀大路を牽引されてきたわけでもない。そのようなことは、日本の古代史を少しでも学んだことのある小中学生であれば、誰もが知っている。ことここにいたっては、もはやテーマパークの域を通り越して、アミューズメントパークの雰囲気すら漂いはじめている。そこには、歴史都市の矜持のようなものは微塵も感じることができないのだが、今にして思えば、このことが歴史都市におけるランドスケープの将来像に真摯に向きあってみようと考えるようになった動機の一部であることは否定できない。

起点としての平城京建都

現在の奈良市西部に広がる平城京の京域は、七一〇年の建都から七八四年の長岡京への遷都、その後の超長期にわたる「ポスト平城京」の時代を経て、近代さらには現代へと存続している。その間に遷都によって遺棄された京域の土地利用と景観は大きく変容したものの、周辺の歴史的文化財、遺跡・遺構などとともに、広域的な歴史的風致が維持されてきた。

奈良盆地北端の地域に中国の都城に倣った都市を建設することは、当時の日本国内では空前絶後の一大土木事業であったことは想像に難くない。北端の平城宮から緩やかな南下がりの勾配を伴う、ほぼ平坦に近い広がりをもつ京域であるが、そこに厳密な数値で規定された条坊制の街路を建設し、自然河川をつけ替え、東西の堀川を開削するという事業は、それまで自然と人がなんとか折合いをつけてきた状況を一変させてしまうようなインパクトをもっていたと想像できる。その変化は、当然のことながら、自然と人為のバランスを不安定なものにしたはずであるが、そのアンバランスな状態は、強大な権力と技術力によってある程度までは抑えこまれていたであろう。むろん、観念としての条坊制と現実としての地形や水系のあいだにはギャップが発生するが、それは誤差の範囲内のものとして扱われ、微妙な土地形状の調整によって吸収されていたと推察できる。このように、条坊制のグリッドは、計画的な意図のもとに、京域の土地の上にはじめて刻印された広域的な人為のパターンとして強い拘束力をもち、その後、現在にいたるまでこの土地の上に立ち現れる風景を支配する構造であり続けている。その意味において、平城京建都はプロセスを重視する都市ヴィジョンの起点となる。

調停期としてのポスト平城京

七八四年に長岡京への遷都がなされたのち、平城建都という一大事業によってアンバランスとなった自然と人為の関係を制御するだけの権力が消滅した京域では、人為に対して自然現象が優位となる関係へと、バランスの重心がシフトしたことを容易に想像できる。つけ替えが行われた佐保川や秋篠川などの自然河川において、洪水時の氾濫が頻発したという記録などがそのことを如実に示している。一部の邸宅地や寺院の境内を除いて、放棄された京域の宅地では、平城建都以前のような農耕が徐々に復活していったであろうが、その過程は、河川の氾濫や洪水に対処しつつ、自然との間合いをはかりながら、長い時間をかけて土地を使いこなす術を学び実践するものであったはずだ。

しかし、そこでは、否応なく条坊制のグリッドが農業的土地利用のパターンを規定していただろうと推察される。排水のことを考えると、道路は宅地よりも低い地盤レベルに設定されていたであろうし、主な道路の両側には幅の広い側溝が掘られていたこともわかっている。農耕、なかんずく水田耕作にあっては、道路側溝を踏襲した水路のネットワークはかなり決定的な意味を有していたから、条坊制の街路パターン、さらには街区内の宅地割りのパターンが、その後の農業景観の見えない基盤構造となってきたことには蓋然性が認められる。このように、ポスト平城京から中世、近世を経て近代にいたる、気の遠くなるような時間は、平城京建都による大規模な自然環境の改変ののちに発

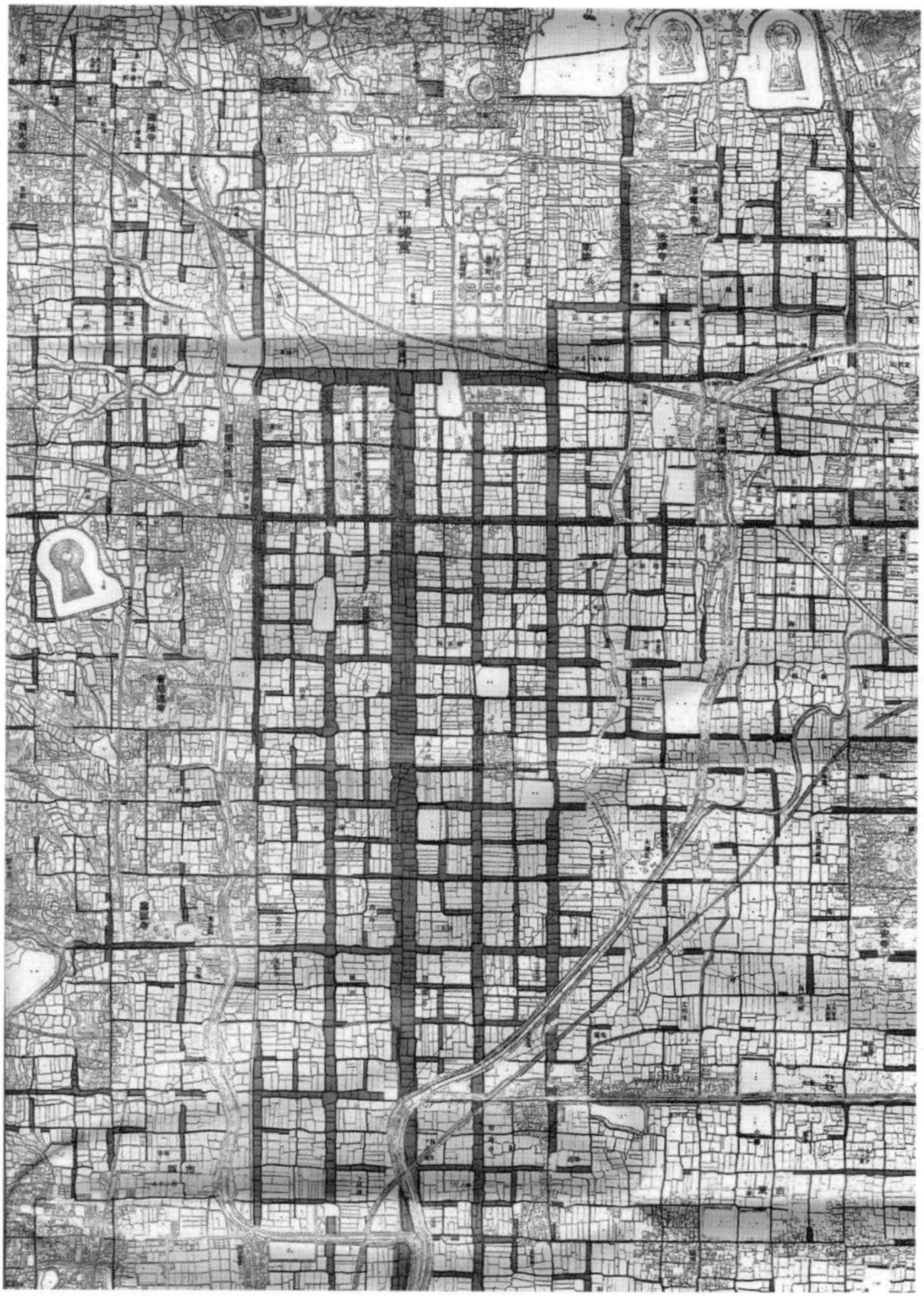

［図3］京域の農地において確認された平城京の遺存地割。奈良市・奈良国立文化財研究所「平城京朱雀大路発掘調査報告書」一九七四

生したリバウンドを調停してきた期間に相当すると考えてよいのではないか[図3]。

近代の受容

奈良盆地の北部が近代的な都市化の洗礼を受ける直前、平城京の京域では都城の論理であるはずの条坊制を下地とした農耕という、国内では他に類を見ない風景が出現していたはずである。条坊制の街区割り・宅地割りのパターンがそのまま農耕地のパターンとして立ち現れるというものである。この点が、都城制としての条坊と耕地制としての条里の、単なる土地面積の分割に関わる数値の上での差異を超えた違いであると理解されるだろう。

戦後に加速した奈良盆地北部の市街地化は、本来は人が居住することを前提に構想された条坊制の地割りと土地条件が、農業的土地利用から近代の都市的土地利用への転換を容易なものとする仕組みをサポートしていたからとも考えられる。さらに言えば、自然現象と折合いをつけるための超長期にわたる調停期間を経て、近代技術に過度に依存せずとも、人が生活するための環境としてのポテンシャルが向上していたとしても不思議ではない。

それゆえに、京域における市街地の拡大は、農地を宅地に置き換えるだけの単純な手続きによって容易に達成されたのであろう。しかも、市街化は散発的に進行したために、いまだに多くの農地が住宅地と混在し、モザイク状の土地利用パターンが展開している。京域における近代の都市化は、実体としての条坊制を下地として自然と人為がバランスするという環境形成の基盤的構造を内在させたまま、土地の表層が蚕食されるところに踏みとどまっている［図4］。

そのためであろうか、高密度に市街化された北端部の地区を除けば、農地が残存する地区や市街化調整区域となっている地区には、歴史的風致が醸し出された佇まいを感じとることができる。その佇まいの基盤を形成しているものが、京域の全体に張りめぐらされた水系のネットワークである。寡雨地帯である奈良盆地において農耕を継続するためには、けっして豊かとは言えない水量の河川や地下水、ため池によって確保された乏しい水資源を無駄なく有効に活用するための灌漑水路網の整備が必要であった。一方では、先にも述べたように、平安遷都以降に頻発した洪水による氾濫にも対処することが求められたという経緯もある。

わずかな地形の高低差や勾配を巧みに利用しながら、小さな水門や手作業で操作できる堰や樋などを駆使して絶妙な水の分配と水量のコントロールを行う技術、洪水によって氾濫した水を一時的に湛水させるエリアを設定することなどは、この地域の農耕社会に蓄積されてきた経験値に基づくものである。明治初期の地租改正が実施される直前に作成された集落の水利権図には、こうした水量コントロールのメカニズムがどのように担保されているのかが克明に描かれている［図5］。そしてこれらの仕組みは、条坊制の街路パターンや宅地割りのパターンを基本的な下敷きとして組み上げられ、厳格な管

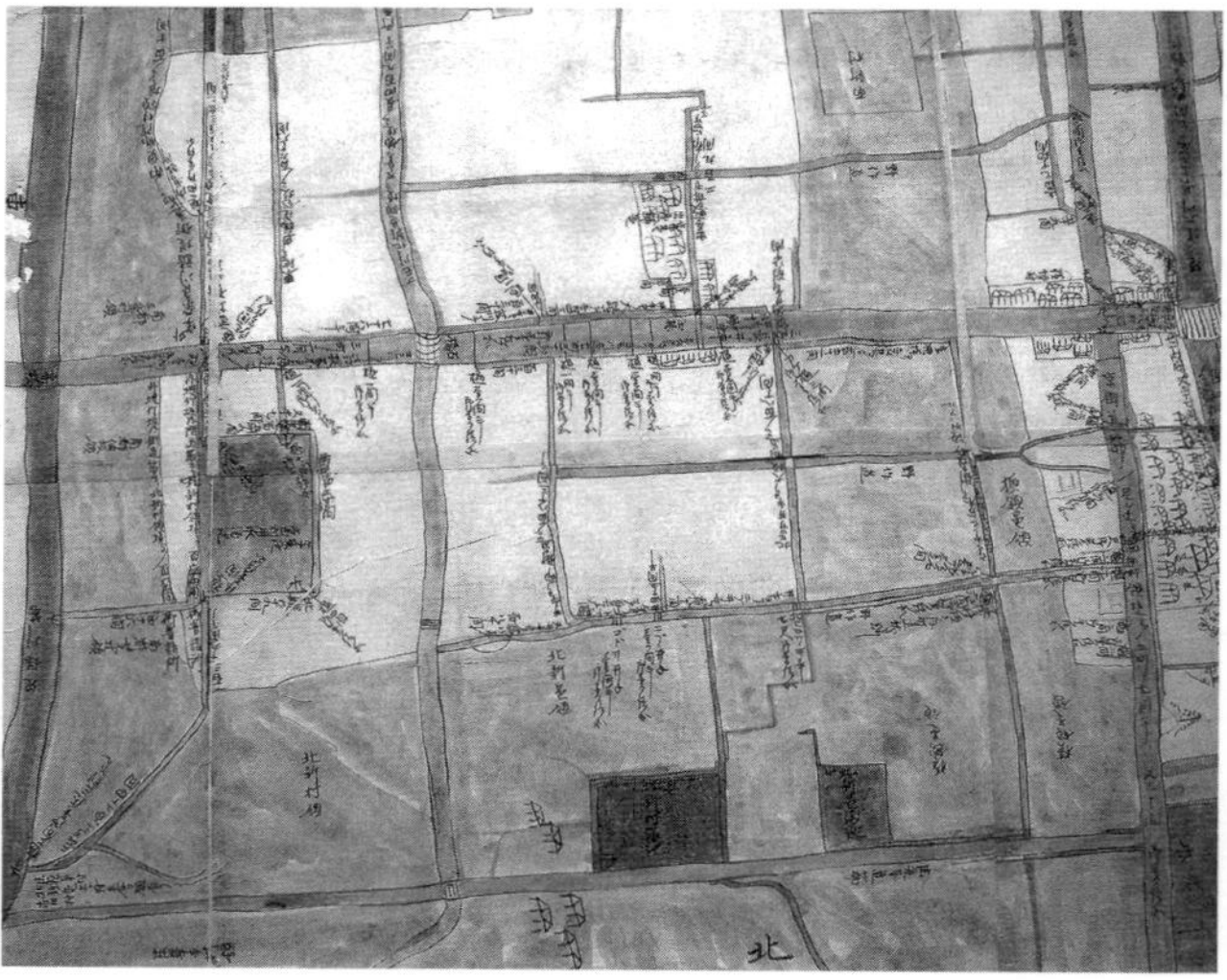

上［図4］平城京域の空中写真（二〇一九）にオーバーレイされた条坊制の街路パターン
下［図5］明治初期に作成されたと思われる集落の水利権を示す図。二条大路南地区

理のもとで維持されてきた。平城建都以来、今日にいたるまで延々と続いてきた人為と土地の相互関係のプロセスが蓄積された歴史的風致の一端である。この地域に限って言

えば、このプロセスの延長上に構想されるものが、あるべき歴史都市のランドスケープヴィジョンの一つの表現ではないだろうか。

プロセスの表現

現在の平城京の京域では、近畿圏の中央に位置するという地理的立地や発達した公共交通機関、整備された道路網のゆえに、今後とも都市化の圧力はそれなりに維持されるものと思われる。一方において、人口減少時代に対応するコンパクトシティとローカルなモビリティ、環境負荷を低減する地産地消の循環型社会、総合治水による住環境のレジリエンス、生態学的な安定性をもたらす生物多様性など、大都市近郊における持続可能な地域像を描くことへの社会的要請は多様である。歴史的遺構とそれらが醸す歴史的風致が受け継がれてきた地域として、その保全と活用のあり方を、その地域がたどってきたプロセスの延長上に構想するとき、平城京の京域では、たとえば以下のような一つの代替ヴィジョンが提示できるのではないだろうか。

農——住環境としての平城京域

都城として構想され、ポスト平城京においては農耕を介した超長期にわたる調停期間を経て現在にいたる京域では、農と住の調和的混在を基調とした土地利用が展開されることに、ある程度の妥当性が認められるはずである。コンパクト化がすすむと予想される京阪神の都心部に対して、郊外の自然環境を活かした住環境の価値は不変であり続けるであろうし、いわゆる地産地消を基調とする都市農業の生産地、消費地としてのポテンシャルも見出されるのではないか。また、居住者自らが農耕の担い手となるライフスタイルも想定できるであろう。後継者問題に悩む農家との連携も模索できるはずである。このような農と住の混在を整序化するための柔らかな基盤構造として、京域全体に広がる条坊制の街区と宅地割りのパターンを位置づけるとき、その上に立ち現れる風景は、平城建都以来の人と土地・自然との関係のプロセスが現代的に表現された歴史的風致ではないであろうか。

水系の再生

ポスト平城京の時代に、自然現象と人為の関係が調停されるうえで、河川と水路が果たしてきた役割は見逃せない。特に条坊制の街路と宅地割りのパターンに規定されてきたと思われる河川と水路のネットワークは、農業生産のための利水と河川の氾濫からの速やかな復旧を可能にする防災システムとして機能してきたはずである。この水系のネットワークは、前記の農 - 住環境の中に組み入れられることによって、現代の農業生産に必要不可欠な利水と総合治水による安全性の確保を担うことになる。さらには、農地と水系のネットワークが奈良盆地を取り囲む「大和八重垣」のより広域的な自然環境に連接することによって、エコロジカルなネットワークが形成されるであろう。奈良盆地が一つの広大なビオトープとなり、それを介した生物多様性の保全と再生に貢献することが期待できそうである。

条坊ユニット

これらの提案にある程度の形態的な根拠を与えるために、条坊制の空間的な基本ユニットとの関係を検討しておきたい。そこで、平城京の条坊制宅地割りのプロトタイプから出発して、様々な規模の農‐住環境のユニットと、そこで営まれる農と住の関係を示してみた[図6]。条坊制の最大規模の宅地である一町四方(約一万四四〇〇㎡)から、それを二分の一、四分の一、八分の一、一六分の一、三二分の一に分割した宅地が基本ユニットである。これらを組み合わせ、さらに水路のネットワークを組み込むことによって、営農タイプから分区園タイプ(約四五〇㎡)までの、多様な農‐住ユニットを想定できるであろう。これらがモザイク状に配置され、京域の全体にちりばめられることによって、先に述べたような人と土地・自然との相互関係のプロセスの総体が現代的に表現された歴史的風致が形成される、という仮説である。

自然環境軸としての朱雀大路

平城京において、権威と権力の存在を空間的に表現した朱雀大路(幅約八〇m、延長三・二㎞)の象徴性を、現代においてはどのようなものに置き換えることができるか、これは

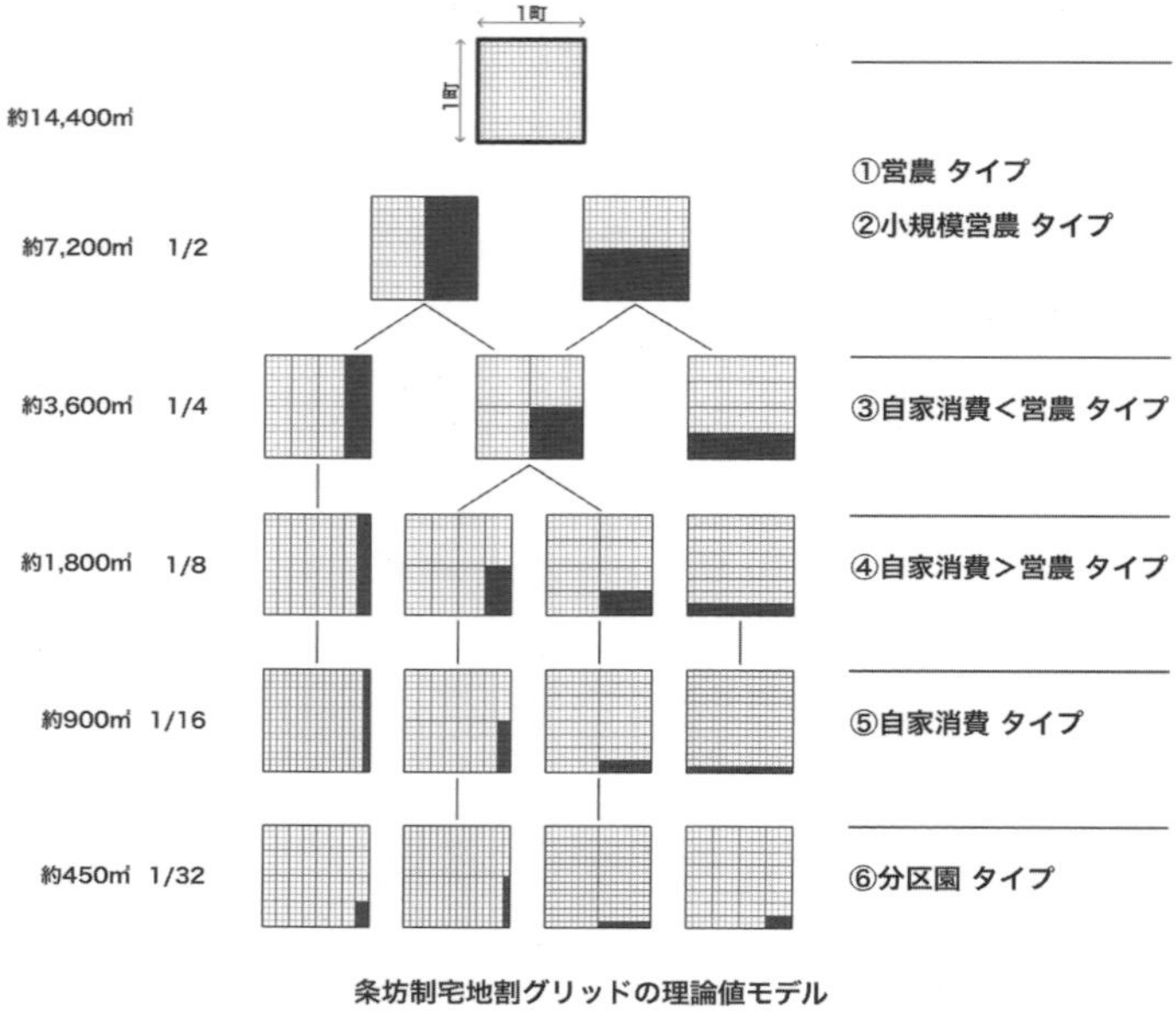

上［図6］様々な規模の農-住環境のユニットとそこで営まれる農と住の関係
下［図7］京域の水系ネットワークにおいて新たな自然環境軸となる朱雀大路のイメージ

京域における歴史的遺構の現代的表現としてきわめて重要な意味をもつ。その一つの解として、京域に広がる農‐住環境とそれを支える水系のシステムが目指すランドスケープの全体像を象徴する自然環境軸として位置づけることができるのではないか。この環境軸は、平城京の朱雀大路がそうであったように、基本的にはヴォイドの空間軸として開放的なオープンスペースであり、その意味において形態としての象徴性は継承される。そのうえで、京域全体の水系システムに連接し、洪水調整機能をそなえ、多様な植生と生物相を育む自然環境の母胎[2]の構造を代表する基幹的な空間軸となりそうである[図7]。

[2] この場合の母胎とは、第四章で述べたランドスケープエコロジーの形態要素の一つであるマトリクスと同義と考えてよい

フロッタージュとしての歴史都市のヴィジョン

ここに提示したヴィジョンは、歴史的遺構の整備において常套手段であり続けた復元的整備や歴史展示に一つの代替的な理念を対置することによって、歴史都市の保全と再生、新たな価値の創造に向けた多様な選択肢と複線的なシナリオを用意しようとする試みである。その成果は、さしずめ「フロッタージュ」としての歴史都市のランドスケープと言えるものである。フロッタージュとは、テクスチャーのある表面の上に紙を載せ、その上から鉛筆やパステルなどを擦りつけることによって、下地のパターンを浮かび上がらせるグラフィック表現技法である[図8]。

ここで取り上げた平城京を例にとれば、下地のテクスチャーとは条坊制の都市構造で

あり、紙は土地そのもの、鉛筆やパステルを擦りつける行為は、それぞれの時代の価値観を反映しつつ蓄積された土地への働きかけである。土地の上にぼんやりと浮かび上がる条坊制のパターンは、特定の時代をターゲットとした復元的整備事業によってもたらされるような平城京建都当時の姿ではない。しかし、長いプロセスを経て表出した曖昧な輪郭線の集合体は、人の想像力をかき立て、そこに暮らし、そこを訪れる人に、はるかに多様で豊かな空間体験の機会を与えるものであり続けるのではないか。このことは、長い時間をかけて歴史的に継承されてきた風致を湛える様々な地域においても、普遍的にあてはまりそうである。

新たな文化財のカテゴリーとして文化的景観を位置づけた文化財保護法、景観の価値に法的な根拠を与えた景観法、歴史的文化財を核とした地方都市の活性化を支援する歴史まちづくり法、二一世紀に入って相次いで制定され施行されたこれらの法制度と施策は、歴史的遺構を抱える都市や地域のまちづくりに多様な取組みの継ぎ手をもたらしてきた。これらの諸制度の効果を現実のものとして享受するためには、それぞれの都市や地域に

［図8］フロッタージュのように浮かび上がる平城京域のランドスケープのイメージ

とって、目指すべき都市とランドスケープのヴィジョンが明確になっていることが必要である。

もとより、それぞれの都市や地域には、起点となる時代から現在にいたるまで不断に続く歴史的なプロセスがある。そこに現代的な意味を見いだし、光をあてることによって、固有の価値を創造する手がかりが見えてくる。そこに、それぞれの都市や地域の歴史を代表する文化財や歴史的遺構を組み合わせることができるならば、その先に都市や地域の再生、地方創生のヴィジョンが表象されたランドスケープが像を結びそうである。

平安京から山水都市、京都へ

平安京の地勢と環境

長岡京の一〇年間を経て、桓武天皇(在位七八一〜八〇六)によって平安京への遷都がなされたのは七九四年であり、それに先立って平城京が廃都となったのは七八四年である。その原因の探求は、今もなお日本の古代史をめぐる大きなテーマの一つであり、様々な視点からの論説が蓄積されてきた。その多くが、平城京が存在した奈良盆地北部の不安定な自然条件と土地条件、物資の流通や交易に関わる地理的利便性への懸念、南都七大寺をはじめとする仏教寺院の強大な勢力を背景とした政治への干渉など、いずれも首都としての持続可能な政治経済的機能を確保するうえで、朝廷にとって好適な環境ではなかったようである。もっとも、その真の理由がどのようなものであったとしても、結果として遷都した京都は、後述するように豊かな水資源に恵まれ、仏教寺院の強い政治的干渉からも解放された土地であったことは、平城京とは対照的である。

八世紀末に遷都が実行された当初の平安京は、平城京がそうであったように唐の長安城(現在の西安)をモデルとして計画されたことはよく知られている。しかし、古代中国の都城をモデルとした観念的な都市構造を、気候風土や地形、水利条件が大きく異なる土地にそのままコピーしたところで、様々な問題をはらむことは必定であった。特に、直交する直線的な街路の均質なグリッドパターンをあてはめた厳格な条坊制の都市構造では、微妙な地形のアンジュレーションや複雑な地質構造、頻繁に氾濫を繰り返し流路が変化する河川水系のもとで、京域の内部であっても地理的な立地によって土地条件に大きな差が発生することは避けられない。

近年の歴史地理学や地下遺構の発掘調査による研究成果に基づけば、当初の平安京では、計画的な市街地化が思うようにすすんでいなかったようである。その原因は、平安京の京域の大部分が、中央の朱雀大路より東側(左京)の鴨川と西側(右京)の紙屋川、御室川、桂川の氾濫の影響を受けやすい立地にあったことだと言われている[3]。特に平安時

[3] 京都市・村井康彦(監修)『よみがえる平安京』淡交社、一九九五

代前期の一〇世紀までは河川の氾濫による影響が大きく、右京の大部分では、洪水の被災と再建の繰返しにより次第に荒廃がすすんでいったとされる。それに対して、最も安定的な土地条件にあった中央北縁の大内裏(平安宮)とその東側(左京北部)では、平安時代中期より集住と市街地化がすすんだ。当然のことながら、土地条件の違いは地価にも反映され、左京の北部に相当する地域には大規模な邸宅群が出現することとなったが、その多くが藤原氏に代表される摂関家や高位の官職にあった氏族が所有する邸宅＝院である。

歴史地理学者の河角龍典によれば、平安時代中期以降に左京の北部において土地条件が安定するにいたった要因は、鴨川の扇状地であった地域において徐々に段丘が形成され、河床との比高差ができたことによる氾濫頻度の大幅な低下であったという[4]。一方、右京側の御室川、紙屋川、桂川の流域では、扇状地の段丘が形成されず、浅い谷底低地の氾濫原が存続した。このため、左京の繁栄と右京の衰退という傾向は、平安時代後期にいたってさらに顕著なものとなったらしい。先に参照した『よみがえる平安京』に掲載された「平安京変遷図(後期)」[5]では、内裏の外に配置された一部の役所や大部分の邸宅、民家、寺社などが左京側に集中し、右京側には荘園や農地が広がっていたことがわかる[図9]。このことから、中世から近世、近代を経て現代にいたるまでの時代を通じて、京都の中心市街地がもとの平安京の京域よりもかなり東側にシフトしてきた理由がよくわかるであろう。

[4] 河角龍典「平安京における地形環境変化と都市的土地利用の変遷」『考古学と自然科学』42号、二〇〇一

[5] 京都女子大学瀧浪研究室「平安京変遷図」、[3]所収

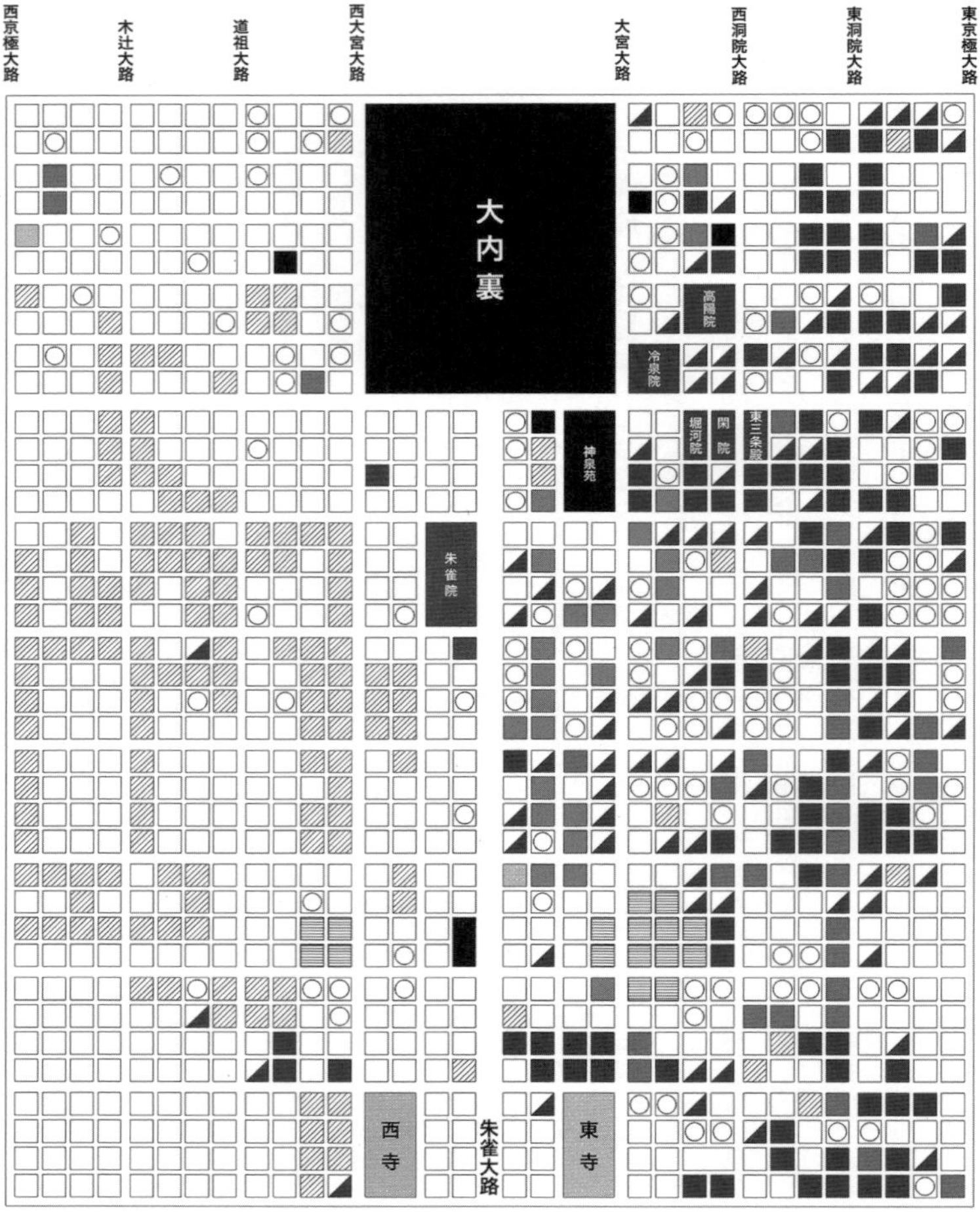

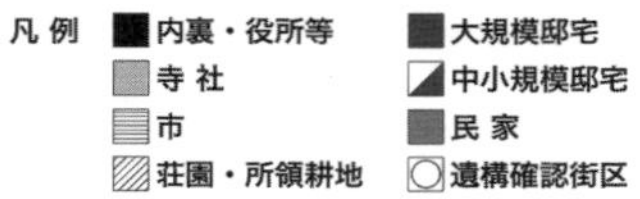

[図9] 平安京変遷図（後期）。[5]をもとに作成。左京側（図の右側）に市街化された街区が集積していることがわかる

院の立地と扇状地の水系

平安京の京域に相当する地域の広がりにおいて現在の地形を確認してみると、北東（左京北部）から南西（右京南部）にかけて、緩やかな勾配の扇状地が続いていることがよくわかる［図10］。この扇状地は、先に述べたように鴨川の河川堆積物によって形成されたものであるが、平安時代中期以降に、河床の低下と段丘の形成によって、特に左京の北部では河川氾濫の頻度が著しく低下したことはすでに述べた。そして、この扇状地の地形面の上に、天皇につながる有力貴族の大規模な邸宅である院が集中していたことがわかっている。

さらにその中の微地形に着目した河角の研究［6］によれば、これらの多くが扇状地の浅い谷地形や傾斜の変換点に立地していたという。具体的には、淳和院、朱雀院、冷泉院、高陽院《かやのいん》、堀河院、閑院、東三条院などである。一般に、こうした扇状地帯の傾斜変換点は地下水面が高くなる傾向がある。また、扇状地帯の谷地形（旧河道）も砂礫層から構成される場合が多く、透水性がよいため地下水系が形成されやすい。このような地形と地質の特性を勘案するならば、平安貴族の邸宅である院では、地下水位が比較的高い土地を宅地内に取り込むことを意図していたとも言えるだろう。むろんこれらの院の立地は、天皇の居所である大内裏に近接していることも重要な要因になるが、一方では水を得やすい土地であることも、宅地を選定するうえで重要な条件で

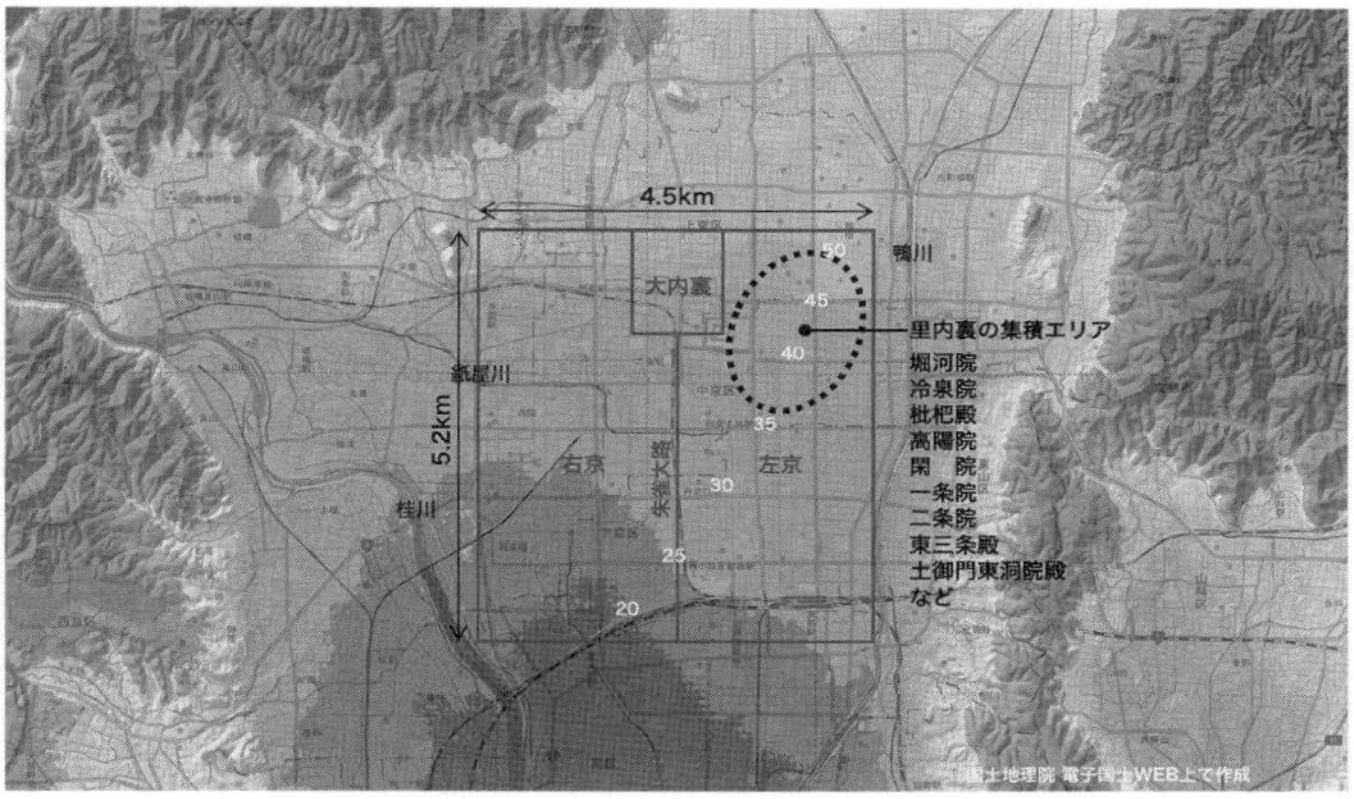

［図10］京都市中心部の地形と平安京並びに大内裏の範囲。大内裏東側にあたる楕円の地域に、主だった里内裏となった摂関家の邸宅が立地していた

あったと考えられる。

これまで、京都市内の平安貴族の邸宅があったと推定された場所では、新たな土地開発や大規模な建替え事業を機に遺構の発掘調査が行われてきた。そこでは、比較的大きな池の水面を伴う園池が付属していたことが判明している。たとえば、二〇一一年に実施されたJR二条駅西側における大規模な発掘調査によって、九世紀後半の公卿の邸宅跡が発見された。ここは当時の右大臣藤原良相の邸宅であった西三条第にあたり、南北二四m、東西一八mの池跡が確認されている[7]。このように敷地の中に池を築造する邸宅の様式、つまり寝殿造りが、宅地の選定に大きな影響を与えていたと推定される。当時の左京の北半分に相当するエリアには、日本庭園の源流をなす空間がちりばめられた一大庭園都市が存在していたのかもしれない。

寝殿造りの里内裏

平安時代中期以降、摂関家をはじめとする高位の官職にあった貴族の邸宅は、しばしば天皇の一時的な住まいとなることがあった。これらは総称して里内裏と呼ばれている。里、つまりフォーマルな内裏の外にある居所という意味である。本来、天皇の住まいは内裏の中と定められていたのであるが、たび重なる火災によって焼失し、その都度再建されたものの、それまでの仮住まいとして摂関家の邸宅があてられていたらしい。そして一一世紀末からの院政期になると、内裏そのものの再建に時間を要するように

[6] 河角龍典「平安京内部の土地利用と微地形の関係」『二〇〇三年度日本地理学会秋季学術大会発表要旨集』二〇〇三

[7] 京都市埋蔵文化財研究所『発掘ニュース』132、二〇一二年四月

[8] この間に里内裏となった邸宅としては、主に高陽院、堀河院、閑院、東三条院などがあり、いずれも内裏に近い左京北部の摂関家の本宅であった。その後、たびたび里内裏となった土御門東洞院殿がのちの京都御所、現在の京都御苑の原型にあたる

なったことから、里内裏が天皇の居所として重用されるようになったとされる[8]。

平安時代中期から後期にかけて、左京側に集中していた有力貴族の大規模な邸宅(院)には、一町(条坊制の小路で区画された街区で一辺約一二〇mの正方形)を超えるものもあったようで、関白太政大臣藤原頼通の本邸であった高陽院などは、東西と南北にそれぞれ二町、合計四町に及ぶ広大な規模を誇るものであった。天皇とその一族を迎える里内裏としては、申し分のない規模である。平安貴族の暮らしぶりを描いた『栄華物語』の第二十三巻「こまくらべの行幸」のストーリーの一部が、一三世紀末に「駒競行幸絵巻」としてビジュアライズされているが、その舞台は高陽院である。後一条天皇を寝殿に迎え、居並ぶ氏族の面々を楽しませるために、豊かな水を湛えた池に繰り出した舟の上では雅楽が演奏され、美しい花をつけた草木や手入れされたマツやモミジが庭園を彩る様子が描かれている[図11]。

これらの邸宅の建築様式が、ほぼ例外なく寝殿造りであったことは、特に日本建築史を勉強したことがなくとも、中学校や高等学校の日本史の学習の過程で聞きかじったはずである。残念ながら、当時の寝殿造りの邸宅を現代に伝える建造物は現存しないため、前記したような発掘調査の成果をもとに推定するにとどまる。唯一、そのモデルに近いと目されるのが京都の南郊、宇治にある平等院鳳凰堂とその園池であろう。平等院は平安貴族の頂点にあった藤原氏に縁のある寺院であるから、彼らの住まいであった建物の形式がそのまま仏堂にあてはめられても、なんら不思議ではない。寝殿を中央にして、

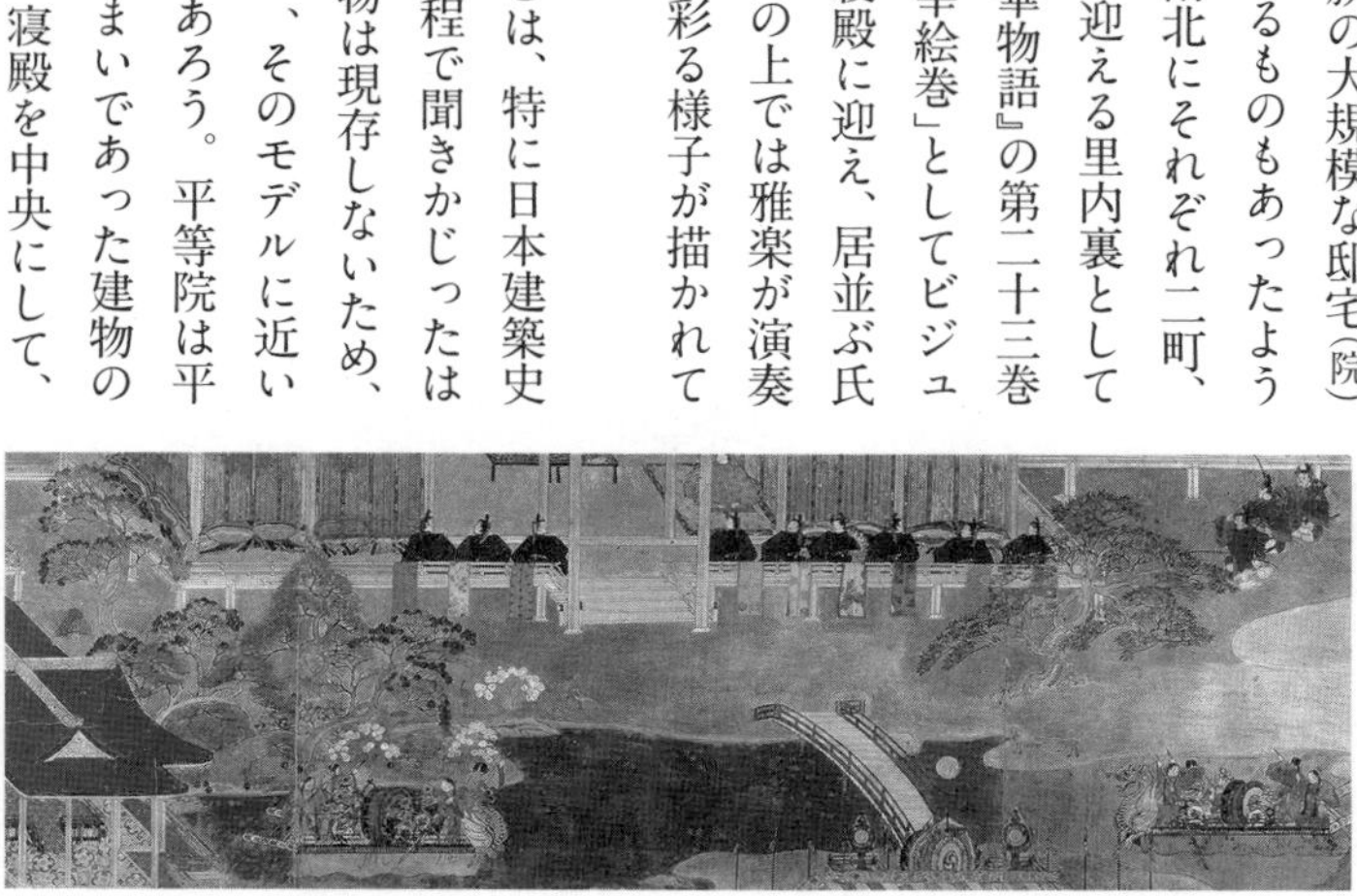

[図11]「駒競行幸絵巻」一三世紀末、重要文化財

その両側に対屋《たいのや》が配置される形式は、どこか左右対称の鳳凰堂と似ている。しかし、厳密に言えば両者にははっきりとした違いがある。決定的な違いは建物の配置にある。西方極楽浄土の定義にしたがえば、浄土教の寺院において仏堂は東向きに配置され、彼岸と此岸を隔てる海の景色を模した池の水面がその前面に広がる。一方、平安貴族の大規模な邸宅の建築形式では、そのほとんどにおいて、主屋であった寝殿が南向きに建てられ、その前面に修景のための池が穿たれていたことがわかっている。この違いは違いとして、次に両者の共通点はと言えば、これはもう建築と庭園の一体的な関係に集約されるであろう。主屋であった寝殿と中堂の前面に配置された池の水面は、宗教的な意味合いの有無はさておき、ともに建物を引き立てる視覚的な効果をもたらしていたはずである。

図12の鳥瞰図は、平安時代の摂関家の邸宅の建築様式を踏襲した寝殿造りの典型とされている「東三条殿」を復元的に描いたものである。中央の寝殿、両側の対屋、南側に広がる園池の関係を見てとることができる。特に池をめぐり、園内を回遊することができる園路の設定や渡殿を経由する屋敷内の動線など、建築と庭園の空間的な相互貫入や豊かな中間領域が形成されていたことがよくわかる。これら平安京の中にあった貴族の邸宅は、条坊制がつくりだす整然とした街区の中にはめ込まれていた。敷地に制約があったのである。土地に余裕があり、山紫水明の風景が広がる郊外の別業(別荘)のような環境は望むべくもなかったのであろ

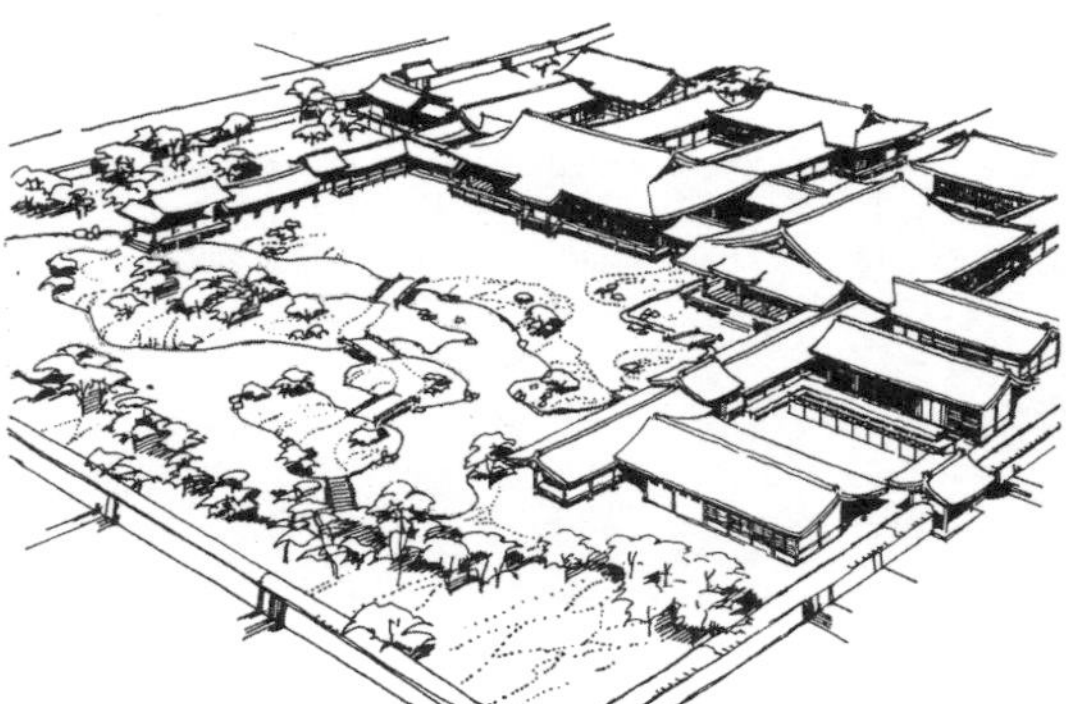

[図12] 東三条殿想像復元図

う。しかし、そのような制約のもとであっても、天皇や有力貴族が日常の暮らしをおくる住まいの環境として、理想とした建物と庭園の関係を創出しようとする試みは、のちの山水都市、京都の誕生の過程に継承されていく。

山水都市のプロトタイプ

ところで、平安時代中期から後期にかけて、平安京やその郊外に造営された邸宅や別業の庭園では、どのような造園の技法が用いられていたのか、そのことを今に伝えるのが『作庭記』であることに議論の余地は少ない。これはひと言で言えば、わかっているかぎりにおいて、世界最古の総合的ガーデニングマニュアルである。書かれたのは平安時代末期の一一世紀後半、著者は橘俊綱《たちばなのとしつな》であるというのが現在の定説。しかし現存する写本は鎌倉時代初期のものが最も古く、その意味ではわかっていないことも多いというのが実態ではある。

この庭園書の内容であるが、マニュアルの意味にふさわしく、庭づくりの心得から具体的なテクニックにいたるまで実に事細かに記されていて、おそらくはその後の日本における伝統的な造園技法の源流をなしていたと言われている。たとえば冒頭には「地形により、池の様子に従い、因って生ずる所々に、趣向を廻らし、自然の山水を考えて……」という記述があり、「国々の名所をおもひめぐらして、おもしろき所々を、わがものになして……」などというくだりもある。つまり、庭をつくる場所の特徴をよく見極めるとともに、自然の風景や名所の記憶をかたちにすることなどを指南している。約一万四〇〇〇字に及ぶ全文の後半では、築山、石組、池、遣水（流れ）、樹事（植栽）など、庭を構成する様々な要素のディテールデザインにまで言及していることは驚きでもある[9]。

平安貴族の邸宅の庭づくりにおいて、名所の風景に想いをめぐらすという意識がすでにこの時代に生まれていて、そのあいだに生起するイメージに基づいて造園することを目指していたことには感動すら覚える。文字どおり、庭と風景のあいだが強く意識されていたのである。ここまで微に入り細にわたって記述するためには、著者にも相応の実践経験があるに違いないのだが、著者と目されるこの人物の素性を知れば合点がいく。橘俊綱は平安時代後期の貴族であるが、実はこの人物、姓は異なるが平等院を開創した藤原頼通の次男にあたる。頼通が宇治の別業を寺院としたことに倣い、自らも宇治川の対岸、伏見に近い場所に建てた邸宅をのちに即成就院という仏寺にしている。その過程において、父の宇治殿（平等院の別称）や本邸の高陽院を参照したであろうことは容易に想像できる。

藤原氏が隆盛をきわめた平安時代中期を経て、院政期にあたる一二世紀になると、平安京の域外における離宮の造営や寺院の創建が顕著となる。とりわけ鴨東（鴨川の東側という意味）に位置する白河（現在の左京区岡崎地区周辺）では、白河殿や六勝寺と呼ばれる六つの寺院[10]を中心に、新たな市街地が形成されていた。そこでは、平安京の域内と同様に、

[9] 森蘊『作庭記の世界』ＮＨＫブックス、一九八六

[10] 法勝寺、尊勝寺、最勝寺、成勝寺、円勝寺、延勝寺の六カ寺

広大な敷地に寝殿や堂塔伽藍が配置され、東山連峰を背景として山麓の豊かな水を引き入れた壮麗な園池が造営されていたようである。

平安時代の中期から後期にかけては、白河ほど大規模なものではなくとも、平安京の東西南北それぞれの郊外において離宮や別業が営まれ、社寺の境内が整備されていった。そして、それらの多くが、豊かな水と四季を彩る多様な植物を組み合わせた庭園を伴うものであったことは想像に難くない。これらは、応仁の乱をはじめとする後年の戦禍の中でほぼすべてが焼失してしまった平安京内の邸宅群とともに、現代に続く山水都市・京都のプロトタイプをかたちづくるものであったと言えるのではなかろうか。

京都——スケール横断的な山水都市のヴィジョン

緑と水をめぐる五(十一)つのスケール

中世から近世、近代を通じて山紫水明の庭園都市あるいは山水都市としての名声をほしいままにしてきた京都には、日本の伝統的造園を象徴する庭園がきら星のごとく点在している。一〇〇〇年以上の長きにわたって人々の生活の場となり、明治時代以降も市街地が維持され、山麓と市中に点在する数多の寺社境内が存続した土地には、盆地全体から個々の家々にいたるまで、水と緑が様々なかたちや様態を伴って存在する。Google Earthを使って京都盆地の上空から個々の町まで、いろいろな場所でズームイン、ズームアウトを繰り返してみればそのことが予感される。また、京都の市街地を取り囲む三方の山裾から市内へとゆっくり移動してみれば、さらにその予感はリアルな実感へと進化するはずである。このような地理的に異なるスケールを通じて横断的に認識される緑(山)と水の関係(山水の構成)には、経験的にいくつかの階層を見いだすことができる。京都の場合、それが五つぐらいではないかというのが、京都盆地の南隅で生まれ育った私の直感であった。さらにそれら五つのスケールの階層で立ち現れる山水の構成には、一種の自己相似的な様相を仮定することができるようである。もう少し詳しく見てみよう。

ここでは山水の構成をめぐる五つのスケールを、最も大きなスケール＝major scaleと最も小さなスケール＝minor scale、その中間のスケール＝meso scaleの三つに分類する。さらにそれらに加え、それぞれのあいだに中間的なスケール(major / meso, meso / minor)で捉えることができる関係も存在しているように思われる。また、このような階層とは別に、日常的な生活のシーンの中に普遍的に現れるヒューマンスケールの緑と水の関係もありそうで、これを＋一のmicro scaleとしておく。

[図13] major scaleの山水の視覚像。鴨川に架かる御池大橋から北山の稜線の重なりを望む

major scale

京都における緑と水をめぐる最も包括的なスケールの領域は、言うまでもなく京都盆地を取り囲むように連続する東山、北山、西山の緑と盆地の中央を南北に流れる河川によって構成される。このスケールにおける緑と水の関係は、たとえば、鴨川に架かる橋から北の方角に向かう眺望の中に占める北山の稜線の重なりと、そこに向かって延びる河川（鴨川・加茂川・高野川）の流れに[図13]、最もわかりやすくイメージできるであろう。特に、南北方向に延びる河道が視軸となって、その先に山々の斜面が屏風のように展開する山水の構図は、京都に暮らす人、京都を訪れる人の多くに共有されている。一方、このスケールにおける緑と水の関係によって、京都盆地の地下には膨大な水源が涵養されていることもよく知られている。一説では、二一〇億トン[11]を超えると言われる地下水の存在は、より下位のスケールにおける山水のあり方を豊かなものにしている。

major / meso scale

京都盆地の縁辺部、盆地を取り巻く山々の山麓部から平地にかけての部分では、地形のヒダによってつくりだされたひとまとまりの領域が各所に見られる。このスケールの領域には、山裾の湧水や谷筋から流れ出る中小河川、水路などの水系を骨格として形成される生産と生活のための環境があり、そこに様々な緑が介在している。たとえば、図14に示した左京区の南禅寺から岡崎にかけての地域では、白川や琵琶湖疏水などの

[11] 関西大学楠見重晴教授（地盤環境工学）によれば、このような状態が生まれている地形・地質の特徴により京都水盆と呼ばれている

[図14] 琵琶湖疏水から鴨川へ続く京都疏水は、岡崎地区を西から東に流れる。背景をなしているのが東山の稜線

水路と東山山麓の湧水を水源として、社寺や別荘など緑の多い市街地が広がり、その複合的な水系のネットワークの端部は鴨川に接続する。この階層における緑と水の関係が見られる領域はここだけではなく、東山から北山、西山にかけていくつも存在している。これらの領域の景観では、京都盆地を取り囲む山々の斜面を背景としており、major scaleの山水が一段階スケールダウンして立ち現れていることになる。

meso scale

このスケールの階層における山水の構成は、一つの水系にぶらさがるかたちで集合するいくつかの緑地や別荘庭園群の構成に現れている。特に池泉を中心に構成された庭園をもつ社寺や邸宅は、豊かな水源が確保できる立地を求めて集合する傾向があり、結果としてこのような領域が形成されてきた。たとえば、図15の空中写真は、前記の南禅寺・岡崎地区の中でも、多数の別荘庭園が立地している部分を示している。この部分は明治維新後に上知された南禅寺の寺領が、明治中期から大正期にかけて別荘宅地として開発された部分に相当し、その際、琵琶湖疏水の水利権が修景目的で買収され、導水路を用いた人工の水系ネットワークが形成されてきた。一方、市街地の中では、たとえば糺の森(下鴨神社)のように広大な樹林と水系が一体化している場所や、大徳寺などのように自然の水系に恵まれない立地で、枯山水の塔頭庭園群が集合している場所においても、このスケールの階層における山水の構成が現れていることになるであろう。

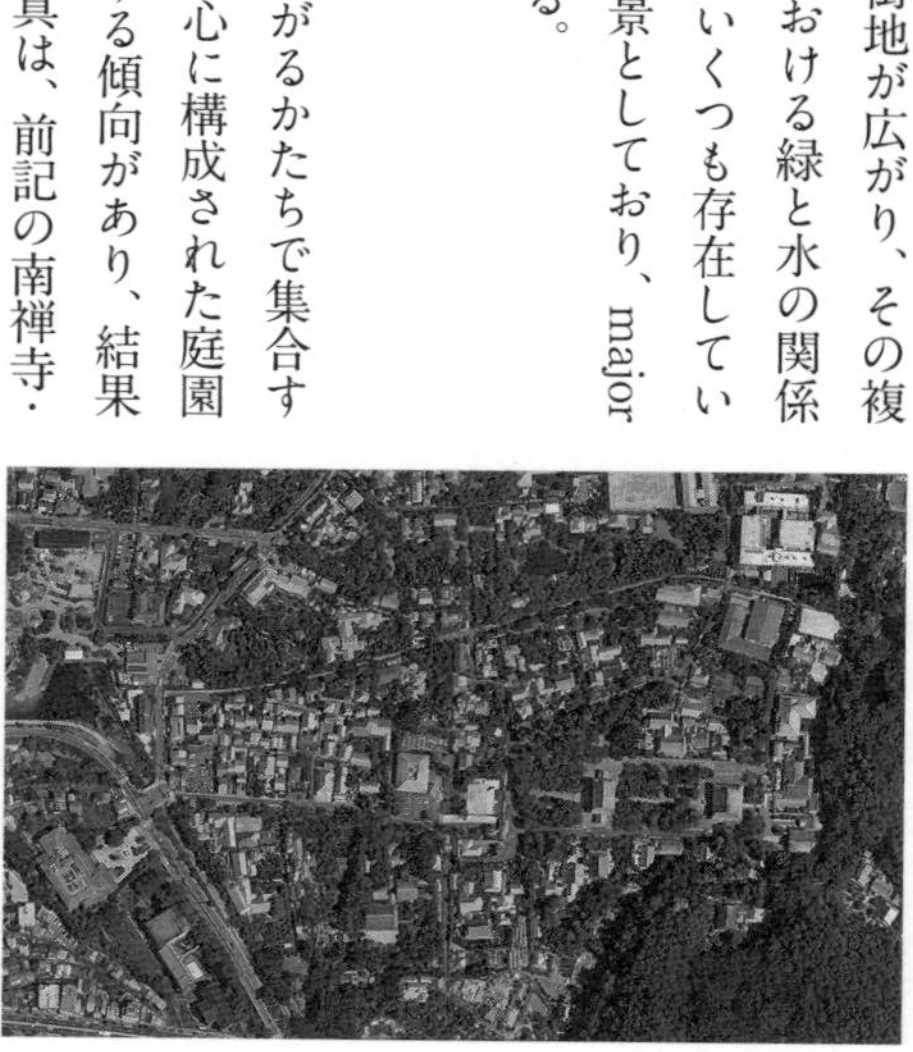

［図15］南禅寺界隈から岡崎地区にかけて、別荘庭園群にはmeso scaleの山水が集積している

meso / minor scale

池泉を中心としたものであれ枯山水であれ、京都の伝統的な庭園はそのほとんどが自然の中に見いだされる物理的な形態を具象的、あるいは抽象的に表現したものである。庭園のことを「山水」と呼ぶことに象徴されるように、この空間スケールの階層において認識される緑と水の関係は、山の緑と池泉の水(あるいは枯山水の石組と砂)を一つのテーマに沿って造形した庭園の全体像に表れている。植治こと七代目小川治兵衛による南禅寺周辺の別荘庭園群の中の一つ「無鄰菴」[図16]では、東側の滝の石組から続く流れが、ゆるやかに蛇行しながら多様な水面を形成し、書院の南側に達する様子が自然の景趣そのものである。ここでは、山水の構成は庭園の空間構成と造形にそのまま置き換えられている。このように京都盆地の各所に点在する数多の庭園は、それ自体が完結した小宇宙的な空間構成をもっている。また、この庭園の借景となっている東山の稜線のように、場所によってはより上位のスケールの階層において認識される緑が取り込まれ、段階的なスケールを超えた関係が見てとれる場合も多くある。

minor scale

伝統的な京都の庭園では、庭全体で一つのテーマに沿った自然の景が表現される一方、部分においても同様に、ひとつ一つ山水の景が造出されていることがある。部分の景の集合体として全体が構成されるという関係が成立しているわけで、部分である

[図16] meso ／ minor scale の山水。南禅寺界隈別荘庭園群の嚆矢となった無鄰菴、明治の元勲山縣有朋の京都別邸として造営された

minor scaleの階層における緑と水の関係が、庭全体＝meso／minor scaleの階層においても調和的に発現していることを意味する。図17は、前記の無鄰菴の敷地東側にある滝の石組と流れである。日本庭園において滝の石組は深山幽谷の景を、流れは山間の渓流の景を最も象徴的に表現するものとして、ほとんどの池泉庭園で常套的に用いられている。いずれも、実際の山水のスケールを縮小した、いわゆる縮景として造形されるが、それぞれの場面で自然の景趣が完結していながら、庭全体の空間構成においては注視点となる核のようなもの、あるいは空間の骨格的な位置づけが与えられていることが多くなっている。

micro scale

major scaleからminor scaleへ、あるいはその逆の方向において繰り返し表れるスケールの階層構成とは異なる次元で、緑と水の関係が認識されることがある。これらの関係は、自然地形の中の植生や水系、庭の中の緑と水景のように、土地や場所に固定されたものではなく、日常的な暮らしの中に普遍的に現れる一シーンのようなものになる。図18は、伝統的な京町家の坪庭に設えられている手水鉢と添えの緑であるが、これらは、現代の生活の中では具体的な機能を期待されることはほとんどなくなっていて、庭の添景としての役割が期待されるのみである。しかし、鉢に湛えられた水には、夜空の月が映り込み、雨の日には雨滴の波紋が発生し、時として水を求めて野鳥が飛来する

［図17］minor scaleの山水。無鄰菴における水景の最上流部に据えられた滝の石組

かもしれない。様々な自然の営みが緑と水を介して立ち現れるのである。また、坪庭にかぎらず、高密度に建て詰まった市街地の屋外空間では、打ち水がほどこされると石の舗装面が光り、夕立の後の前栽の緑には水が滴るようにきらめくことがある。このようなmicro scaleの空間に映し出される緑と水の構成も、それらを見る人のイメージ形成に少なからず寄与している。

寺社の庭園と境内のランドスケープ

多様なスケールを通じて立ち現れる京都盆地の山水の構成をもう少し詳細に検討するためには、やはり伝統的な庭園を数多く抱える寺社の境内地とその周辺環境を見てみるのが手っ取り早い。すでに述べたとおり、京都では盆地を取り囲む山々と中央を北から南へ流れる加茂川と高野川、それらが合流した鴨川のあいだに山と川の関係、つまり山水の構成を見てとることができる。一方、山麓部においてもまた、谷筋の地形のヒダがつくりだす山と水の関係が、多くの寺院が立地する地理的なスケールの景観を構成している。さらに、個々の庭園のスケールにおいてもまた、山(緑)と水(水景もしくは枯山水)の関係が成立していることになるだろう。このように、スケール横断的に繰り返し現れる緑と水による構成が、京都における寺社仏閣の庭園と自然環境のつながりを意識させる手がかりになっているのである。

このことは、たとえば枯山水で有名な龍安寺を例にとってみても説明できそうであ

[図18] micro scaleの山水。京都市内の伝統的な町家の坪庭や前栽に設えられた水と緑

る。言うまでもなく、この寺院では方丈の南側に設えられた枯山水の石庭が注目される。白川砂が敷き詰められた矩形の平面に配された一五個の石のあいだに成立する絶妙な非対称バランスが、この庭の彫刻的な造形性を際立たせ、石庭の背景をなす油土塀とその背後の樹林の緑がここでの山水を構成している。ところで、この石庭のある方丈は境内の中でもかなり北側に位置し、そこは背後の朱山《しゅやま》の山麓に連なる高台に相当する。一方、龍安寺の境内そのものは方丈の南側に大きく広がっているが、そのことに気を留める拝観者は少ない。この南側の境内地の中心は鏡容池《きょうようち》と呼ばれる池で、周辺は池泉回遊式の庭園(国指定名勝)となっている[図19]。方丈のある位置からは少し低くなっている池の南側からは、水面越しに方丈を含む樹林と背後の朱山の稜線を望むことができて、ここにも山水の構成がはっきりと認められる。

『日本の建築と庭——西澤文隆実測図集』[12]には、龍安寺境内の南北方向の断面図が収められているが、それを参照すればこのことは一目瞭然であろう。一見すると内向的な造形の極みであるような方丈の石庭は、その南側に広がる境内の水面と背後の山に挟まれた立地にあるわけで、二つの異なるスケールのあいだで山水の構成が入れ子状に現れていることになる。このような山水の構成をめぐる概念的な自己相似性は、さらに上位のスケールへと敷衍することで、先に述べた五つの階層にわたって繰り返し立ち現れる緑と水の構成へとつながっていく。

[図19]龍安寺境内の南側に広がる鏡容池の水面と背後の朱山による山水の構成

[12]西澤文隆実測図集刊行会、中央公論美術出版、二〇〇六

山水のスケール横断的な構成

ここまでは多様なスケールの階層を想定しつつ、京都盆地における山水の構成とその現代的な解釈について検討をしてきた。そこから見えてくることは、山水の構成が major から meso を経て minor へ、さらにはその先の micro へと、スケール横断的に繰り返し立ち現れるということであった。ただし、これはいわゆるフラクタルのような形態的な自己相似性というよりも、緑と水の空間的関係における概念的な自己相似性にとどまる。図20は、この関係をスケール横断的にとりまとめたものである。

ここで着目しておきたいのは、下位のスケールの階層における山水の構成が、すぐ上位の階層における山水の一部分となるだけではなく、そこを飛び越えてさらに上位の階層における山水の構成と直接的な関係を切り結ぶことがあるということである。一般的な自己相似的な構造よりもさらに複雑な関係を呈しているように思われるが、このことは視覚的な景観にとどまらず、エコロジカルな環境における緑と水の関係にも強く関係してくる。近年、ランドスケープアーキテクチャーや都市デザイン、都市計画の分野において注目されているキーワードに置き換えれば、広義のグリーンインフラストラク

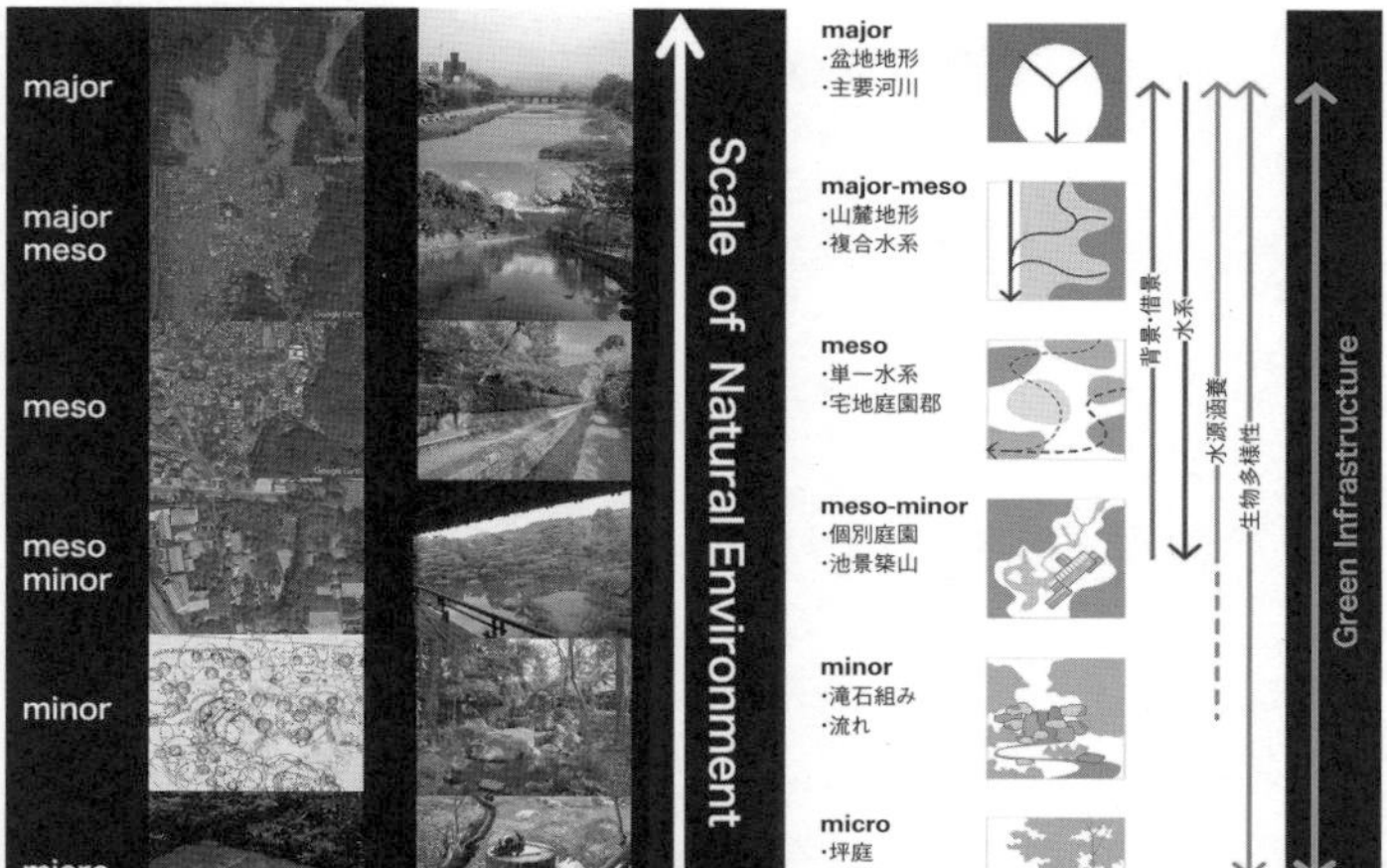

［図20］major scale から micro scaleにわたるスケール横断的な山水の構成とランドスケープアーキテクチャーや都市デザインにおける課題

チャーとして、その全体像を捉えることができるのではないだろうか。

京都盆地における山水の構成を、現代から未来にかけての重要なランドスケープ資源として継承していくためには、ここで取り上げた空間スケールの階層の連鎖において、それらが間断なく保全・再生・創造される必要がある。より上位のmajorスケールからmajor／mesoのスケールでは、盆地を取り囲む山々の森林資源の保全、開発規制や土地利用規制が求められる。中位のmesoスケールからmeso／minorのスケールでは、ローカルな水系の保全や新たな緑地の創出とともに建築物の容積や高さ規制も必要である。さらにヒューマンスケール（minor）において山水を体現する様々な庭園の保全、再生、さらには新たなデザイン様式の試みがあってよいし、日常的な生活空間に緑と水の関係を取り入れたライフスタイルの実践も求められる。このような関係が見えにくくなってしまった場所では、その現代的な再生を、ランドスケープデザインを通じて積極的にすすめていくべきである。そうした取組みの蓄積が、将来の世代に向けた山水都市・京都の面目躍如となることを期待したい。

現代都市のランドスケープデザインへ

このようにスケール横断的に繰り返し立ち現れる緑と水の構成は、しかし、なにも京都だけに限定されるものではない。むろん、その階層の数は京都の場合よりも少ないかもしれないが、他の都市や地域においても認めることができるはずである。たとえば地形と水系の変化に富んだ東京の都心部では、いかに都市化に伴う自然改変がすすんでいたとしても、同じような状況が現れるポテンシャルは十分に担保されていることを期待できる。かつて数多くの大名庭園が存在した都心とその周辺には、京都に似た山水の階層的な構成を見ることができたはずで、その痕跡や基盤は現在もなお脈々と受け継がれてきているであろう。それだけではない。東京には、京都や奈良にはない、ウォーターフロントが存在していて、それが山水の階層構成にまったく異なる次元の展開をもたらすことが期待できるのではないか。それらを丹念に読み解き、顕在化、活性化するデザインがなされる可能性があるように思う。

現代日本の都市において実践される個々のランドスケープデザインは、このようなスケール横断的な環境と景観のヴィジョンを投影したものとして構想されてほしい。それらは、いずれランドスケープが都市の新しいインフラとして位置づけられるようになる時代を先取りするものになるであろう。都市の各所において個別にデザインされたものであっても、そのランドスケープのありようは、それを含むより広域的な緑と水の構成=山水の構成によって支えられるものであるということ、そのことをつねに意識しておくことは、日本の伝統的な造園と新しい時代の環境や景観のありようを反映するランドスケープデザインとのあいだに、未来志向的な関係を切り結ぶための必要な態度であるように感じている。

第六章

レジリエンスとランドスケープ

二〇一一年三月に発生した東日本大震災とその後の復興事業のプロセスにおいて、レジリエンス(Resilience)という語が土木、建築、ランドスケープ、都市計画の分野においても頻繁に言及されるようになった。しかし、その解釈や実践のあり方は分野によって大きく異なっている。自然災害に対する防災・減災機能を空間的に実装する計画や設計において、本来は様々なストレスに対する緩やかな弾性や復元力をあらかじめ想定しておくことを意味するはずである。ここでは、筆者が実際の復興事業に関わることになった東北地方太平洋沿岸の二つの被災地における実践経験をもとに、ランドスケープの分野においてレジリエンスの意味するところを、具体的なプランニングとデザインの内容に則してレビューする。

震災復興に関わるための立ち位置

震災復興に関わる二つのスケール

ランドスケープの調査研究やプランニングとデザインの実践という立場から震災復興に関わろうとするとき、震災の発生からの時間の経過、被災した個人の身体周辺から国土にいたる空間の広がり、という二つのスケールを視野に入れておくことが必要である。これら二つのスケールは、災害からの復興や防災に関連する様々な技術体系の中でも、ランドスケープの分野の特徴を際立たせるものであろう。図1のチャートは、これら二つのスケールを横軸と縦軸に設定し、その時間と空間の関係を示す平面の中で、ランドスケープアーキテクチャーは、どのような空間要素にどのような目標と価値観をもって関わることができるのかを仮説的に示している。この章のキーワードであるレジリエンスの意味、即ち災害がもたらす物理的・社会的に困難な状態からの回復や復元、その間に発生する様々なストレスの回避や緩和が、どのような対象とプロセスを経てランドスケープに反映されるのか、という問いに対する応答の指針である。

震災発生からの時間経過を示すスケールの横軸に沿っては、まず個人の生存を確保するために必要な空間とその設えが想定される。これらに対応する空間のスケールは、人間の身体から日常的な生活圏にいたる範囲に設定されるだろう。生存が確保されたあとには、生活再建とそれを支える生業の再開が必要となり、それらは生産やサービスの提供を行う地理的な空間スケールの範囲において対応する事項である。これらと並行して、被災者の心のケアや崩壊したコミュニティの再建に欠かせない様々な取組みが急務となる。

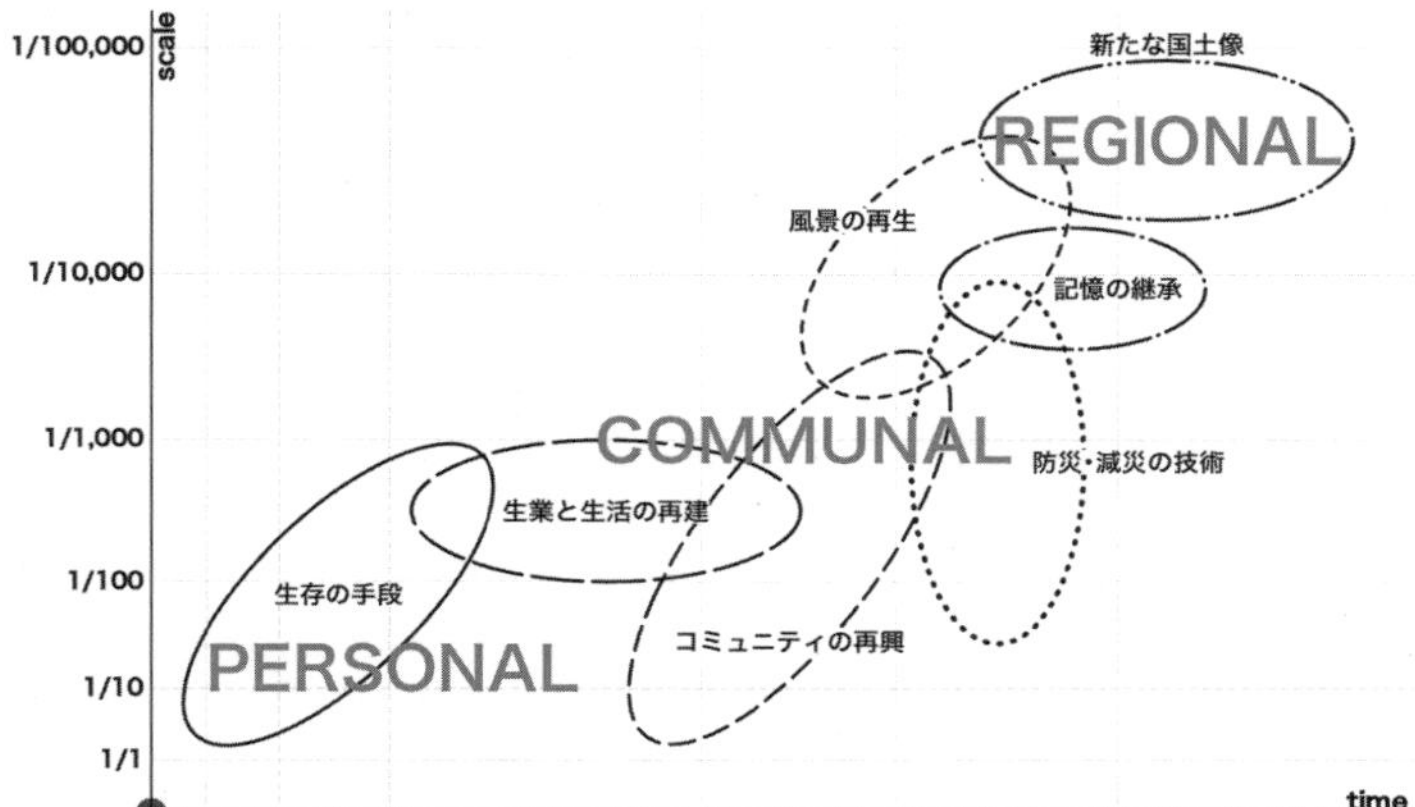

［図1］震災復興の時空間スケールとランドスケープの関わり方

一方、被災の状況をつぶさに調査・分析することにより、その記録を後世に遺すとともに新たな防災・減災の技術を構築するための実践が求められる。これらは、幅広い空間スケールにわたって横断的に実施される必要がある。さらに、こうした多様な取組みが継続される過程を経て、人の暮らしと自然環境の持続可能な関係が再構築され、そのことが風景の再生、ひいては新たな国土像のモデルへとつながることが期待される。特に、二〇一一年に発生した東日本大震災で甚大な被害を受けた東北地方太平洋沿岸地域には、その可能性を色濃く見てとることができる。

このような仮説に基づけば、ランドスケープの分野が主体的に取り組むべきテーマは多岐にわたる。そして、個々の技術者の関心と得意とする分野において、時間のスケールに、または空間のスケールに沿った取組みが可能となる。あるいは、個人(personal)からコミュニティ(communal)を経て地域(regional)へと展開するランドスケープの実像としてイメージすることもできるだろう。いずれにしても、東日本大震災からの復興並びに今後予想される自然災害への対応においては、ここに示したような時間と空間のスケールを横断的に認識し実践することによって、トータルなレジリエンスを獲得することが求められるはずであり、そこにランドスケープの分野からの貢献を期待できるものと考えている。

被災がもたらしたもの

東日本大震災の地震とその後に発生した想定を超える規模の津波によって壊滅的な被害を受けた地域では、建築物や各種インフラなど、津波の浸水エリア内の土地の上に建設されてきたものの多くが流失する一方、被災の状況は、人為的な土地利用の基盤となっていた地形地質などの地学的自然の特性を如実に反映することになった。これは陸地、特に平坦な低地に浸入した津波の水平方向の掃流力が、あるまとまった範囲において物理的作用を及ぼすことによってもたらされる現象である。津波によって、地表面にある建物などの構造物や人為的な土地造成の凹凸は削りとられるが、逆にその下地となっている大きな地形の構造は保持される。むしろ後づけ的に付加され、改変された部分が流失した分、土地の素地がより露わになるとも言えるであろう。それだけではなく、人為的な改変を受ける以前からの土地の状況、即ち土地の出自とそこに刻まれた履歴があからさまなまでに白日の下にさらされるわけである。

具体的に見てみよう。図2の上は、被災地の一つである宮城県七ヶ浜町の北部における標高のモノクロ段彩図に、津波が到達した浸水範囲を重ねた図である。当然のことながら津波の到達範囲と浸水エリアは、地形の標高、つまり平面上における等高線の形状をそのままトレースしたかのようなパターンを示す。一方、一九四〇年代の中期に撮影されたこの地区の空中写真[図2下]からは、浸水した谷戸状の地形を呈する部分が、海岸の後背湿地であったことを判読することができる。のちに、この後背湿地から海岸への出口にあたる部分にあった浜堤《ひんてい》[1]の微高地を手がかりに盛り土がなされ、その上に集落や市街地が形成されるとともに、後背湿地は農地として整備されたようである。今回の津波は、そのわずかな盛り土部分の高低差をはるかに越える高さや勢いとともに押し寄せた。被災後も長期にわたって、背後の農地が滞水した状態にあったことがこの土地の出自を如実に物語っている。

今回の大震災は、被災した地域の自然環境の最も根幹的な部分の状態を明らかにし、

[1]汀線に平行して連なる低い砂の高まりによる微地形、砂が磯波によって打ち上げられることによって形成される

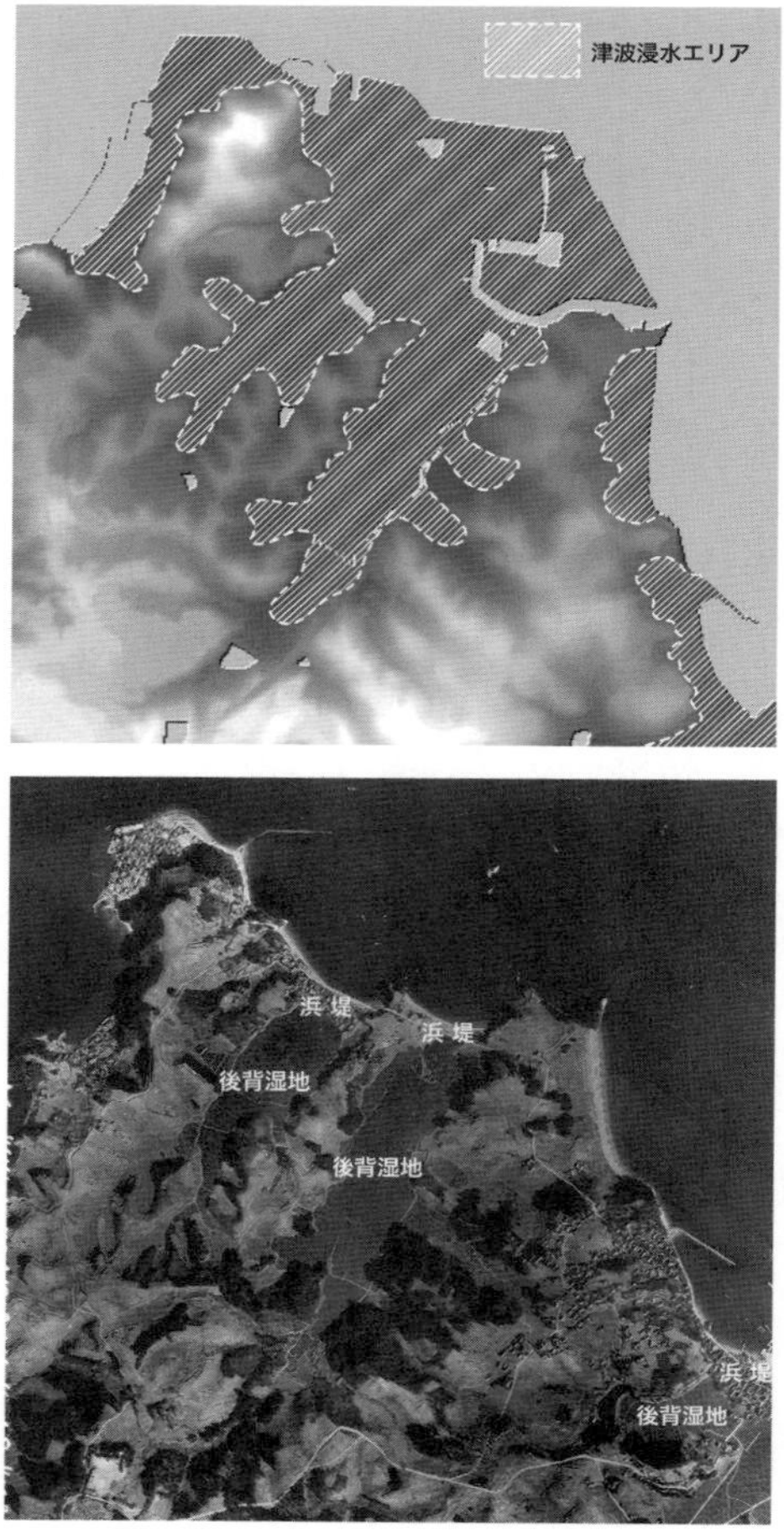

[図2]東日本大震災による津波浸水エリア(上)と、ほぼ同じエリアの一九四八年時点での空中写真(下)

そこに干渉してきた人為の痕跡をなぞるように浮かび上がらせるという結果をもたらした。被災地の復興をランドスケープの視点から考え、将来的なレジリエンスの獲得を目指すために、このような「被災がもたらしたもの」をどのように解釈し、広義の復興計画に反映させていくかが重要なポイントである。

エコロジカル・エリアとコミュニティ・エリア

大部分の被災地が集中する東北地方の太平洋沿岸地域では、被災のスケールやディテールの差異はあるにせよ、多かれ少なかれ前記したような状況が発生していたと思われる。即ち、気候学的自然（気温・降水量など）のもと、地学的自然（地形・地質・水系など）と植物学的自然（植生など）が織りなす自然環境の状態、現代風に表現すればエコロジカルな自然環境に適応しつつ、農林漁業を中心とした第一次産業によって成立していた近代以前の土地利用に、近代以降の建設技術によって改変された部分が付加され、それらが地震と津波という営力によって同時に一掃されるという事態である。このような被災状況の理解に基づき、高度な経済成長よりも環境の持続性を重視する近年の社会的価値観を踏まえれば、近代以前の状態を一つのモデルとして生業を立て直し、自然立地的な土地利用、経済活動の再生をはかることによって、防災・減災の効果をも見据えたレジリエントな地域の環境づくりを目指すことには、きわめて自明の理があるように思われる。

特に河川流域の集水域を土地利用計画と環境管理の単位として位置づけることは、従来から主張されてきたことである。たとえば、気仙沼湾に流入する河川の上流域における森林管理と湾内の牡蠣養殖の密接な関係についてもよく知られているところであろう[2]。このように、第一次産業の生産と加工が依拠するエコロジカル・エリアと、生活とその文化が依拠するコミュニティ・エリアの重なりが今も認められ、被災したとしてもそこからの再生が可能となるだけの人的資源のストックが担保されている場合、復興計画においてより自然立地的な土地利用への回帰が指向されてしかるべきである[図3左]。

しかし一方において、生業と生活が依拠するエリアの著しいズレや断絶が発生している場合にはどうするべきか。被災地の多くが集中する地域では、近年では現代的な生活の利便性を追求する度合いが高かったがゆえに、これら二つのエリアのズレがより顕著になっているところが多い。自動車交通の発達による生活圏や商圏の拡大、流通機能の統合による均質なサービスの提供などは、伝統的なエコロジカル・エリアから分離したコミュニティ・エリアの発生を必然のものとした[図3中]。このような地域の復興にあたっては、このズレの整復、補正、あるいはズレをズレとしたまま、その矛盾を止揚することまでを幅広くカバーできる方策が必要になるだろう。そのための一つの仮説として、環境マネジメントのあり方に基づく新たな土地利用のカテゴリーを確立することの可能性を検討したい。マネジメントというソフトウェアの視点を用意すること

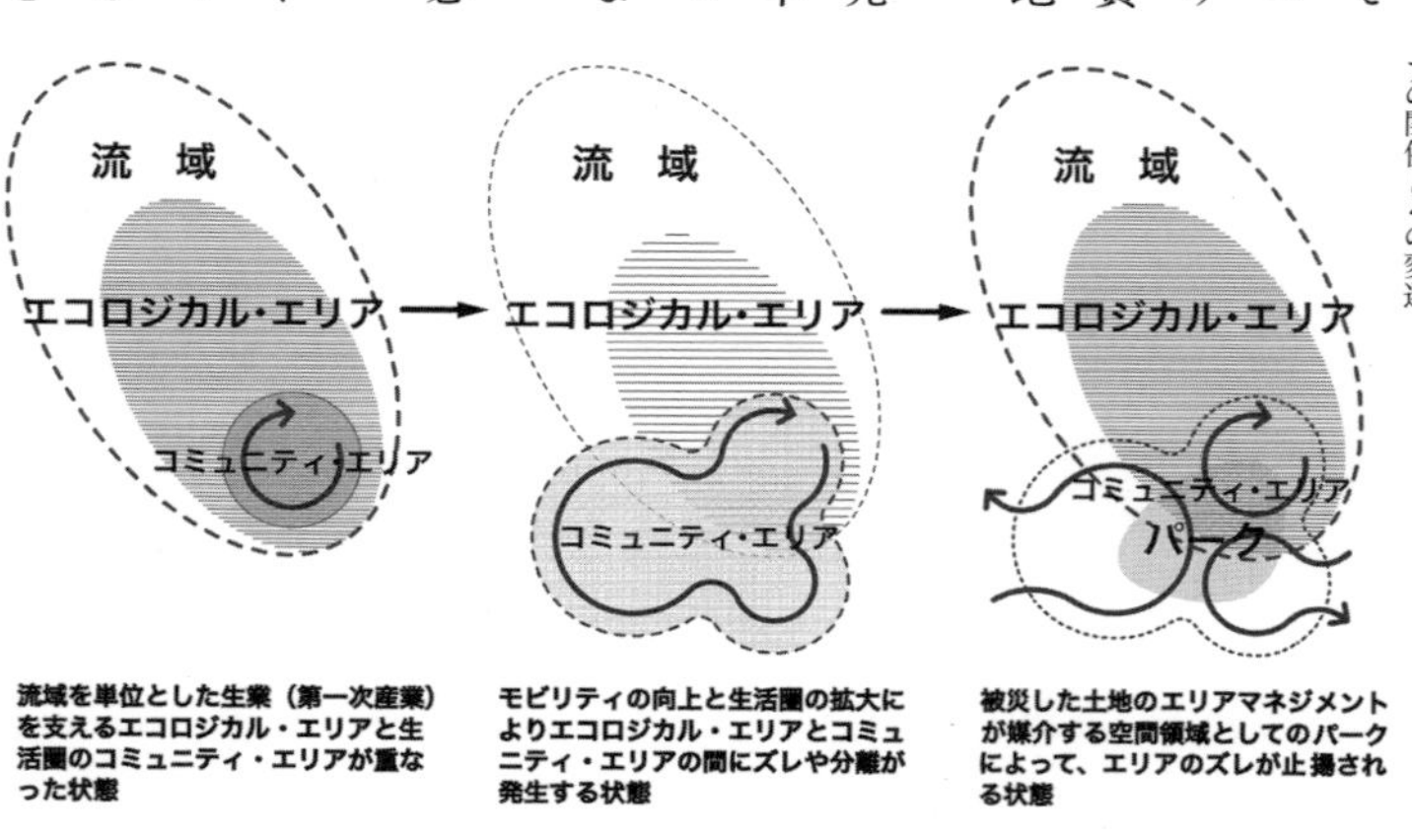

流域を単位とした生業（第一次産業）を支えるエコロジカル・エリアと生活圏のコミュニティ・エリアが重なった状態

モビリティの向上と生活圏の拡大によりエコロジカル・エリアとコミュニティ・エリアの間にズレや分離が発生する状態

被災した土地のエリアマネジメントが媒介する空間領域としてのパークによって、エリアのズレが止揚される状態

[図3] 流域を単位としたエコロジカル・エリアとコミュニティ・エリアの関係とその変遷

によって、被災地とそれを取り巻く多様な状況に対処するための手立てが発見できるかもしれないからだ。なお、これら二つのエリアが重なっていた近代以前には、生業と生活が一体化した状態を持続させるために地域共同体の中で行われていた一連の活動とその規範は、環境をマネジメントすることそのものであったと言えるだろう。

[2] 詳細は、畠山重篤『森は海の恋人』(文藝春秋、二〇〇六) 並びにこの活動を実践するNPO法人の情報を参照

新しいコンセプトのPARK

地域の環境マネジメントを通じた被災地の復興は、当該エリアの住民・企業・地権者・市民団体、さらにはこれらをサポートする自治体の施策を含めた取組みを媒介する土地利用のカテゴリーと空間的な領域を新たに定義することによってはじめて、ランドスケープのプランニングやデザインの課題となりうる。その空間的な領域の一つとして、ここでは新しいコンセプトの公園(PARK)の可能性について考えてみよう[図3右]。

公園とは、我が国においては主に営造物公園である都市公園、主に地域制公園である自然公園の二つの体系によってその大部分が定義されてきた。いずれも公的機関である国や地方公共団体によって設置、または指定、管理されることが原則である。しかし、ここで構想しているものは、これら既往の枠組みを超えるべきもので、これを従来のものと区別するために「パーク」と呼ぶことにする。パークを末尾につけた語によって表現される公園以外の空間領域には、たとえばビジネスパーク、インダストリアルパークなどがあるが、これらは特定の機能が集積している状態を示すことによって、周辺地域か

ら区別されることを意図したものである。周辺から囲い込まれた状態の土地を意味するParkの原義に照らせば、きわめて素直な用法だと言えるだろう。その意味において、ここで検討するパークもまた、周囲から際立つ領域性が明示できるだけの空間とプログラムを内包するべきものなのであるが、それらの価値がマネジメントによって増幅されていくようなものでなくてはならない。では、そのような土地はどこに見いだすことができるだろうか。

　東日本大震災の被災地を概観するとき、その一つの手がかりが、津波によって浸水した地域において住居が移転した跡に設定された広大な災害危険区域の土地ではないかと思われる[図4]。人が利用するために、防災施設や地盤面の嵩上げなどを必要とするこれらの土地は、ある意味においてブラウンフィールドの一種である。さらに、周辺には海水に浸ったことによって、土壌の塩分除去が必要な土地も広がっている。これらの土地の再生を目指すために、津波防災緑地を母胎として公園の概念を拡張し、多くの被災地に見られる豊かな自然環境と連携させることによって、広義のパークへと発展させることができそうである。レジリエンスの発揚が単なる復旧、復元にとどまらず、パークという新たな価値を創出する空間と環境へと発展する構図を描くことにつながるのである。むろん、これらの広大な土地を自治体などが長期にわたって維持管理していくようなこれまでの構図にはリアリティがない。ここで、前述した環境をマネジメントするという考え方が意味をもちはじめることになる。では、具体的にどのようなことが考え

[図4] 被災前の七ヶ浜町菖蒲田浜、二〇〇八年

られるだろうか。ここからは、先ほど少しばかり触れた宮城県七ヶ浜町の震災復興事業の実践過程を通じて具体的に振り返ってみたい。

レジリエンスを獲得するプロセス――宮城県七ヶ浜町の場合

風景の宝石箱

国の特別名勝・松島の南側、仙台からほど近いところで太平洋にそっと張り出すかたちの小さな半島部にその町はある。宮城県宮城郡七ヶ浜町。町名が示すように、七つの浜が互いに寄り添いあって一つの町をつくっている。定住地としての歴史は古く、町内にある国内最大級の大木囲貝塚の存在が示すように、縄文時代にはこの地域が東北の中心地の一つであったことをうかがわせる。以来、常にこの町の人々の暮らしは海とともにあり、そのありようは近代に入っても大きく変わることはなく、現代においてもその姿を彷彿とさせる風景が点在している［図4］。

しかし、町域の面積が約一三㎢と、東北六県の基礎自治体の中で最も小さいこの町にも、津波は容赦なく襲いかかった。仙台湾に面した町の南側にあたる菖蒲田浜の漁港付近では、津波が海抜一二mの高さまで遡上した。町域の約四分の一に浸水被害が及び、町内での死者行方不明者は一〇五名、家屋の全壊・大規模半壊・半壊は合計で一三〇〇棟超という甚大な被害をもたらした。

震災前からこの町の長期計画策定に携わっていた東北大学建築学科・小野田泰明教授の依頼によって、私がこの町を訪れたのは、震災の犠牲者を慰霊し復興を誓う仙台の七夕祭りがはじまろうとしていた二〇一一年八月上旬のことである。それまで、町の名前くらいしか知らなかった私は、仙台の駅頭で借りたレンタカーを駆って、工学院大学の篠沢健太准教授(当時)とともに、三方を海に囲まれた小宇宙のようなこの町を幾度も回遊した。海岸沿いに続く県道沿いには、まだ多くのがれきがうず高く積まれ、道路はあちこちで寸断されてはいたが、迂回路を経由しても二〇分ほどで町をぐるりと一周できるような広さである。しかし、そのこぢんまりとした領域感とは裏腹に、目にすることのできた風景の多様性には実際のところ驚かされた。しかも、そのひとつ一つがとても美しく、様々な場所で目に入ってくる海は、真夏の日差しのもとでどこでもキラキラと輝いている。あたかも町全体が、異なる光を放つ風景をちりばめた小さな宝石箱であるように感じたことを記憶している。

三つの系の緑地

町の震災復興推進室からの要請を受け、国直轄の復興計画業務を担当していた土木コンサルタントをサポートするかたちで、被災した海岸部を中心に設定されることが予想された広大な災害危険区域の土地利用を検討するところから私たちの作業がはじまった。このような作業をいち早く私たちに依頼した背景には、町の担当部局が被災直後から復興事業とランドスケープの再生を重ねあわせて展望していたことがあった。翌年の二〇一二年度には、津波防災緑地の計画支援業務を受託し、本格的な作業に着手した。

三陸のリアス式海岸に近似した地形を原型とするこの小さな半島では、中央部の丘陵地から四方に尾根が延び、その間の浅い谷に相当する低地部分が海岸の後背湿地から農地へと転換されてきた歴史がある。今回の震災による津波は、海岸線の浜堤に立地した市街地を越えて、谷戸の形状をもつ後背湿地の奥深くまで浸入した。このことから、津波に対する多重防御策として、被災した住宅などが移転する跡地の災害危険区域では、海岸線に沿って広範囲に津波防災緑地(都市公園・海岸保安林など)が配置されることになった。

七ヶ浜町では前記した地形条件の特徴ゆえに、丘陵部の尾根筋とその斜面に広がる樹林、後背湿地に相当する谷戸の農地(主として水田)の二つの系統によって、緑地の骨格的な構造が形成されている。前者を「尾根系」、後者を「谷戸系」とすれば、被災した海岸線に沿って整備される予定の津波防災緑地は「浜系」と位置づけることができた[図5]。この浜系の緑地は、この町におけるこれまでの緑地系統のあり方、ひいては町の景観や環境の構造そのものを大きく転換させる可能性を内在させている。

この町の定住地は、海岸線に沿って歴史的に形成されてきた半農半漁の集落を母体とするものと、近年になって丘陵部の尾根を造成した郊外住宅地に大別されている。かつて生業としての第一次産業を支えてきたエリアと、現在の日常的な生活圏となるエリアの分離は、震災の前にはすでに明らかなものとなっていたはずである。浜系の緑地には、尾根系と谷戸系の緑地を海岸部において景観的、環境的に連携させるとともに、丘陵部と海岸部に分離した二つの生活圏の関係を再構築する機能を期待できるであろう。景観的な連携とは、海岸部における地形的特徴である海に突き出た岬状の尾根と、海浜部の

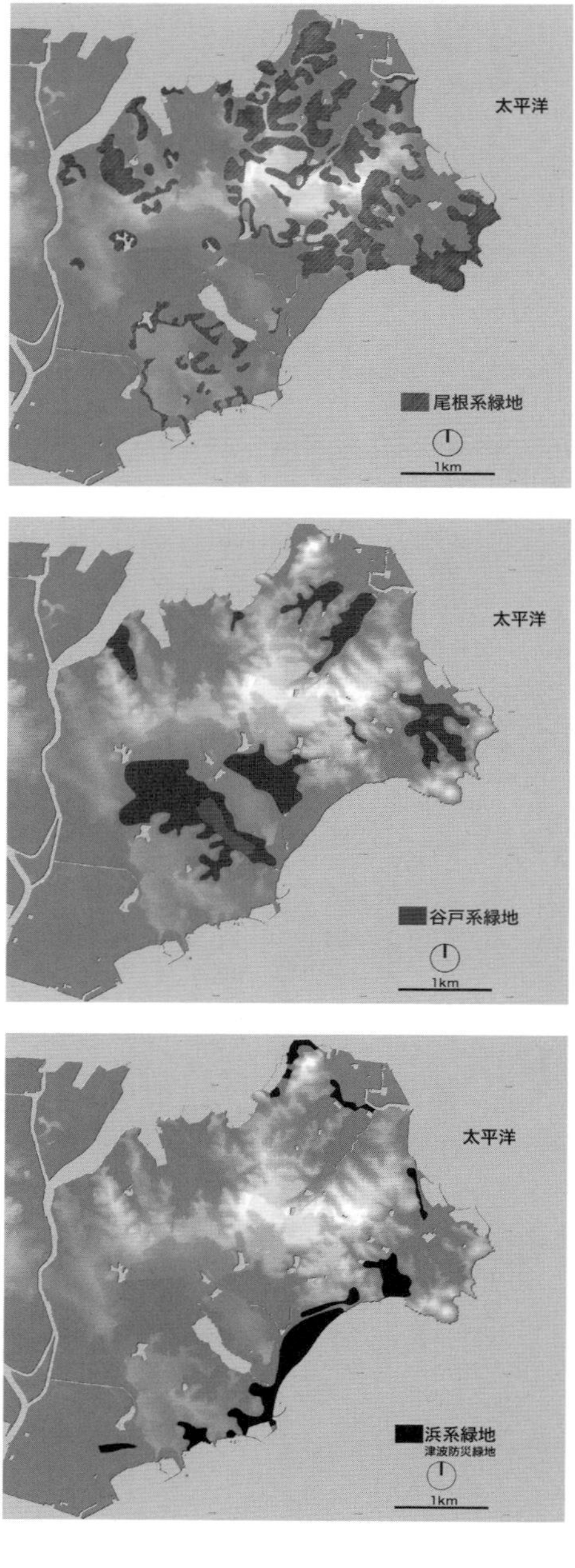

［図5］七ヶ浜町における三つの系の緑地分布。上から尾根系、谷戸系、浜系

市街地や道路などを緑によって柔らかくつなぐことである。一方、環境的な連携とは、丘陵部の斜面から谷戸を経て海へと連続する小規模な流域単位の自然環境の構造を保全再生することを意味する。丘陵部と海岸部に分かれた生活圏における暮らしの営みでは、これらの緑地を介して実現される景観と環境の保全、再生、創造と相互に補完関係を維持しながら、復興が実感されるものになることが期待されていた。

さて、その「浜系」の緑地、即ち津波防災緑地であるが、実際に計画をすすめてみると、いくつかの解決すべき重要な課題にぶつかることになった。国土交通省は、震災のあった二〇一一年の秋にはいち早く『東日本大震災からの復興に係る公園緑地整備に関する技術的指針・中間報告』を、海岸林を所管する林野庁は、翌年二月に『今後における海岸防災林の再生について』と題した報告書を公表している。被災自治体の多くにとっては、これらの指針がほとんど唯一の拠り所であったのだが、被災地の現実はきわめて多様であり、それらのひとつ一つに対処するためにはあまりに総論的であった。したがって、これらの指針に準拠しつつ、個別の計画条件に照らしあわせながら計画をすすめていく以外になかったのであるが、そのプロセスにおいてはいくつかのローカルな課題に遭遇し、その都度、個別解を求められることになった。

防潮堤との関係

津波防災緑地の多くは海岸沿いの災害危険区域に設定されるため、ほとんどのところで嵩上げされる防潮堤に接するか、道路を挟んですぐ背後に位置する。一方、内陸側の土地は地盤が沈下している場合が多く、そのままではより高くなる防潮堤越しに海を見ることができない。また、津波に対する粘り強いハザードを標榜する防潮堤は、底辺が広い台形の横断面となっているため、海岸線から内陸側に大きく張り出す平面形状になり、その存在感は震災前とは比較にならないほど大きくなる。七ヶ浜町も例外ではなく、防潮堤によって海と定住地の断絶は決定的なものとなることが予想された。このことは、常に海とともにあったこの町の姿が大きく変わってしまうことを意味する。

このことを強く危惧した当時の町長と町の復興担当部局とともに、私たちは津波防災緑地の計画によって対応する方法を考え、その一つとして緑地側の土地を防潮堤の天端まで盛りたてて「腹付け」することを提案した。もともと、防潮堤は陸側からの土圧を想定しない標準断面によって設計がすすめられていたのであるが、この腹付けが必要な部分については、宮城県担当部局との調整によってそれが可能となるような設計仕様を取り付けることができた。防潮堤と津波防災緑地の一体化である。漁港の背後にできる予定の都市公園や菖蒲田海浜公園では、海抜六・八m(震災前は五m)まで嵩上げされる防潮堤に近い高さまで地盤面を持ち上げることで海への眺望は確保された。しかし、それ以外の海岸防災林(保安林)では、事業構造上の制約や盛り土材の決定的な不足、排水処理の問題を解決する術が見いだせていなかったため実現は困難となった[図6]。

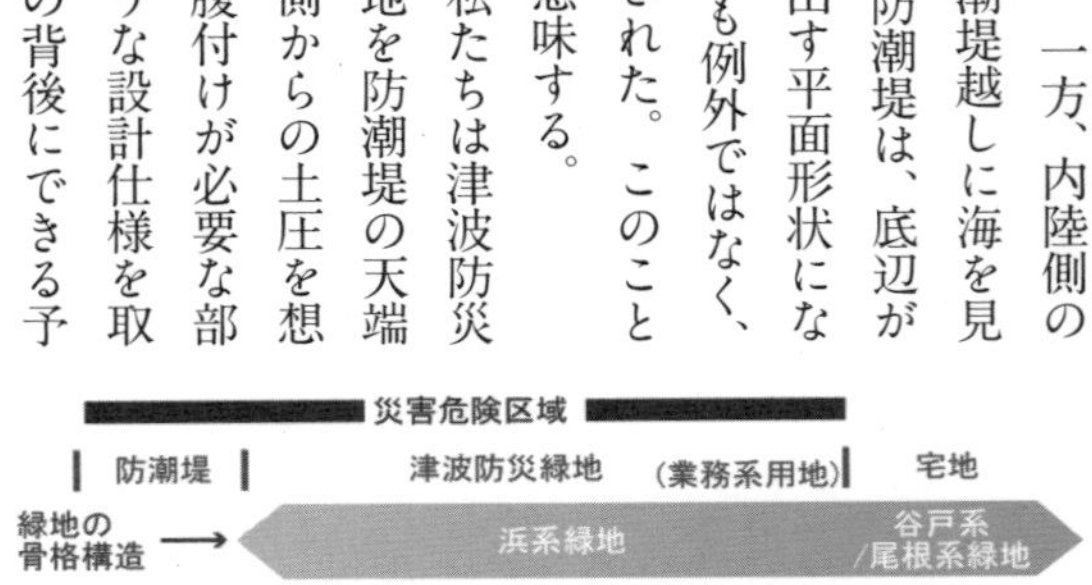

[図6] 災害危険区域／津波防災緑地の断面モデル。良好な海岸防災林を形成するために必要な植栽基盤の整備が強く意識されている

植栽基盤と植生の相観

続いては緑地の植栽基盤をめぐる課題である。今回の津波に対して、特に仙台平野などでは、海岸防災林がほとんど無力であったことが取り沙汰されていた。調査がすすむにつれて明らかになってきたことは、この地域は地下水位が高いために、本来ならば垂直方向に伸びるはずのクロマツなどの根茎が、水平方向に広がっていたこと。さらに、地震に伴う沿岸部の土地の液状化によって、津波の到達以前にすでに、防災林の樹木が根こそぎ抜けたような状態になっていたことが指摘されている。そこに水平方向の津波の強大な力が作用したわけであるから、ひとたまりもないことは容易に想像できる。このような状態を回避し、垂直に伸びた根茎による土地の緊縛力を高めるためには、新たに造成される樹林に十分な盛り土による植栽基盤を整えておくことが必須である。前記した都市公園部分において、防潮堤の高さに近いレベルまでの盛り土を想定したのはこのためでもある。

造成される植栽基盤上に整備される津波防災緑地では、被災前と同様にクロマツを主体とした植生の相観を想定していた。仙台平野以北の海浜部では、低地がクロマツ、丘陵部がアカマツを主体とした二次林が植生の相観を形成しており、一部に落葉広葉樹が混交するパターンが広がっている。震災前の風景の記憶を再生させるという意味においても、また海浜部の砂地の土壌に最も適した樹種としても、さらには、広大な緑地をカバーできるだけの量の苗木を地場で供給できるという点からも、クロマツが最も適していることに疑いの余地はない。町の北側では、国の特別名勝である松島に面しているということも、景観面での大きな理由である。

一方、コンクリートに代わる「緑の防潮堤」を提唱している一部の市民グループは、常緑や落葉の広葉樹を主体とした複層の植生を目指していたが、少なくとも七ヶ浜町ではこれを採用することは考えていなかった。理由はいくつかあるが、植栽基盤としての盛り土量に限界がある以上、海岸線に近い沿岸部の低地における持続可能な植生としては不適当であり、海岸植生の相観としてはきわめて違和感が強いことがあげられる。さらには、メンテナンスフリーであることが最大のメリットであるとしているが、逆にこれが最大の問題である。メンテナンスフリーを前提とすることは、人の手が入らないということ。その結果、砂浜や磯と一体となった美しい海岸林の存在を人々の意識から遠ざけ、これまで常に海とともにあったこの町の風景に対する人々の記憶と想像力の中に、緑の「壁」をつくってしまうのではないかとの懸念を強くさせる。自然災害に対するレジリエンスは、単に物理的な環境のみで達成されるものではなく、長期にわたる地域社会との関係の中で獲得されていくものであるからだ。

蛇足かもしれないが、ここで確認すべきことは津波防災緑地の樹林帯によって、防潮堤を越えてくる津波の浸入を阻止することはできないということ。しかし、樹林を通過する津波の流速を減衰させることや、大型の漂流物を捕捉することはできる。万が一のとき、その役割を十分に期待するためには、地中深く根を張った健全な樹林を人の手で丁寧に守り育てていくことである。また、その過程において地域の人々が防災への意識を持続させることも重要な要件となる。メンテナンスフリーの緑を拡大させることは、海岸の樹林に関わることによって育まれ共有されるコミュニティ意識が弱まることにつながるのではないか。条件の異なる他の被災地はともかく、人々の暮らしが海とともにあった多くの被災自治体に、一部で提唱されているような緑の防潮堤は似合わない。

多様な事業との連携――進化するPARKへ

七ヶ浜町では、海岸線に近い位置で丘陵部の高台と低地の谷戸が入り組んでいる地形的特徴のゆえに、防災集団移転や災害公営住宅など、定住地の再生に関わる事業とその他の復興事業が地理的に近接する位置で並行して実施されてきた。そのため、これらの事業を一体的に捉え、相互に連携できるように調整する機会が生まれていたことは幸いであった。私たちは防災集団移転事業の計画に加えて、沿岸部の低地に発生した災害危険区域の土地利用計画や津波防災緑地の計画にも携わっていたので、これらの事業の相互関係を総合的なランドスケープ形成の観点から検討することができた。

町内で最も規模の大きい防災集団移転事業である笹山地区は、東北地方で最も人気の高い海水浴場、サーフスポットの一つであった菖蒲田海岸の砂浜と海岸林を眼下に見下ろす位置にある。また、周辺には明治時代から東北地方で布教にあたっていたキリスト教宣教師とその家族が避暑地としていた高山地区の別荘地が、現在も半島部の高台に広がっている。このように、町の南側には仙台湾を望む海岸線に沿って豊かな自然環境を基盤とする景観軸が形成されていて、笹山地区はその一部をなしている。災害危険区域の土地利用計画では、津波防災緑地の機能を兼ねた都市公園や海岸保安林として整備される部分が、海岸堤防に沿って連続する状態によって、この景観軸を強化しようと試みている。その結果、町の南西隅にあたる湊浜から、菖蒲田漁港と背後の公園、さらには菖蒲田海浜公園と海岸保安林を経て、高山地区の高台別荘地にいたる全長六kmに及ぶ景観形成帯が創出されることとなった。その先には太平洋に突き出た小さな半島をまわり込むように、松島の特別保護地区が続いている。これこそが、復興事業のプロセスにおいて想定されるべき新たな土地利用のカテゴリーであり、その空間的な領域が先に述べたパーク(PARK)である。そして、多様な主体がその環境のマネジメントに関わることになることが期待されている[図7]。

震災以前から、豊かな自然環境と美しい景観、野外リクリエーションやマリンスポーツなどの機会を求める人々でこの町は賑わっていた。少子高齢化と地方都市における人口減少が避けられない現状のもとで行われてきた復興事業には、こうした地域交流

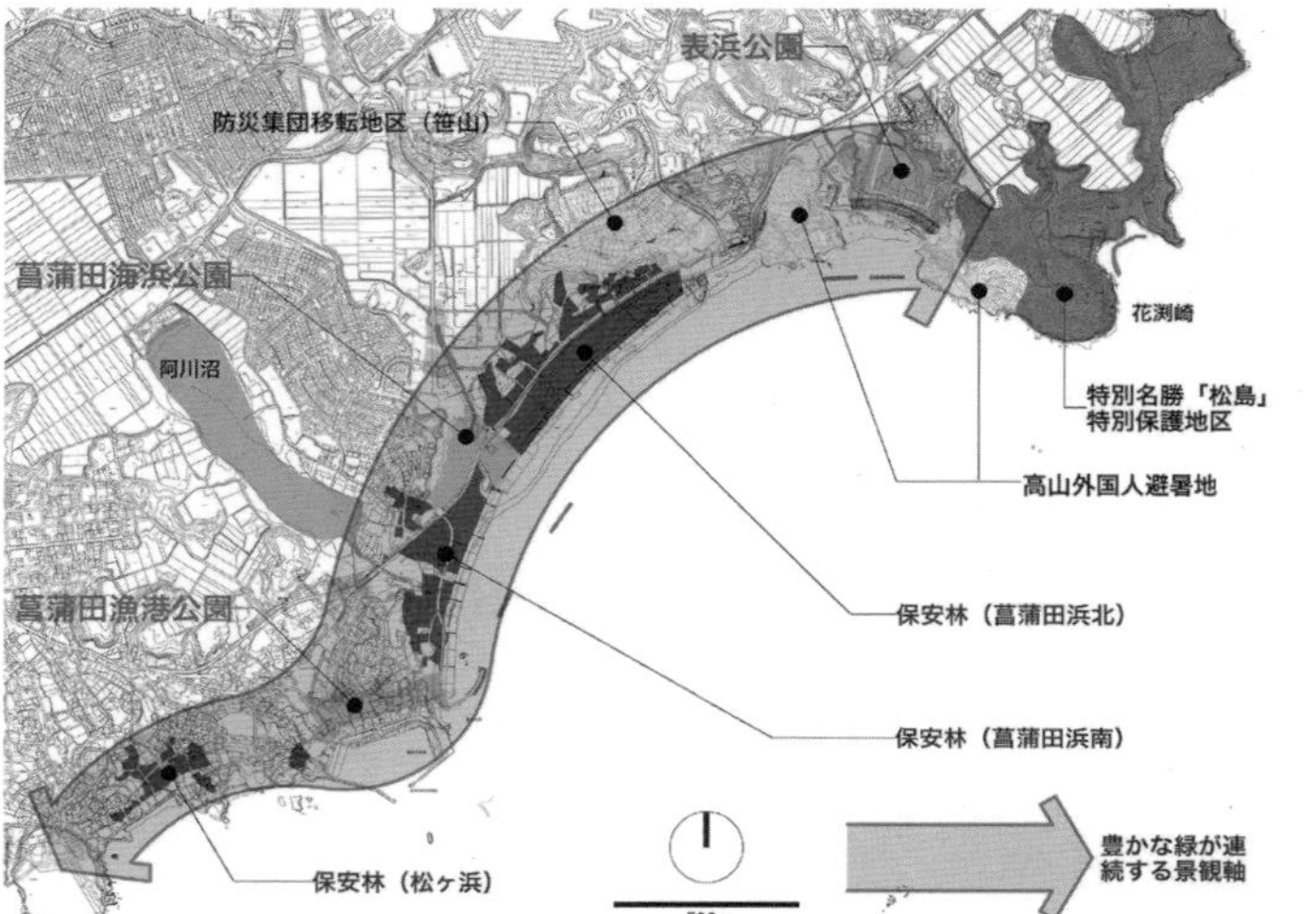

[図7] 災害危険区域に計画される都市公園が海岸保安林に連担し、緑豊かな景観形成帯が海岸線に沿って形成される

機能の強化によって交流人口の増加をはかるための戦略が組み込まれていてほしいものである。ランドスケープの保全、再生、創造は、このように進化する広義のパークの成立を契機として、有効な糸口を提供することができるだろう[図8]。

もとより、防災集団移転や災害公営住宅は、被災地における速やかな生活再建のための最も根幹的な事業であるから、最優先で取り組まれたものである。しかし、震災復興事業はこれらだけではない。被災地の持続可能な復興は、ともすれば縦割りの事業制度に基づいて同時並行的に実施されていく多種多様な事業を、有機的連携のもとにあるべきまちづくりのヴィジョンに向かって統合することによって達成されるものである。それにより、復旧から復興へのプロセスを通じて様々な自然災害がもたらすいかなるストレスにもしなやかに対応しつつ、レジリエントな定住地を形成することができるのではないだろうか。ランドスケープには、その連携のための媒体となる可能性が期待できるのかもしれない、そのように感じる一条の光明を、七ヶ浜町での経験の中に見ることができたように思う。

［図8］菖蒲田浜地区災害危険区域の津波防災緑地。二〇一八年三月

レジリエンスの形象――宮城県南三陸町震災復興祈念公園

海・山・街のあいだに

東北地方太平洋岸の北半分は、いわゆるリアス式海岸が連続する。これは起伏の激しい北上山地の東側の一部が、海面上昇や地盤沈下などの影響で海中に沈み、残った部分が複雑に入り組んだ陸地になったことにより形成されたものである。おそらく、中学校や高等学校の地理の授業で学習しただろう。さらに内陸側から海に流れ出る河川の浸食によってできたV字谷に海水が入り込んでできる入り江や湾内には、低い波と緩やかな風、深い水深によって穏やかな海辺の風景が広がる。しかしながら一方において、海底の状態を含むこの地形条件ゆえに、地震による海面変動が発生した場合には、V字谷の奥にそのエネルギーが想像を超える高さの津波となって集中し、甚大な被害をもたらすことを私たちは東日本大震災を通じて知ることになった。

宮城県本吉郡南三陸町は、岩手県から宮城県北部にかけての太平洋岸に点在する湾奥の市街地や集落と同様に、そのエネルギーがもたらす被害が最も顕著に現れたところである。町の中心であった志津川地区では、海抜一六・五mの高さに達した津波によって、漁港周辺の低地に広がっていた市街地の大部分が壊滅した。とりわけ、あとかたもなく流失した木造の町役場に隣接していた防災対策庁舎は、三階建ての鉄骨構造のみが露出した状態で残されてしまったため、津波エネルギーの凄まじさを物語る震災遺構[3]とし

[3] 旧南三陸町防災対策庁舎の鉄骨構造物は、解体か保存かをめぐる意志決定を先送りした状態を維持しつつ、震災から二〇年間は宮城県が震災遺構として保守管理することになっている

て注目されることになったものである。

私たちが、この旧防災対策庁舎の構造物を含む約六・三haの土地に計画された震災復興祈念公園の設計に取り組むことになったのは、震災から三年を経た二〇一四年早春のことである。この時点で志津川地区の震災復興計画の概要はほぼ固まっており、志津川湾に注ぐ八幡川を挟んで左岸側では大規模な盛り土による地盤の嵩上げと土地区画整理事業によって、新たな市街地が形成されることになっていた。もっとも、この新市街地に居住地の再生は想定されず、主として漁業と水産加工業の施設用地、商業施設用地、観光交流施設用地が割り当てられていた。一方、住宅地や公共施設は高台の防災集団移転事業用地に集約されている［図9］。

志津川地区の復興計画の立案においては、事業主体である南三陸町や宮城県とともに、被災した地元市民を中心とした復興まちづくり協議会の活動が重要な役割を担っていた。復興計画にまちづくり協議会の意見を反映する手続きは、多くの被災地で採用されてはいたが、事業を迅速にすすめるためにプロセスが形骸化していることが多かったと聞いている。しかし、ここでは状況が違っていた。中でも、震災復興祈念公園の計画については、まちづくり協議会の有志と

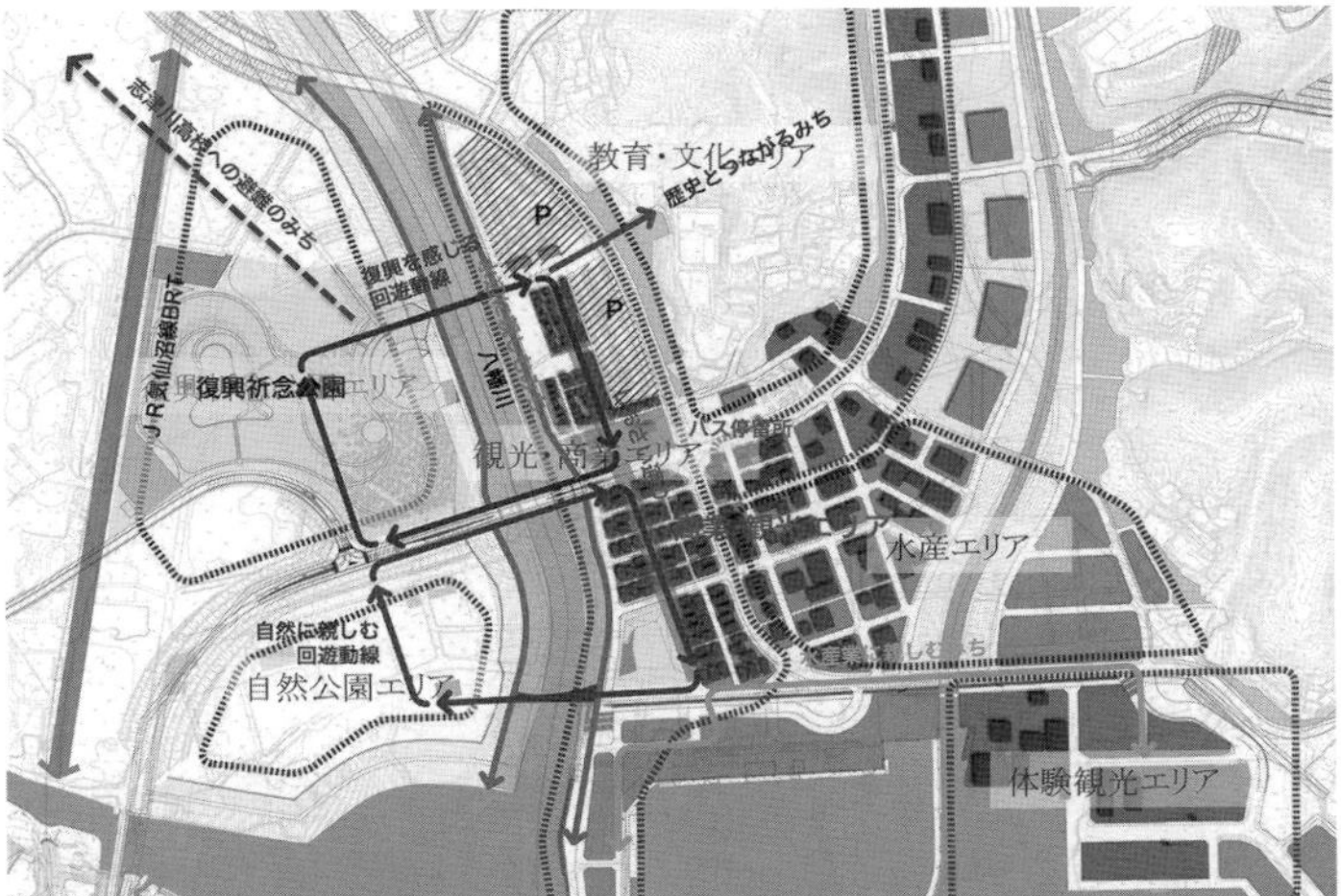

［図9］南三陸町志津川地区の復興計画グランドデザインにおける震災復興祈念公園の位置づけ

その仲間となった方々が自主的に立ち上げた勉強会の活動が際立っていた。「かもめの虹色会議」[4]という名称を冠したグループの初期の活動は二〇一三年からはじまっており、特に海と街の関係をどのように再生するべきか、その過程における震災復興祈念公園のあり方を中心に様々な提案を行っている[図10]。実際にこの会議に参加し、コミュニケーションを重ねるうちに、実に多くのことに気づかされた。そして、それらはのちに設計の過程をレビューするにあたってひとつ一つ確認することができた。

特に驚かされたことは、専門家がほとんど参加していないにもかかわらず、震災や津波への備えを期待される防災公園の機能が確実に担保されているだけではなく、街や海はもちろんのこと、河川上流の山地と森林の環境や景観との関係を創造的に読み解いた提案であったことである。このようなケースでは、ややもすると理想的な風景の断片が羅列されてしまう。しかし、これらの提案は専門家の視点から見ても大変レベルが高く、ランドスケープに対する高度なリテラシーを実感できるものである。と同時に、これらを実現するための設計に携わることの意義と責任を強く意識することになった。

このようなプロセスを含め、約一八カ月間を経て設計をとりまと

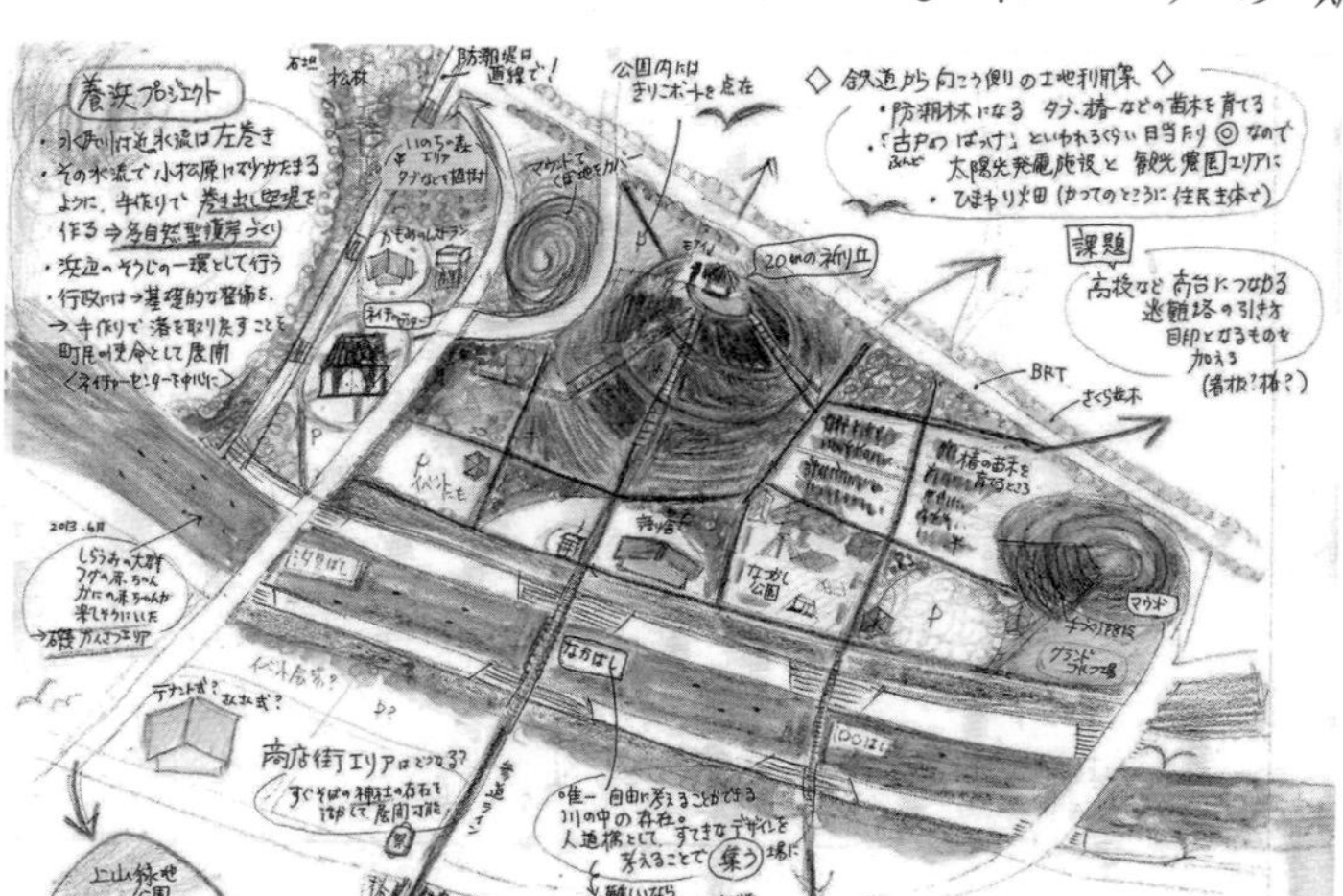

[図10]「かもめの虹色会議」により提案された震災復興祈念公園の構想イメージ。二〇一三年六月一七日の日付と工藤真弓氏の署名がある

めることになったが、その間、つねに立ち返ることになったコンセプトを表現するキーワードは五つである。まず、二〇一一年の東日本大震災を含め、過去の自然災害で犠牲となった方々を「追悼」する場であること。次に、震災の記憶と教訓を次世代に「継承」する場であること。続いて、大自然への畏敬とともに海がもたらす恵みに「感謝」する場であること。さらに、復興のプロセスを確認し、街の将来の姿を「想像」する場であること。そして、地元市民をはじめとする様々な人々の参加を得て街をつくり続ける「協働」の場であること。これらのキーワードが意味するところを空間化することは、とりもなおさずこの公園が海と山と街のあいだに位置することを、ランドスケープを通じて表現することにほかならない。

[4] 志津川地区で最も由緒ある上山八幡宮の禰宜である工藤真弓氏を中心に組織され、二〇二二年までに一〇〇回を超える会議などを主催し、様々な活動や提言を行っている

景観軸の構成

設計のプロセスの初期において特に強く意識したことは、後述する津波からの一時避難地となる築山の頂部からどのような眺望景観を想定することができるかであった。もとより、公園内から「志津川湾の海を望めること」は、この場所に求められる必須の要件であるが、その手がかりは前記した「かもめの虹色会議」に参加することでもたらされた。会議の参加者と対話する中で、志津川湾の遠景の眺望景観を特徴づける二つの島、荒島《あれしま》[5]と椿島《つばきしま》[6]、さらにその先で太平洋に突き出す神割崎《かみわりさき》[7]の三つが一直線に並ぶことを確認できる地点が公園用地の中にあるのではないか、というコメントがあったこと

[5] 志津川湾の中で市街地に最も近い場所にあり、タブを中心とした常緑樹林に覆われた景観が特徴的。震災復興事業で整備された荒島パークから地続きの通路でアクセスできる

[6] 志津川湾南西部に位置する無人島、島全体が常緑樹林に覆われている。タブの自生地としては北限にあたることから、椿島暖地性植物群落として国の天然記念物に指定されている

[7] 志津川湾南側に位置する半島、岬の端部が割れた状態が古代神話の起源となっている。端部で分割されたところが隣接する石巻市(旧北上町)との境界に相当する

を記憶している。実際に、これらの景観要素を直線で結んだ先が、震災復興公園の敷地のほぼ中央西寄りを通過することが確認できたので、この線を暫定的に「海の軸」とした。この軸は多くの人々にとって、震災の犠牲者を追悼するために海に向かい手を合わせるための方向を示すものとなることを仮定していた。

「海の軸」上に避難築山となる丘の頂部を設定するとして、その基点をどこにするかを決めるためにはもう一本の軸が必要であったのだが、それはこの町の成り立ちを象徴するもう一方の自然である山に求めることが必然であった。具体的には、長きにわたって志津川地区の人々に親しまれてきた上山八幡宮の境内から、保呂羽神社を祀る保呂羽山（標高三七二ｍ）の山頂にいたる直線が、やはり公園予定地を通過することが確認されたので、これを「山の軸」とした。このようにして「海の軸」と「山の軸」の交点に丘の頂部を設定することができたことになる［図11］。この町の存立を支えてきた最も基盤的な自然環境である海と山のありようを、三六〇度のパノラマの中ではっきりと捉えることができるのである。さらに、この丘の頂部から西に目を向けると、その視線の先には旧防災対策庁舎の鉄骨構造体が見下ろされ、八幡川を隔てた対岸に広がる新しい市街地が背景をなす眺望が得られることになる。この景観軸を三つ目の「復興祈念の軸」とした。まさに、この公園が海、山、街のあいだに存在することがこの場所で実感されるはずである。

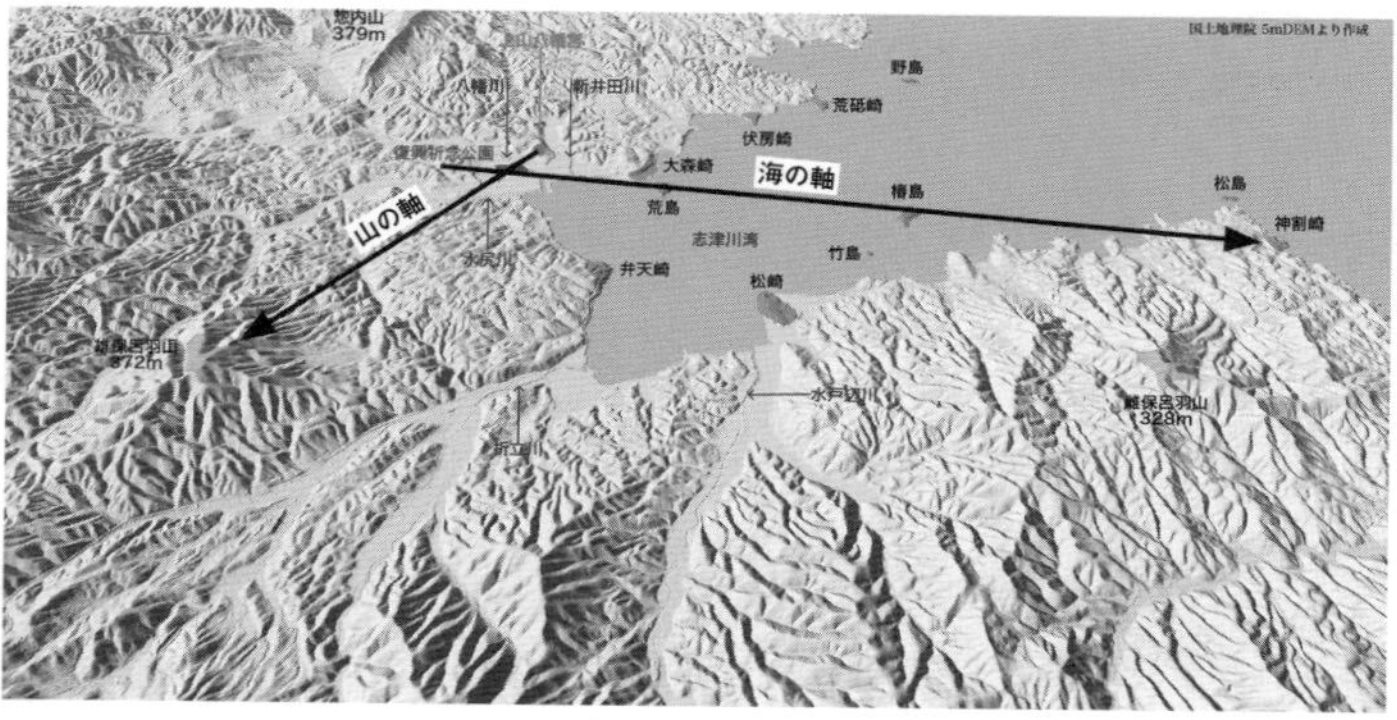

［図11］震災復興祈念公園からの眺望景観を規定している「海の軸」と「山の軸」の構成

意識され、記憶に残る造形

震災復興祈念公園のコンセプトのいくつかを空間化するためには、この町に暮らす人々の意識に織り込まれ、訪れる人々の記憶に刻み込まれるための明快な造形が必要であったことは、ある意味では自明であったように思う。その一つが、すでに述べたように旧防災対策庁舎の鉄骨構造体であることは論をまたない。建築物の壁と床、屋根が完全に剥ぎ取られ、骨太の鉄骨がむき出しになった造形は、見る者に津波のエネルギーと被災の悲惨さを強く印象づけるであろう。しかし、犠牲者の遺族や被災者のみならず、来訪者の一部にとっては目を背けたくなるような存在であることも事実であり、これだけをもって空間の造形性を強調することには躊躇せざるをえない。また、震災から二〇年を経過する二〇三一年以降、この遺構が存続するかどうかは設計をすすめていた時点では不明であり、そのことは現在も変わっていない[8]。言い換えれば、旧防災対策庁舎とバランスするかたちでもう一つの造形対象が必要であろうということだ。

一方、この公園には犠牲者の慰霊や追悼、復興祈念に加えて、発災時の一時避難地となる防災公園としての役割が同時に求められており、その機能の大部分は海抜二〇mの高さを確保した避難築山に集約されている。周辺には海抜〇mに近い低平地の災害危険区域が広がり、将来的に見ても農地や空地の状態が持続することがほぼ確実なコンテクストのもとでは、高さ二〇mの丘の存在が景観的なランドマークとなることは容易に想像できた。加えて、避難築山となる丘の造形には、安定した盛り土の斜面を効率的に達

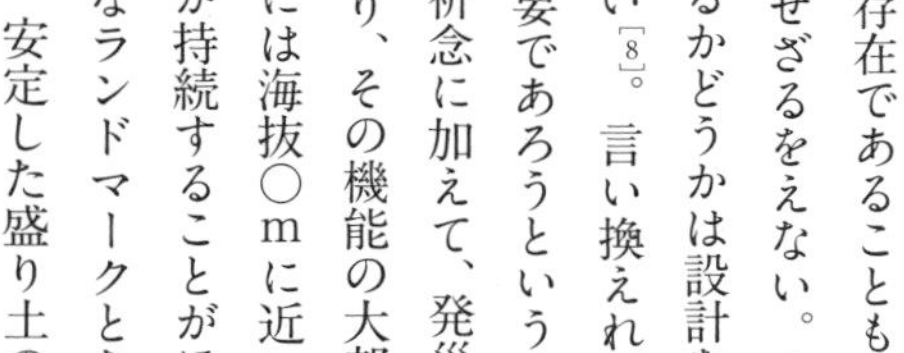

[図12] 緩やかな勾配の芝生の空間（語りつぎの広場）を介して旧防災対策庁舎の鉄骨構造体に向きあう祈りの丘のランドフォーム

[8] [3]にあるように、震災から二〇年を経たあとの震災遺構としての存続については、あらためて南三陸町が意志決定することになっている

成し、避難園路の緩やかな勾配を確保するための技術基準が適用される。さらに、発災時にどこからでも最短時間で直登できるように、斜面の被覆は草本もしくは灌木による植栽に限定されていた。つまり、これらの技術基準を実直に反映するためには、立体的な幾何学形態をシンプルに追求することが設計条件となっていたのである。この条件を肯定的かつ創造的に読み解き、不整形な敷地形状において最適化した丘のアースワークによって、遠景においてもそのシルエットが明快に認知される造形ができたと考えている［図12］。

旧防災対策庁舎の構築的な造形と避難築山の立体的なアースワークのランドフォーム、これら二つの対照的な造形が空間的に対峙することによって形成されるランドスケープが、この場所に強い想いをもち続ける地元市民の意識に、そして観光などでこの場所を訪れる人々の記憶に訴求することを期待している。

回遊のシークエンス

空間化されたコンセプトは、公園を含むエリア全体を回遊する過程で体験されるシークエンスの展開によっても感じてもらえるように考えている［図13］。この公園を訪れる人、利用する人の多くは、敷地の

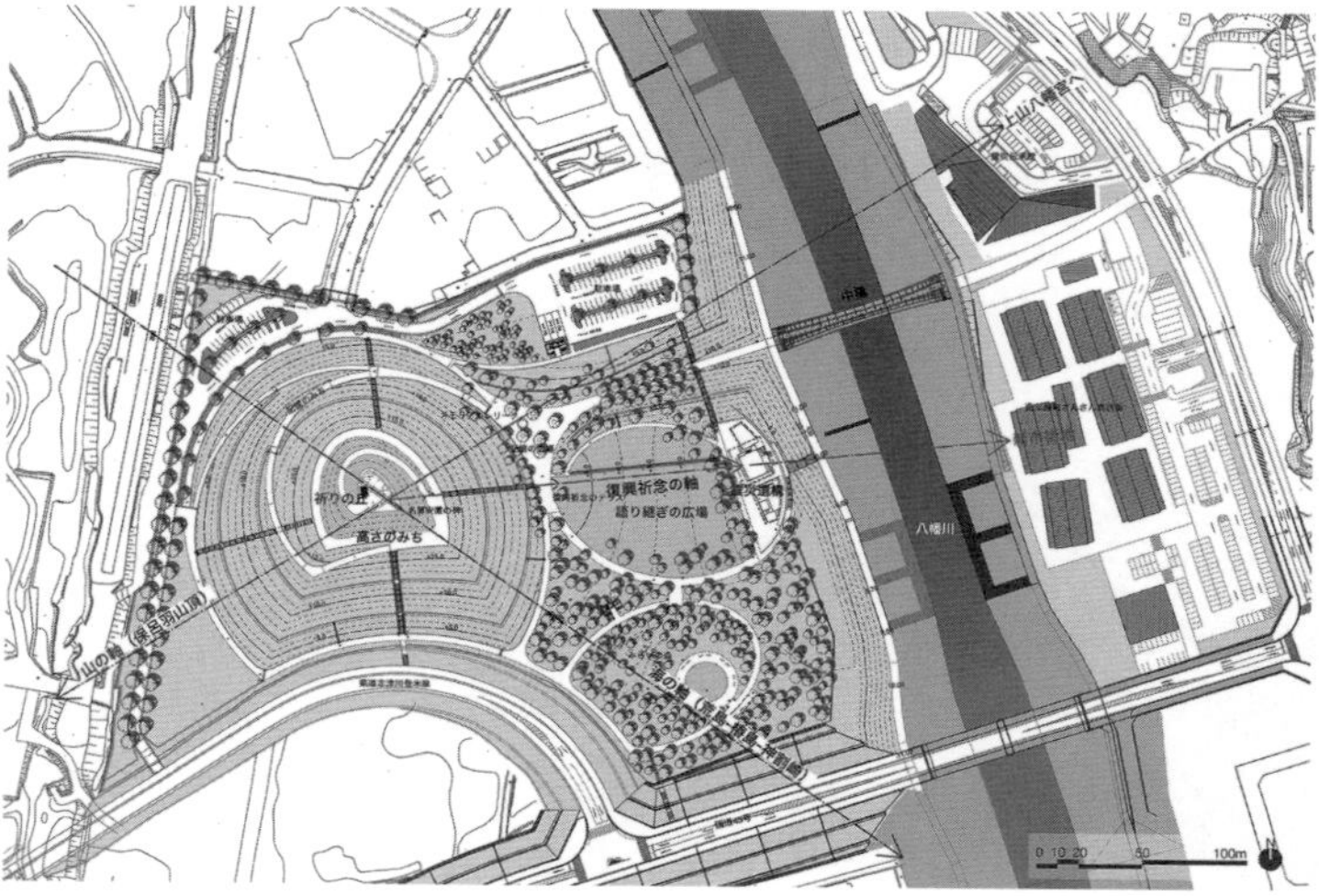

［図13］震災復興祈念公園の平面計画とシークエンスを構成する様々な場所

東側を流れる八幡川の対岸からアクセスすることになるが、まず、対岸からのビューにおいては、うず高く嵩上げされた河川護岸の背後に見える震災遺構（旧防災対策庁舎）の上部と祈りの丘（避難築山）のアースワークの重なりによって、全体像を捉えることになる。対岸から公園へのアプローチは、隈研吾がデザインした八幡川に架かる人道橋「中橋」を経由するが、上下二段になった反り橋を渡る体験は、復興祈念公園へのプロローグとして、申し分ないほどの気分の高揚をもたらすはずである。その先には、中橋の軸線上に祈りの丘がアイストップとなって正対する。

そこからは、左手に旧防災対策庁舎を見つつ円弧状に続く緩やかな勾配の園路を下り、楕円形の芝生広場の外周を回り込んで震災遺構の直下に到達することになるだろう。その間も、様々な角度と視点から旧防災対策庁舎が目に入るため、その造形性は否が応でも見る者に訴えかけてくる。遺構の直下に立てば、三層ある頑強な鉄鋼構造物のスケールを呑み込んだ津波の高さに圧倒される。他方では、すぐ側を流れている八幡川の護岸が、いかに高く盛り土されてしまったかを知ることにもなるだろう［図14］。

中橋から続く軸線上の園路は祈りの丘の麓で二手に分かれるが、もう一方は約五％の勾配で続く園路をたどりつつ築山の全体をらせん状に回り込み、標高一六・五mの等高線に沿って設定された水平な「高さのみち」に達する。この「みち」は、志津川地区を襲った津波の最大高さを体験することを意図したもので、ほぼ同じ高さより少し低い位置に旧防災対策庁舎の屋上に相当する部分が見えることになる。被災直後、周辺は湖の

［図14］旧防災対策庁舎と八幡川護岸の擁壁並びに堤体の斜面

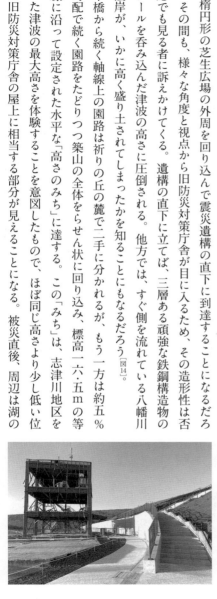

ようになっていて、この高さのすぐ足下までヒタヒタと津波が迫っていたことを想像する人もいるであろう。

そこからさらに同じ勾配の園路を三・五m上ることによってたどりつく丘の頂部には、石敷の小さな広場が整えられ、「海の軸」の上に据えられた慰霊碑が、志津川湾とその先に広がる太平洋の水平線に向きあっている[図15]。願わくば、この場所を訪れた誰もが海に向かって自然に手を合わせたくなる空気感が、その場を支配していてほしい。そして、その場で周囲をぐるりと見回せば、そこにはこの町を取り囲むように連なる山々の稜線が、海と空のあいだに鮮やかなスカイラインを描いているだろう。海と山、その間の街、古より南三陸町の人々の生業を支え、暮らしの中で常に意識されてきたこれらのモノとコトの関係がつくりだすランドスケープを、一望のパノラマの中に感じとることができるはずである。この公園を回遊することで体験されるシークエンスを通じて、復興に向かう静かな胎動を感じることができるのではないかと期待している。

ランドスケープに形象されるレジリエンスの意味

前記したように、南三陸町志津川地区の震災復興事業では、志津川湾に注ぐ八幡川の両側に広がる低平地において、二つの異なる手法が採用されている。川の左岸(東側)では、主として高台の防災集団移転事業で発生した大量の造成土を用いた大規模な盛り土によって地盤高が大幅に嵩上げされた宅地が創出されている。ここには、住宅は建設で

[図15] 祈りの丘の頂部にある広場と慰霊碑。一段下がって「高さのみち」が設定されている。左手に見えるのが旧防災対策庁舎の遺構

きないものの、産業施設用地や商業・観光施設用地としての利用がすすめられている。つまり、志津川湾の海面と地盤面のあいだに大きな高低差を確保することによって、津波に対する物理的な防御を達成しようというものである。

これに対して、右岸(西側)では、海岸から続く低平地の大部分が被災前の地盤高をそのままにして災害危険区域に指定されていることから、宅地造成のための盛り土はなされず、唯一の例外が震災復興祈念公園の避難築山(祈りの丘)である。もっとも、海側の国道四五号線は左岸側とほぼ同じ高さの盛り土によって造成された堤体の上を走っているため、道路自体が防潮堤の役割を果たすことになるし、大幅に嵩上げされた八幡川の護岸にも同様の機能が期待されている。ただ、川の両岸における土地の形状はまったく対照的で、盛り土によってマッシブなボリュームのランドフォームが面的に広がる左岸側に対して、右岸側では堤体や護岸に囲まれた窪地の中に小高い丘のアースワークの造形が際立つ。防災や減災に資するレジリエンスの意味が、異なるランドスケープの様相に体現されていることになるであろう[図16]。

いつの頃からか、自然災害に対するレジリエンスの確保が、国土強靭化というフレーズで置き換えられていることに気がついた方は多いのではないだろうか。このことに違和感を覚えるようになって久しい。たしかに、強靭とは「強くしなやかであること」を意味するから、その中の「しなやか」あるいは「弾性がある」ことにレジリエンスの意味をこじつけているのだと思われる。しかし、コンクリートで固められた防潮堤や大規模な盛

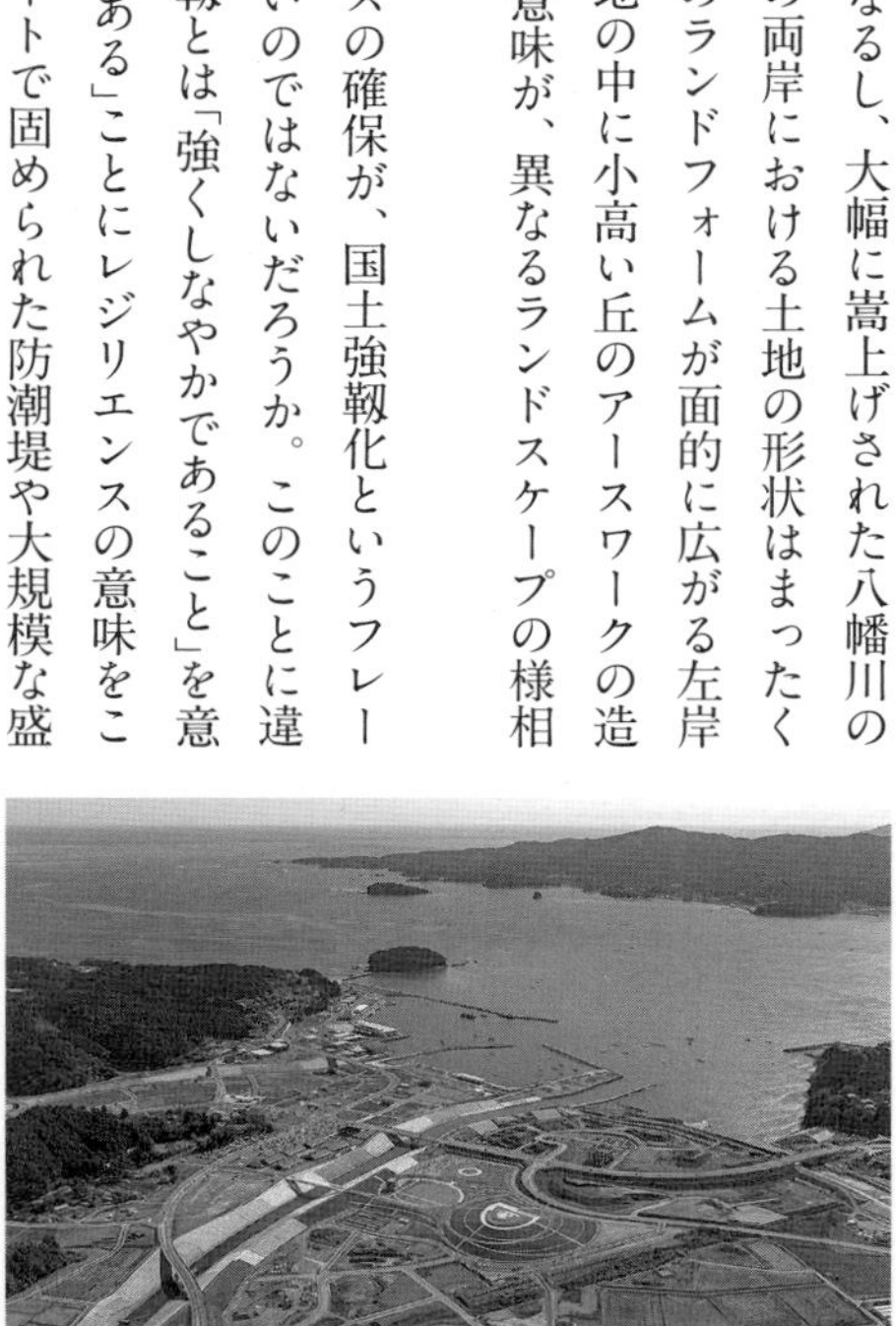

[図16]南三陸町志津川地区の震災復興事業エリア。八幡川を挟んで対照的なランドスケープが広がり、背景に志津川湾と太平洋の水平線が見える

り土によって嵩上げされた土地そのものには、間違ってもしなやかさや弾性を感じることはない。しなやかで弾性があるものは、簡単にぶち切れたり破損することはないが、防潮堤は決壊することがあるし、盛り土された土地は崩壊することがあることを、東日本大震災の経験を通じて私たちは知ることになった。

繰り返しになるが、レジリエンスには回復力、復元力という意味がある。しなやかさや弾性は、外力に対する物質の反応を即物的に示すだけにとどまるが、回復や復元、復活には、その間に要する時間やそこにいたるプロセスの概念が反映されるだろう。東日本大震災から一〇年以上を経た現時点において、多くの被災地では復興事業の成果が目に見えるかたちで確認できるのだが、やはりここにいたるまでの時間とプロセスがあっての回復であり、復興であるはずだ。であれば、レジリエンスを形象するランドスケープには、時間とプロセスが内包されているべきであろう。そのように考えると、八幡川の両岸において対照的に異なる様相を体現しつつある南三陸町志津川地区のランドスケープには、これからも続く復興のプロセスが積層していくであろうし、そのありさまを継続的に確認する場所としての震災復興祈念公園の存在は、この町に真の意味におけるレジリエンスの高まりをもたらしてくれるのではないかと期待している。

第七章

サスティナビリティの表象

二〇一五年九月に開催された国連総会において採択された「持続可能な開発目標」の略称であるSDGsが、頻繁にマスコミを賑わすようになったからであろうか、サスティナビリティの語が広く認知されるようになっている。ランドスケープにおける持続可能性の概念は、この職能の起源においてすでに強く意識されていたものであるが、あらためて現代的な展開の可能性を展望してみる時期にきているだろう。ここでは、最も身近で具体的な対象としての都市公園のあり方にはじまり、グリーンインフラからランドスケープインフラへの進化の方途、さらにはデザインの実践における規範としてのパッシブデザインへとテーマを拡張しつつ、この概念をランドスケープに表象するための視座を一つの試論として提示する。

公園デザインのイノベーション

RE・PARK＝再びの公園

今から三〇年ほど前のこと、当時の日本社会において、都市公園の存在価値に根本的な疑問を投げかけた一連の論説[1、2]が関係者のあいだで話題になったことがある。画一化した行政のもとで行われた公園づくりとその制度のあり方を徹底して批判するとと

［1］白幡洋三郎「公園なんてもういらない」『中央公論』一九九一年七月号、中央公論新社

［2］白幡洋三郎「お上がつくる公園の時代は終わった」『中央公論』一九九二年三月号

もに、公園を市民と地域の手に取り戻すためになにが必要であるか、陳腐化した公園の空間に代わるものをなにに求めるべきかなどについて、舌鋒鋭い指摘がなされていた。当時、駆出しのランドスケープアーキテクトとして設計活動を開始していた私は、この分野のデザイン業務として相対的な大きなマーケットを形成しているにもかかわらず、なぜか公園の設計にまったくと言ってよいほど興味がわかない理由について、妙に納得させられた。

それ以来、四半世紀ほどの間、公園の計画や設計を取り巻く環境は大きく変わることはなかったようだ。しかし、持続可能性への意識の高まりが見られるここ数年に限って言えば、状況にはいささかなりとも変化の兆しが見えることも事実である。むろん、パークマネジメントに関わる動きはそれよりも早く認められたが、それとて維持管理コストの財政負担軽減への要請が背景にあり、指定管理者へのインセンティブの付与が目的であったことは否定し難い。また、公園施設の公募設置管理制度、いわゆるPARK-PFI事業の実例も増えつつあるが、これなどは公園の維持管理や運営管理をほぼ民間事業者へ「丸投げ」するものであって、この制度の構造にここでのテーマである持続可能性が担保されているかどうかは、今のところかなり不透明である[3]。ところが、広く世界を見渡してみると、そうした動きとはやや次元を異にする取り組みが、主として大都市中心市街地の公園を対象に再び注目されるようになっている。これらを仮に「再びの公園＝RE・PARK」と定義するならば、その実像をさぐるための手がかりはここに示した概念的

[3] 公募設置管理制度は、一五〜二〇年が多いがあくまで時限的なものである

な構図にある四つのキーワードにたどり着きそうである。ここではまず、これらのキーワードから持続可能な新しい公園像の輪郭を浮かび上がらせ、そこにどのような操作を加えること＝デザインすること、ができるかについて考えてみたい[図1]。

新しい公園像の輪郭

土地の上下転換

まず、図1の左下に相当するものであるが、これは、RE・PARKの垂直方向の鏡像になる。単純に天地がひっくり返った状態（Upside Down）に相当するので、一見すると立体都市公園のことであろうと考えがちだが、ここではやや意味を異にする。日本の都市公園制度に取り入れられている立体都市公園は、平面的な公園の領域が地表面から持ち上げられている状態[4]を想定している。断面で見れば、地上からの明快なルートが認識できる有効なパブリックアクセスが確保されていることが条件になっているとは言え、公園の面は隣接する地盤から切り離されている状態にある。中心市街地の限られた土地の有効活用が背景にある制度なので、まずは公園の表面積を確保することが第一義にあることは明らかだ。したがって、公園の下部に存在する空間のありようについては特に規定するものでもなく、またそれらとのあいだにインタラクティブな関係を積極的に求めているものではない。

一方、ここでの新しい公園像の輪郭は、土地の天地がひっくり返っていることの意味

[図1] 再定義される公園RE・PARKの図式

[4] 立体都市公園の制度的な根拠と制度の運用指針については国土交通省都市局『都市公園法運用指針（第四版）』（二〇一八年三月）に詳述されている

をもう少し積極的に捉えようというもので、具体的には以下の二点から考えてみることができそうである。一点めは、結果として持ち上げられる公園を、単に表層の面積としてではなく、断面に相応の厚みのある基盤がその上部の空間を支える構図の中に位置づけることである。立体都市公園が前提としているような建築や土木構造物の上部利用(占用)の場合は、下部の構造的な制約のゆえに、公園を支える基盤に十分な断面構造を確保することが難しくなる。これに対して、あらかじめ地盤面と同等もしくはそれ以上の性能をそなえた基盤が用意されていることは、上部の環境形成に様々な可能性と選択肢をもたらす。二点めは、持ち上げられた公園の下部に発生する空間との関係を積極的に構築するということである。単に土地の有効活用をはかることにとどまらず、上部に公園が存在することによってもたらされる効用が、様々な波及効果を及ぼす状況を想定する。その効果は下部の空間にとどまらず、持ち上げられた公園に隣接する土地と建物にも及ぶことが期待できる。

　さて、このように土地の上下転換がもたらす新しい公園像の輪郭と立体都市公園の違いは、たとえば前者のモデルをニューヨークのハイライン［図2］、後者のモデルを立体都市公園制度の適用事例として取り上げられることの多い首都高速道路大橋ジャンクション上の目黒天空庭園や商業施設の上部に開設された新しい宮下公園［図3］として比較すればわかりやすいのではないか。貨物線の鉄道高架として建設された構造体を転用した前者の場合、上部の公園的空間を支えることのできる厚みのある断面構造が連続して

［図2］鉄道高架の構造を活用した基盤上に整備されたハイライン

いる。また、高架下の空間はもとより、隣接する街区とのインタラクティブな関係は、疲弊しつつあった地域の活性化に多大な貢献をなしてきた。一方、自動車専用道路の上部を占用した後者では、構造的な制約があることは致し方ないところかもしれない。また、公園そのものが、必ずしも良好とは言えない環境条件下にある下部の空間と積極的な関係をもつことは難しいと思われる。

経済的価値の転換

続いて図1の右上に相当するものは、RE・PARKの水平方向の鏡像になる。単純に左右がひっくり返った状態に相当するが、見方を変えれば、公園の存在を異なる側面から捉える、あるいは公園以外の価値に置き換える(Reverse Value)、ということになる。冒頭にも記したように、近年になって新しい公園像の輪郭が見え隠れするようになっていた背景には、つくってしまった公園の維持管理コストを財政的に十分サポートすることができなくなっている。また、十分とは言えない財源の効率的な運用をはかるために導入されている指定管理者制度や公園施設の設置管理許可制度、並びにそこから派生したパークマネジメント、PARK-PFIへの展開という一連の動きがある。単刀直入に言えば、都市空間のマネジメントを経営的な側面から見たとき、ごく一部に例外はあるとしても、多くの地域で公園の存在自体が外部不経済化しているわけで、その影響緩和のための消極的な処方箋が求められているということだろう。こう言ってしまうと、緑地計画

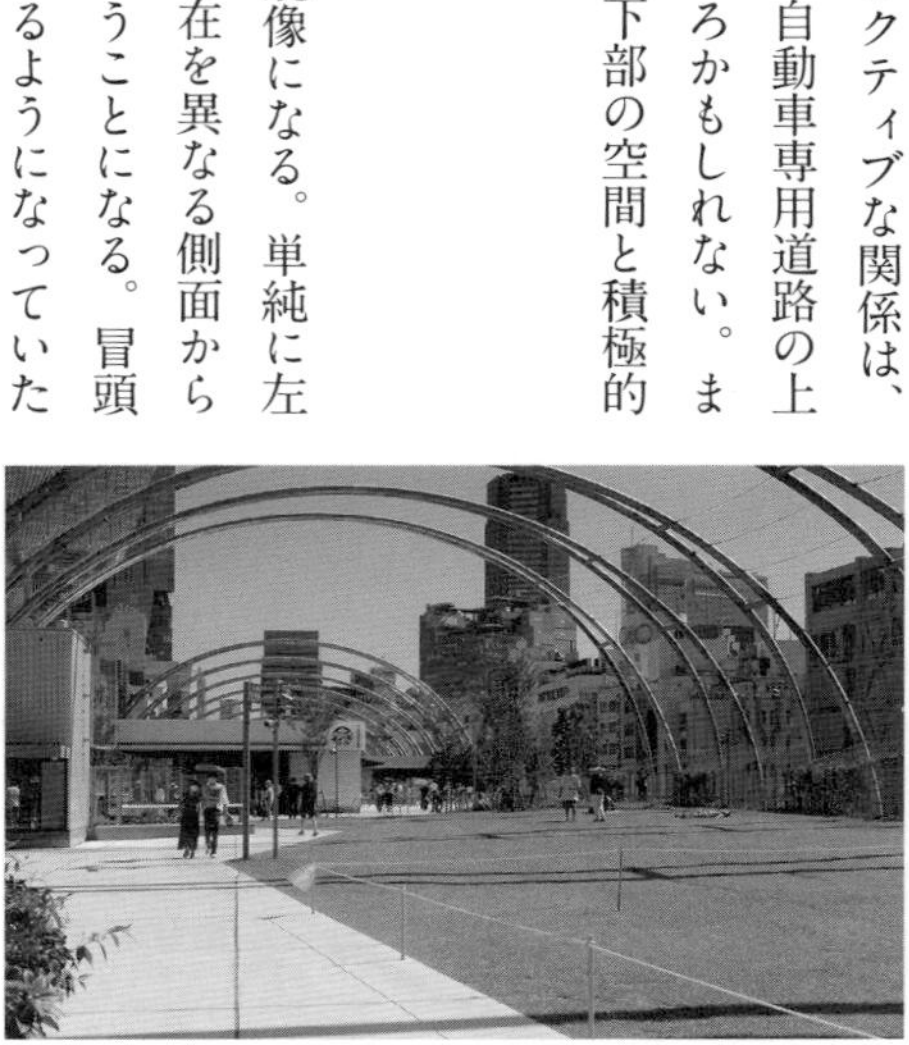

［図3］駐車場上部が都市公園となっていた宮下公園は全面的なリニューアルによって、商業施設の屋上庭園のような空間となっている。東京都渋谷区

学の分野からは公園にも都市環境にもたらされる経済的効用があるという反論がありそうだが、そうであれば相応のコスト負担がなされるべきで、それが困難だということは、負担に見合った効用を客観的に検証し説明できていないということである。

このことは、公園の空間とその要素や施設そのものが直接生みだす客観的価値を実証することに無理があることを示しているわけで、そうであれば評価の視点を変えてみてはどうだろう。つまり、公園の経済的な価値を、その空間や施設が直接生みだすものではなく、公園の外側の土地や環境に反映されるものとして捉える視点である。すでにお気づきだと思うが、この視点は緑の環境を対象とした広義のエリアマネジメントにすでに反映されている。特に居住地のコミュニティにおける資産価値の維持が、良好な緑の環境を創出し管理していくことのインセンティブになるのである。しかし、そのことが資産価値の維持を超えて、向上にまで及んでいる事例はほとんど聞いたことがない。おそらく、居住地の緑の環境の多くが個人資産であるために、必要とされることのみに限定する受動的な維持管理の対象として扱われるにとどまり、より高い付加価値を期待できるダイナミックなプログラムの導入には適さないことが理由だと思われる。しかし、一定の規模と条件に見合った立地にある公園では、これが可能となるようだ。

ニューヨークのブライアントパーク［図4］は、日本の公園行政がパークマネジメントに注目するようになってから、常にその理想的なモデルとして取り上げられてきた。しかし、この公園で生起していることがもたらす価値は、公園の内部で完結する日本のパー

［図4］パークマネジメントのお手本とされてきたブライアントパーク

クマネジメントとは本質的に異なるところで評価されるべきだと思われる。最もわかりやすいのは、この公園のマネジメントのあり方とそれが生みだす環境が様々な観点から注目されるようになって以来、この公園に隣接する街区の不動産価値が周辺と比較しても目立って上昇したということだ[5]。公園の存在が地区のブランドになっているのである。その要因として、公園の空間を活用した多様なアクティビティの企画と実践が多数の市民の支持を得て、マンハッタンの中でもきわめて特異な地位を獲得したこと、さらにはそれらを総合的にマネジメントする法人[6]の存在が注目される。周辺の資産価値の向上は、この法人への投資というかたちで還元され、さらなる環境の質的向上と多彩なイベントプログラムの実施を可能とする、という好循環を生みだしている。一九八〇年前後までは、この地区にとって明らかな外部不経済であった公園の存在が、現在ではまぎれもない外部経済として、地域の都市経営に必要欠くべからざるものとなっている。

再定義される公園のデザイン

ここまで新しい公園像の輪郭を、土地の上下と経済的な価値の二つの属性の転換によってもたらされるものとして描いてみたが、それらはいずれも公園の立地条件やコンテクストによって、公園のありようが再定義されるべきであることを意味する。図1の右下に相当するもので、RE・PARKの地と図が反転し RE・PARK になるということである。公園のありようは、公園自体の内側にある空間や施設ではなく、公園の外側で発

[5] ブライアントパーク周辺街区に設定されたBusiness Improvement District における不動産税納税額は二〇〇八〜〇九年度約五八〇〇万ドルから二〇一三〜一四年度約七五〇〇万ドルへと増加、近年も増え続けている

[6] 二〇〇六年からは非営利の民間運営会社Bryant Park Corporation（ＢＰＣ）がこの公園の維持管理から運営管理、資金調達までの業務を実施している

生する状況にいかに対応するべきか、によって定義されるというものである。このことは、公園のデザインのかなり根源的な部分でのパラダイムシフトを前提とする。以下では、三点に絞ってその要点を記しておきたい。

施設のデザインから基盤のデザインへ

都市公園法と同法施行令などにざっと目を通せばわかることだが、日本の公園はそこに設置される公園施設の配置と仕様、その機能によって定義されることになっている。したがって、公園の設計とは公園施設の配置と個々の施設の設計、それらの相互調整のことを意味してきた。しかし、土地の上下転換や経済的価値の転換がテーマになってくると、公園施設のデザインに新規性が求められるのではなく、公園の空間的・自然的基盤となる部分にデザインの意識を傾注することが重視されるべきだということである。これだけではわかりにくいので、少し具体的に考えてみよう。

土地の上下の転換によって、公園が空間的・機能的に成立するためには、それを支える基盤面の断面構造が重要になる。植栽にしても施設にしても、基盤面の断面構造いかんによって配置や規模、規格が大きく左右されるからである。たとえば、ニューヨークのハイラインでは、鉄道高架を活用した基盤の断面構造にかなりの強度と厚み（深さ）が確保されるので、その上部のデザインには高い自由度が保証されている［図5］。一方、上部に配置された様々な公園施設や植栽のプログラムは、一般的な公園のそれらと大差はないように感じられる。つまり、施設や植栽そのものよりも、それらを効果的に配置できる自由度を保証する基盤構造が用意されていることのほうがデザイン的には有意である。

また、経済的な価値の転換を促進するうえでは、公園でのアクティビティのあり方をよりダイナミックに仕掛けていくことによって、空間に付加価値を与えることが必要になる。そのためには、固定的な機能を期待される公園施設よりも、空間の構成やスケール、空間単位の分節や連携、レベル差の調整、公園の周縁との関係など、きわめて基本的・基盤的な空間構成のデザインが必要になるだろう。

ディテールデザインへの意識

新しい公園像の輪郭を形成するものとして、公園の基盤と同様にデザインへの意識を傾注させる必要があるのが、空間の機能性と審美性を高める様々なディテールのデザインだと感じている。ミースの〝God is in the details〟ではないが、時としてディテールのデザインの出来不出来が、公園の空間的な質を決定的に左右することを認識しておく必要があるだろう。ここでのディテールとは、近景あるいはヒューマンスケールにとどまらず、人の身体感覚で捉えられる細部のデザイン＝触景《しょくけい》の要素をも意味している。人の五感を通じて直接的に感得されるデザインの質を意味するもので、素材の選択と組み合わせ、寸法の構成、細部の取合いと納まり、色彩や仕上げにいたるまで、細心の注意

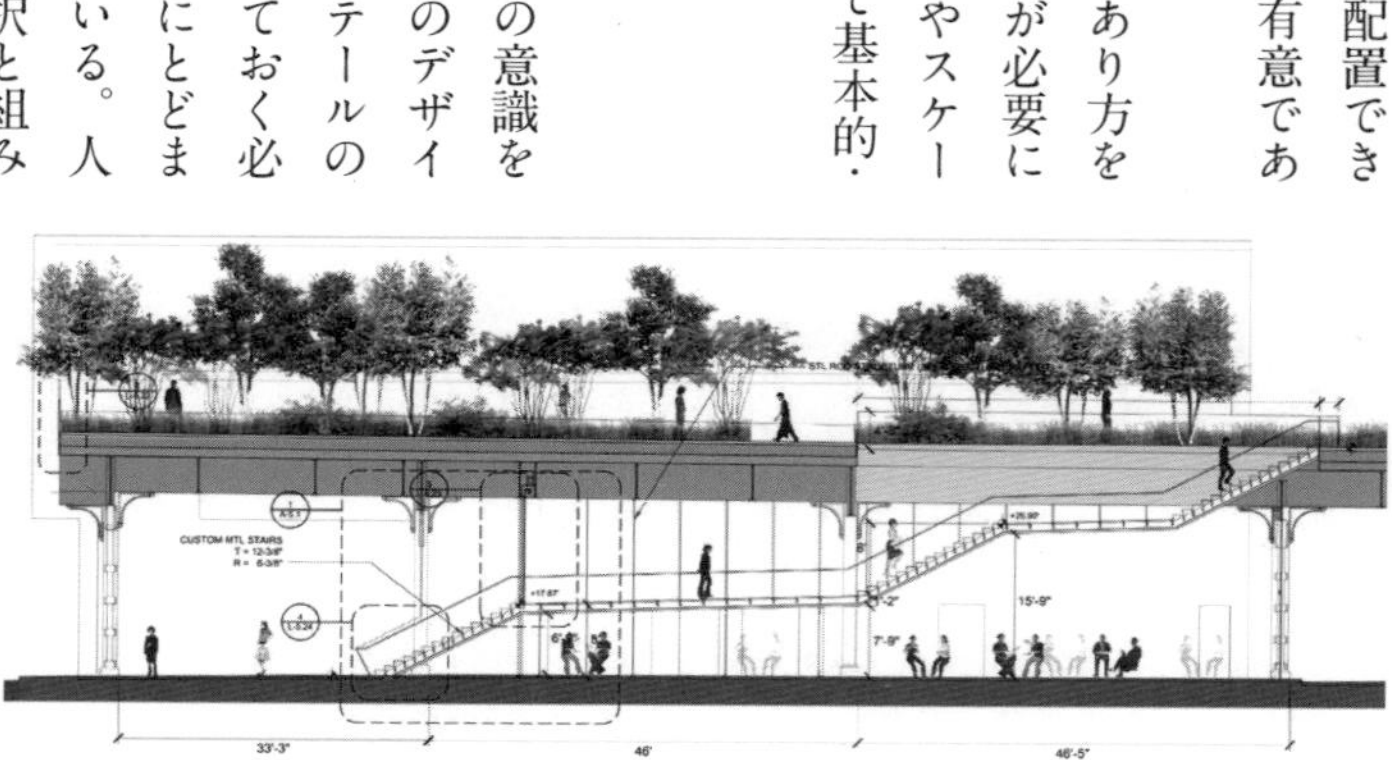

［図5］上部の環境形成に高い自由度を与えているハイライン断面構造

が傾注されることによって醸し出される上質さと居心地のよさが人を惹きつける。

日本の公園においても、たとえば戦前の東京でつくられた震災復興公園などでは、とても丁寧なディテールデザインがほどこされていて、現代の公園としてもまったく遜色ないものが遺されている。すでに事例として取り上げたハイラインやブライアントパークでは、特に高価でもない素材を使用しながら、あたりまえのディテールが実に丁寧につくられている[図6]。特に注意して見ないとわからない、何気ないディテールデザインが基盤のデザインと機能的、造形的に統合され、全体としての高品位なイメージを醸し出す。

緑の相対的な価値

新しい公園像の輪郭は、公園の絶対的な要素であり続ける緑に関わるパラダイムシフトを通じて見えてくる部分もありそうだ。言い換えれば、公園にとって緑の価値を相対的なものとしてどこまで高めていくことができるか、そこが追求されるべきだということである。施設によって定義される日本の都市公園では、植栽すらも広義の公園施設のカテゴリーに含まれるから、緑の存在しない公園にはまずお目にかかることはない。そして多くの場合、敷地面積の一定割合を、植栽地あるいは緑被面積として確保するように要求される。緑=植物的自然の存在自体が絶対的に目的化されているので、それによってどのような空間が形成され、どのようなアクティビティが発生するかは二の次で

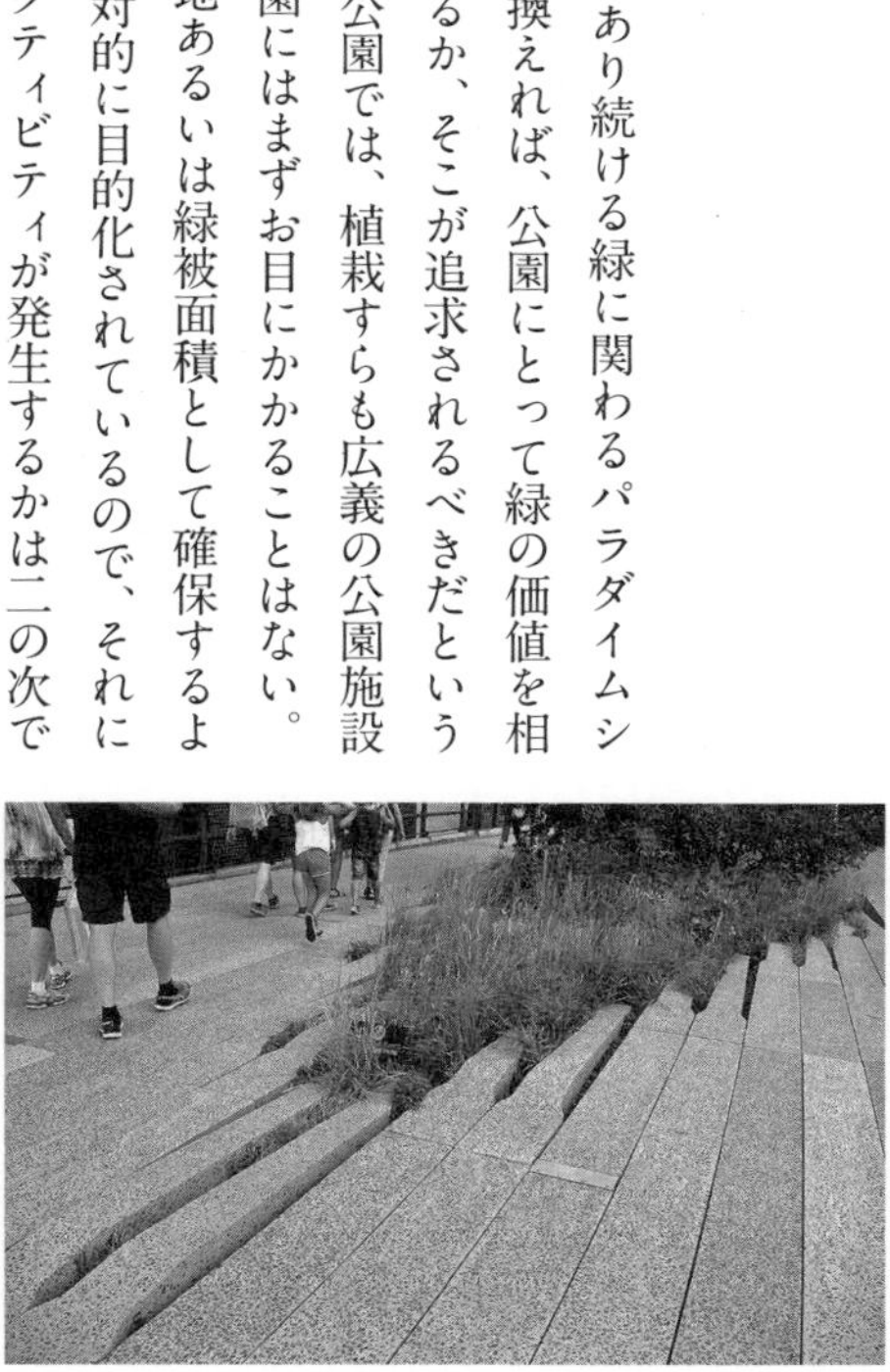

[図6]ハイラインの舗装と植栽の取合いが丁寧に扱われているディテールデザイン

ある。むろん、緑との接触行動をもって公園のアクティビティの一部とすることもできるだろうが、それらはなにも公園の中でなければならない理由はない。

特に大都市の中心市街地における公園を含む緑のありようは、もはや公園緑地をめぐる計画や施策だけの課題ではなく、建築計画や不動産開発の重要な課題になりつつある。経済的な価値の転換を伴ったブライアントパークをはじめとする様々な事例を見るまでもなく、実際に緑の価値に気づかせてくれるのは、そこになんらかの意図が反映される空間が対峙された時である。公園に良好な緑が創出され、維持されていくためには、その価値を反映する何かが公園のすぐそばに必要である。

Gray × Green ＝ Landscape Infrastructure

建築、土木、ランドスケープなど、都市空間を対象とした物理的環境の計画や設計の分野では、色が発するイメージによって様々な意味づけが行われている。たとえば、この章の主題である持続可能性は、さしずめグリーンやブルーであろう。近年ではこれらに対置される色として、グレーやブラウンが使われることも多くなっている。言うまでもなく、グレーはコンクリートに、ブラウンは酸化した鉄の錆や荒廃した土地をイメージした色に由来するが、いずれも持続可能性とは相容れない概念や価値観を反映する。たとえば、大部分がコンクリートと鉄で構築された近代的な都市インフラの多くは、欧米諸国のみならず日本においても更新の時期を迎えており、そのための膨大なコストを誰が負担するのか、その費用対効果をどのように評価するのか、どの部分に優先的な財源の配分を行うのかなど、解決すべき技術的・社会的課題は多く、持続可能な将来像は描けていない。

一方、第二次産業から第三次産業へと産業構造が転換することに伴って縮小され、遺棄された鉱工業生産施設用地やそれらを支えてきた基盤施設用地、廃棄物の処理用地では、自然環境のポテンシャルが著しく低下しているだけではなく、土壌中の有害物質や汚染物質の存在ゆえに、土地利用を転換しようとしてもマイナスからのスタートとなる。そのため、環境浄化のためのコスト負担に見合った経済効果が見込めなければ、土地は放置されたまま遊休地となる。このような土地がブラウンフィールドであり、その面積が減少しない状態にあるのは、やはり、都市環境の持続可能性が見通せていないということである。そしてまた、ブラウンフィールドには鉱工業生産とその製品の流通を支えたインフラが含まれているわけであるから、さらに深刻さの度合いは大きい。

グレーインフラとグリーンインフラ

産業構造の転換に伴って遊休地化した土地に埋没したままとなっている第二次産業

用地のインフラの多くが、その存在を忘れられようとしていることとは対照的に、ここ数年グリーンインフラ(Green Infrastructure)という語が、都市や環境に関わる専門家だけでなく、マスコミや環境意識が高い市民や団体のあいだで頻繁に言及されるようになっている。そこでは、主として自然再生を目的とした様々な取組みを通じて、人間の生活や生産活動とのバランスのうえに持続可能な環境の形成と、いわゆる生態系サービスの向上を目指す行動規範や制度的・財政的裏付けなどを含めて具体的な検討がすすめられ、実践のための共通認識と協働のための環境が整えられつつある[7]。一方、前記したように、グリーンという語はそれまでの土木・建築的な都市インフラや産業インフラとの峻別をはかるために用いられるという側面が強く、後者は特にグレーインフラ(Gray Infrastructure)という呼び方をされることも多くなっている。

言うまでもなく、これまでの都市と産業を支えてきた近代的なインフラは、それぞれ分化した個別の機能に特化し、高度な技術体系に基づいて構築され運用されてきた。中でも道路や鉄道、港湾や空港に関係する交通系、上下水道やエネルギー供給などに関係するライフライン系、内水面の利水や治水などに関係する河川系など、骨格的な構造をなすインフラについては、それぞれの個別機能を最も効率的に発揮するために独立した体系に基づいて整備され維持管理されている。そのため、我が国のように人口減少の局面に入った地域が増加している場合や、産業構造が変化している場合には、従来のサービス水準を維持するために要する財政負担の総和が莫大なものになる。そして、そのた

[7] グリーンインフラの定義として最も包括的でわかりやすいのは二〇一〇年七月に欧州委員会(European Commission)環境総局が公表したものではないかと思われる

めの大幅な負担増を正当化するための費用対効果については、これを改善する見通しが立たず、近い将来に社会全体が大きなリスクを背負うことになる可能性があるとされる。

これに対してグリーンインフラの考え方は、長期的な視点に立てば個別のインフラ機能を複合させたり、一部を代替させたり、新たな便益を提供することが可能であるとしており、費用対効果を高めることができるところにその特徴と可能性を見いだすことができる。そこには、維持管理の担い手として、様々な市民団体などが持続的に関与する気運も生まれる。

既存インフラとの関係

このように、長期的な視点に立った持続可能なインフラの構築という観点からすれば、費用対効果に優れたグリーンインフラの優位性は徐々に明らかになりつつある。この後の課題の多くは、この優位性をいかにして実体としての都市空間や生活環境に反映していくか、つまりいかに社会実装するか、その方法とプロセスに集約されるのであるが、そのことを考える際の前提として、いくつか確認しておくべき事項がある。

その一つは、当面のあいだ、グリーンインフラは既存インフラにとって替わることはできないということである。近代都市の生産と生活の機能を支えてきたインフラの多くは、特化された機能が追求されてきた結果、それぞれがきわめて高度な技術体系によって構築されている。つまり、包括的・複合的な機能を前提としたグリーンインフラによってすべてが代替できるほど単純な仕組みによるものではない。したがって、グリーンインフラは既存インフラの機能の一部を代替する、あるいは補完するという位置から出発することを明確にしておくべきである。いずれ、代替するべき機能の範囲が徐々に拡大し、場合によっては、グレーとグリーンの関係が逆転する、つまり、土木・建築的なインフラの構造が、水や緑と環境の仕組みを補完するという関係に発展することが望ましい。

今一つは、グリーンインフラは個別具体的な要素技術の集積にとどまるものではないということ。たとえば、屋上緑化や壁面緑化などは、グリーンインフラの要素技術になりえるのだが、それだけでは建築表層の仕上げの一部でしかない。最近話題になることの多いレインガーデンなども同様で、それだけでは雨水の地下浸透と土中還元を促進するための空間装置であるから、従来の浸透桝の規模をやや拡大し修景美化したものにとどまる。特に緑化やエコロジカルデザインに関係する分野では、我田引水的にグリーンインフラの効用をことさら強調する傾向があるのだが、重要なことはこれらを面的な広がりのある基盤的な構造として、持続可能な状態に再編成する技術と仕組みを通じて相互に連携させることである。そのためには、グリーンインフラと既存インフラの対立的関係を調停しつつ、エコロジカルな要素技術を統合する視点の獲得と、そこに立脚した計画・設計技術の体系を整えることが必要である[図7]。

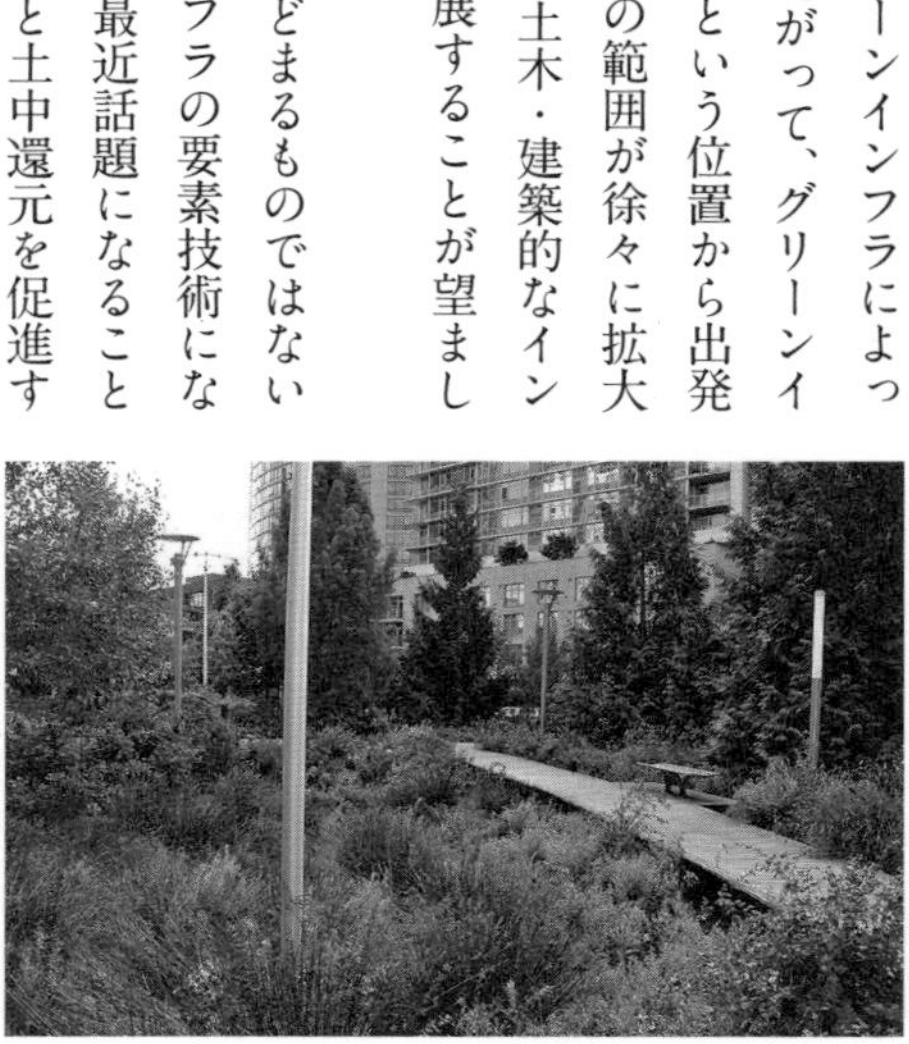

[図7]園地全体がグリーンインフラの代名詞でもあるレインガーデンとなっている公園。オレゴン州ポートランド、アメリカ

ランドスケープインフラへ

ブラウンフィールドの再生と土地利用転換にあたっては、既存の産業インフラの一部をグリーンインフラに置き換え、それらがある程度の面的広がりのある地域をカバーするものとして体系化され、必要とされる都市インフラの機能を補完もしくは代替することができるようになることが理想である。そして、このようなグリーンインフラを持続可能な都市環境を支える重要な要素として社会実装することができるならば、仮にこれをランドスケープインフラ(Landscape Infrastructure)と呼ぶことができそうである。そのための要件とはどのようなものなのか、現時点で考えることができる事項をいくつかのキーワードを通じて検討し、その可能性を提示してみたい。

機能の複合

まず、最初に確認すべきことは、ランドスケープインフラは、それ自体が単体で成立するようなものであることはきわめて希であるということ。高密度な土地利用がすすんだ既成市街地では、新たなインフラ整備のための空間的な余地がほとんどなく、土地利用の転換が必要な第二次産業生産施設の跡地では、追加負担を前提とした投資が困難であることが多い。そのため既存のインフラの機能の一部をグリーン化することや低利用状態に陥った部分のスペックダウンによって生み出される余剰分を、グリーンインフラに振り向けることが必要になってくる。ローカルな道路や治水のための河川・水路などには、市街地の縮退や第二次産業の撤退によって将来にわたってオーバースペックとなる可能性が高いところや、周辺の状況が変化したために低利用状態に陥り、回復の見通しが立たないところが散見される。

一方、街路や水路のように線状に連続する空間は、「つながっている」ことによって、たとえば植物の生育環境や水系のネットワークを再構築するうえできわめて有利である。このように、機能の複合化は、ランドスケープインフラが成立するうえで大変重要な要件になるはずである。そのためには、従来のインフラが前提としていた単一機能を維持するための管理制度から一歩踏み込んで、いわゆる「目的外使用」を大幅に受容できる仕組み、さらには積極的に機能複合化を指向する仕組みへの変革が必要である。

断面構造の重視

二点めは、ランドスケープインフラが、平面よりも断面の構造を重視するべきものであること。一般的に、都市部の緑地ついては、地表面の上に垂直投影される緑の面積の確保が第一義的な課題である。緑被率、即ち植物的自然で覆われている部分の比率は、市街地のスプロールによる住環境の劣化が社会問題化していた時代に、緑地面積を確保するための指標としてきわめて有効であった。郊外における緑地とは、地学的自然である地形・地質・水系などに由来する基盤のありようと一体化したものであるからだ。

しかし、高密度な土地利用が徹底した現代の都市や産業施設では、そうした状況を期待することは困難である。したがって、やはり都市部では、緑地の表面積とともにそれを支えている基盤に相当する部分の断面のありようを重視しておくことが有効ではないか[図8]。また、産業施設用地などでは、健康に害を及ぼす有害物質や危険物質による土壌汚染が発生している場合もある。その場合にはキャッピング[8]などの方法を含め、それらのケアに万全を期しつつ植物の生育に適した土質と土性をそなえた土壌を、十分な深さと面積をもって用意することによって植物的自然を維持し、健全な水系を形成するための人工的な基盤を整備することが必要である。

ネットワーク

三点めは、言わずと知れたネットワークへの指向ということで、特にランドスケープインフラとして強調せずとも、従来のパークシステムやエコロジカルネットワークへの意識を共有することで十分に理解されるであろう。そして、既存インフラとの機能の複合化が実現すれば、その可能性は飛躍的に拡大する。多くの既存インフラは本来のかたちとして、ネットワークが自明のこととなっているからだ。道路、鉄道、河川、水路をはじめ、高圧送電線網なども含め、ネットワークされていることによってはじめて機能するインフラでは、その物理的な空間の一部をグリーンインフラで代替することや、本来の機能を阻害しない範囲でグリーンインフラ的な機能を付加することによって、ランドスケープインフラのネットワークへと進化させることができる。

[8] 土壌中の汚染物質の露出や地下水層への浸潤がないように、劣化しない素材で土中に封じ込める操作

[図8] 廃線になった高架鉄道の構造を活用したプロムナード、ハイライン

近代都市において最も普遍的なインフラである道路や街路、河川や水路のネットワークなどの一部にグリーンの要素を付加したうえで、それらが交差もしくは近接するポイントを戦略的に位置づけることが効果的である。そのポイントを拠点として、そこからランドスケープインフラとしての緑地系統を再構築するということになるであろう。従来は相互に干渉しないことが前提とされていた異種のインフラのネットワークを、グリーンの要素を媒体として連携させることである[図9]。

拡張性

既存のものであっても新たなグリーンインフラであっても、都市インフラの基本的構造は開放系である。第二次産業の発展に伴う人口増と定住域の拡大が顕著であった時代には、土木的なインフラが郊外に向かって外縁的に拡張した。これに対して、人口の減少や産業構造の変化に伴う市街地や産業用地の縮退は、長期的には道路や上下水道、エネルギー系インフラのネットワークの収縮をもたらす。こうした現象は、インフラがサービス圏の状況に呼応する開放系の構造であるために生じることであるが、グリーンインフラの場合には少し事情が異なることが予想される。

その一つは、都市域の外縁部からその外側に広がる田園地帯を含め、グリーンインフラは都市を取り巻く自然環境に接続することができて、その機能が増幅されるということ。都市が縮退の局面に入っている状況のもとでは、このことが重要な意味を持つ。特

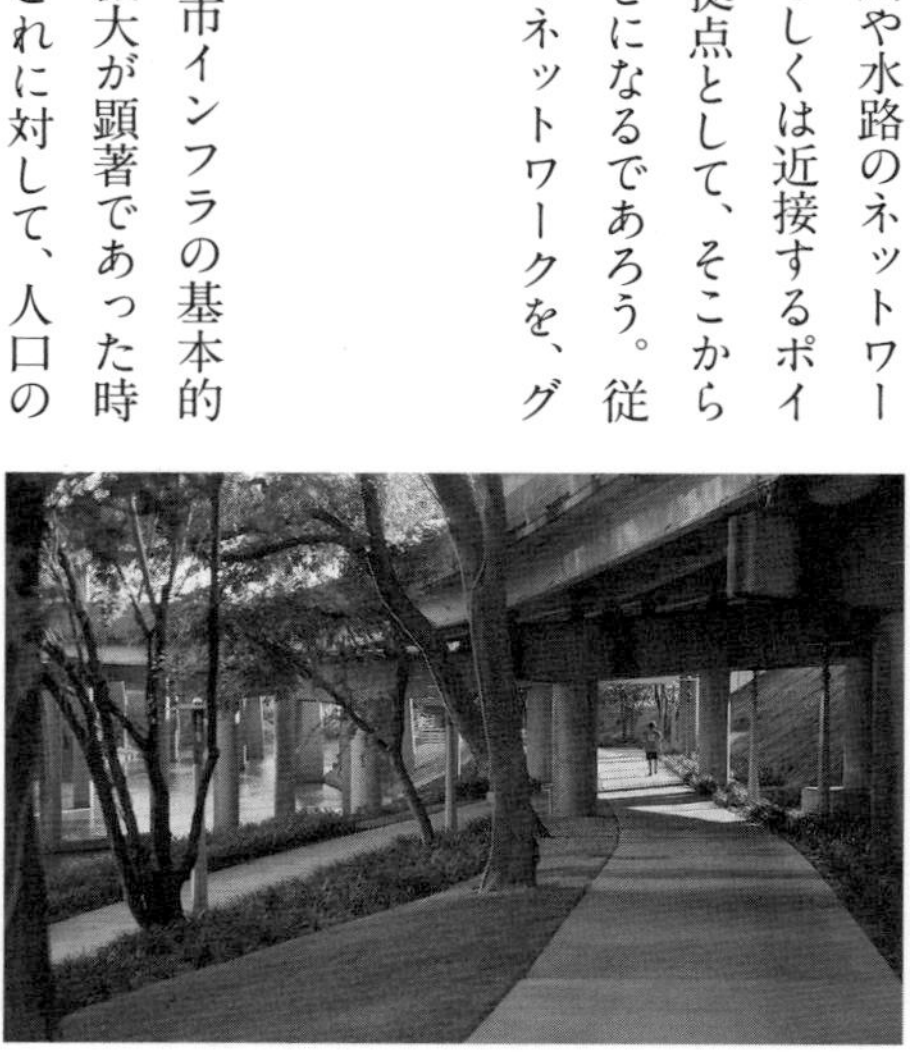

[図9] 土木構造物としてグレーインフラと水系が重なるポイントを戦略的に緑地化したランドスケープインフラのネットワーク拠点、バッファロー・バイユー・プロムナード。テキサス州ヒューストン、アメリカ

次頁[図10] 郊外や産業用地の縮退に伴う既存インフラの縮小とグリーンインフラの置換えによる自然との連接

に維持管理のコストをめぐる費用対効果の問題を背景として、道路網の縮小、河川や水路だけに頼らない総合治水などが要請されていることが関係する。前述のように、元来はコリドーとしての構造をもっているこれらのインフラは、部分的にグリーン化することによって、自然環境とつながる経路となる。このとき、デザイン的な処理がほどこされたグリーンインフラをランドスケープインフラとして位置づけることができるが、そこでは将来的な拡張を前提とした構造や仕組みを用意しておくべきであろう[図10]。

パフォーマンス

インフラは、人間の生活利便や安全に欠くことのできないものであるから、その機能が十分に発揮されることが最も重視されなければならない。言い換えれば、インフラであるかぎり、そのパフォーマンスがわかりやすく表現され検証されることが重要で、機能が複合化している場合でも、それぞれの機能が客観的に確認される必要がある。既存インフラの場合には、そのパフォーマンス(たとえば交通量や流水量、貯水量など)を明確な数値として提示することができるので、理論的に必要な容量、延長などが計画・設計のためのスペックとして位置づけられる。

ランドスケープインフラの場合には、そこまで客観的かつ厳格なスペックを想定した計画・設計を行うことはかなり困難だが、たとえば、レインガーデンのネットワークによってエリアの単位時間内の雨水流出量がどの程度抑制されるか、緑化面積の拡大に

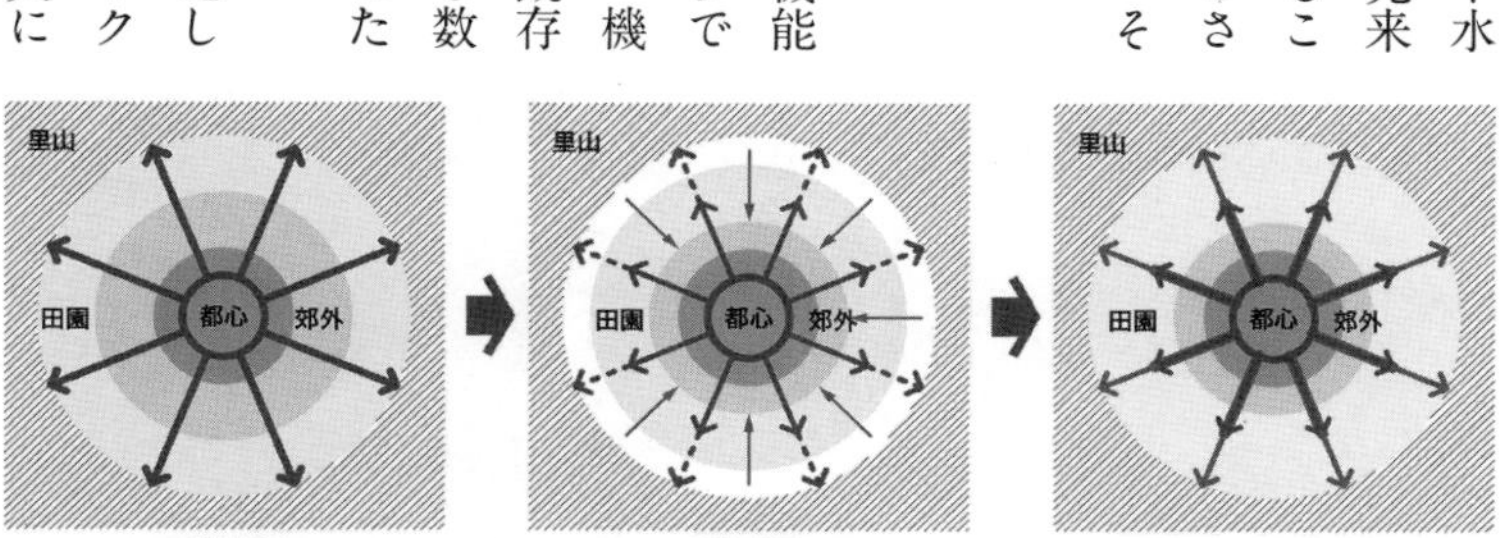

外延的拡大
都市インフラの延伸

郊外の縮退
都市インフラのスペックダウン

グリーンインフラの拡張
自然環境との連節

よって建築の設備負荷とエネルギーの消費量がどの程度抑制されるか、さらには、生物多様性の観点からどの程度の動植物の種数の保全再生ができるか、などを数値目標として掲げることはできそうである。ただし、すべてを数値化して厳密な基準を適用することの必要性や実効性には検討の余地もあるから、他の指標を含めたパフォーマンスの検証を試みるべきだろう。ランドスケープインフラのパフォーマンスを可視化して示すことは、そのための一つの有効な手法ではないかと思われる。客観的な数値を視覚情報に変換したデータを、3Dモデリングした仮想空間に適用するビジュアルシミュレーションによって、客観的な情報に感覚的な要素を組み合わせる試みはすでに行われつつある。これなどは、特定の設計仕様に合理性を付与するうえで有効に機能するはずである[図11]。

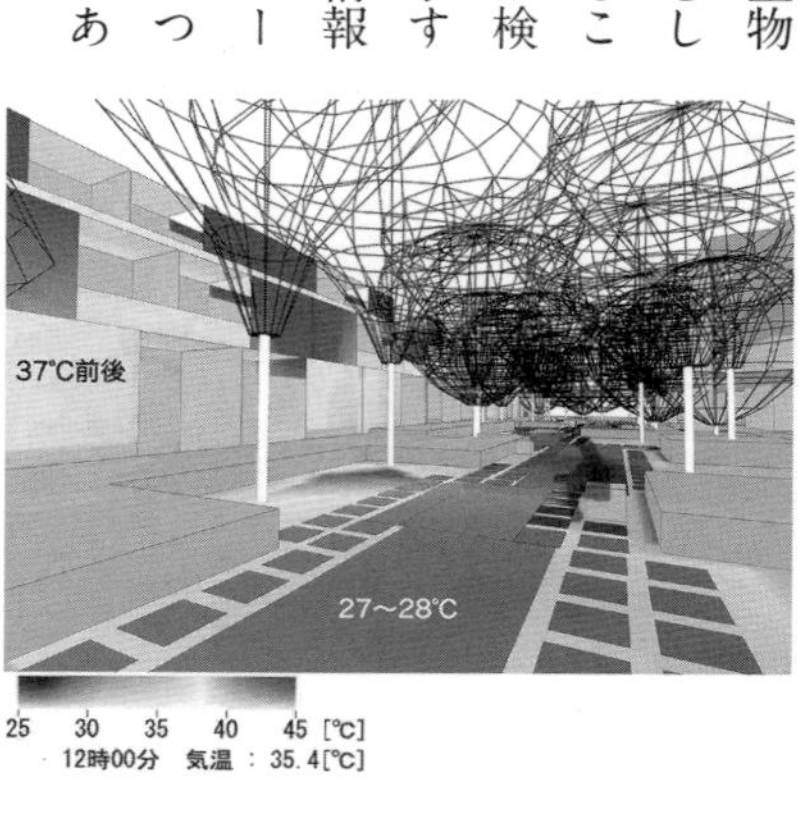

[図11] ビジュアルシミュレーションによって可視化された屋外空間の表面温度。パッシブタウン第一期街区

多様なステークホルダーと専門家の協働

さて、このようなランドスケープインフラの構築と持続的な活用、管理にあたっては、これまでの公共性の高いインフラを建設し管理してきた主体とは別に、新たな取組みを実現するための体制が必要であるように思われる。都市インフラとしての基本的な性能を良好な状態に維持していくことが求められる部分については、これまでと同様に行政や公的機関が責任をもつべきであろうが、機能が複合化、広域化した部分については、必ずしも行政がそのすべてを担うことは現実的でないばかりか、そうなってしまうこと

でかえってランドスケープインフラ本来のメリットを損なうこともありそうだ。むしろ、関わりをもつ多様なステークホルダーの利益を代表する専門家が協働してチームを編成し、ことにあたることが理想である。

さらに、どのような地域においても普遍的な性能とサービスの提供を求められる従来の都市インフラとは異なり、それぞれ異なる地域の自然環境、社会環境の特性に沿って固有の価値を引き出すことが目標となるのがランドスケープインフラである。したがって、その計画から設計、建設後の維持管理や運営に、その便益を享受するローカルなステークホルダーが直接参画することも必要であろう。このことは、維持管理に要する財政負担の軽減もさることながら、地域による自立的な運営に委ねることによって、ランドスケープインフラを環境資源とするエリアマネジメントへの展開が期待できるからである。先に記したグレーインフラに対するグリーンインフラの優位性は、このことを抜きにしては考えにくい。そして、環境資源としての価値を環境資産へと転換するうえで、持続可能な維持管理と運営管理までを視程に入れたデザインが果たす役割の重要性は言うまでもない。

都市のインフラストラクチャーは、もはや都市計画や交通計画の専門家、土木技術者によってそのすべてが構築され運営されるものではなくなりつつある。そこに関わる多様なステークホルダーとその利益を代表する専門家の協働によって計画され、管理・運営・維持されるものへと進化し、現代の都市デザインが直接関わることが必要な対象になりつつあるのではないだろうか。その中で、建築やランドスケープのプランニングやデザインに関わる専門家の役割はますます大きくなるように感じている。

サスティナビリティへの意識

持続可能性とランドスケープアーキテクトの職能観

本章のまえがきですでに述べたように、持続可能性の概念が広く一般的な社会的認知を得ることになった背景には、SDGsという語が様々なメディアを介して流通するようになったことが大きく関係している。SDGsは、二〇一五年九月に開催された国連総会において採択され、今後しばらくのあいだ、少なくともこの目標のターゲットイヤーである二〇三〇年までは、自然環境と社会環境に関わるあらゆる分野の職能によって共有されるべき一つの行動目標になろうとしている。そこに示された一七のグローバルな目標と一六九にも及ぶ達成基準の中には、特に人間の居住環境の物理的なあり方に関わる職能によって、常に意識されねばならないものが数多く含まれている。

具体的に見ると、健康と福祉、安全な水環境、効率的なエネルギー供給、産業と技術革新の基盤、住み続けることのできる街、気候変動への対策、海域と陸域の環境保全などは、都市環境の物理的なあり方が直接関係する目標である。このことを現代日本の都市や地域の環境が抱えている課題に照らしてみると、ランドスケープのプランニングやデザインにおいて取り組むべきいくつかの重要な項目に集約できそうである。

まずなによりも、人間の居住環境を持続可能な状態に維持し続けるという観点に立てば、自然災害に対する防災や減災のための備えや昨今の異常気象がもたらす様々な影響への対応、つまり前章で述べたレジリエンスへの意識が高められなくてはならない。さらには、地球温暖化の原因と目される温室効果ガスの排出量低減につながる低炭素社会の実現を、物理的な環境形成の側面から支援することなどが最重要項目として指摘できることに異論はないだろう。これらはグローバルスケールで取り組むべき課題である。

一方、様々な国と地域は、社会の発展段階に応じてそれぞれ固有の課題を抱えている。日本を例にとれば、当面は続くであろうと言われている少子高齢化による人口減少、それに伴う大都市圏郊外の縮退や地方都市の衰退は誰の目にも明らかで、地域のコミュニティを維持しつつ都市環境を健全な状態に維持していくことの難しさが指摘されて久しい。一方において、インフラと建築が高密度に集積した都心部では、不透水層の拡大や活発な経済活動に伴う排熱がもたらす夏季のヒートアイランド現象が顕著となりつつあり、異常気象の影響もあいまって、都市空間の物理的な安全性と快適性が著しく損なわれている。その深刻な影響は人間の生活環境のみならず、あらゆる生物とその環境の相互関係としての生態系にまで及んでいる。

このような状況に対して、ランドスケープのプランニングやデザインをはじめ、都市や地域環境の物理的なあり方に関わる職能に求められる役割は、様々な要因が絡み合った複雑な相互関係のもとで、相反する利益とその受益者の関係を調停しつつ、多様な価値観を反映する最適解を、空間像として提示することである。このことは、近代以降の都市建設に関わってきた職能のミッションとその背後にある職能観、さらには倫理観のようなものが、再び問われはじめていることにほかならない。

このように考えるとき、ランドスケープアーキテクトの職能観が、どのような行動規範を伴うものであるのか、そのことに対する応答の一つとして、ここではパッシブ(passive)であることを仮定することが、あながち的外れではないように感じている。パッシブ、つまり受動的であるということは、近代以降の都市をかたちづくってきた建築や土木技術の職能が、きわめてアクティブ＝能動的な行動規範に基づいていたことと明快な対比をなす。ややもすると、消極的であり模倣的であることと混同されてしまうのだが、受動的であっても、逆にまたそうであるからこそ、創造的なインセンティブを見いだすことができて、かつまた、環境の持続可能性に通底する価値を表現できるかもしれないのである。そのように感じることができた具体的なプロジェクトの一つを、次に紹介してみよう。

パッシブタウン

二〇一一年三月の東日本大震災とそれに続く福島第一原子力発電所の事故は、日本国内におけるエネルギー需給が抱える問題の深刻さを白日のもとにさらしてしまった。その三年後、北陸は富山県の東部で一つの野心的なプロジェクトが起動し、当初から深く関わることになったが、そこでの中心的なテーマがパッシブデザインの方法論を全面的に展開することによって、エネルギー消費と環境の持続可能性のバランスを実現するローカルモデルを空間化することであった。「パッシブタウン」[9]というそのものズバリのタイトルからもわかるように、これまで主として建築設計の中で蓄積されてきたパッシブデザインやZEB（Net Zero Energy Building）に適用されたいくつかの要素技術を、一定の面的広がりをもったタウン=街のスケールで相互に連携させ、システムとしてアップグレードしようというものであった。このプロジェクトのマスタープランを私たちのようなランドスケープアーキテクトが担うことになったのも、個々の建築のスケールを超えて、街区スケールや地区スケールでの対応が重要であったことを物語る。

自然環境のポテンシャル

プロジェクトの敷地は、富山と長野の県境に位置する北アルプス鷲羽岳に源を発する黒部川が日本海に注ぐ手前に広がる黒部川扇状地の中にある。この扇状地は、扇頂から海岸線近くの扇端までの距離約一三km、比高差約一二五mで、約一%の均等勾配が連続

[9] 本事業の計画概要は、敷地面積三万六二一〇m²、延床面積四万二九〇〇m²、計画住戸数二〇〇戸、事業年度二〇一三〜二五年。なお、事業のコンセプト並びに計画と設計の詳細については、『a+u』二〇一八年四月特別号「PASSIVETOWN」を参照

する面積約九六㎢の臨海扇状地である。図12からもわかるように、円弧を描く等高線がほぼ均等に展開する教科書的な扇状地の地形である。

扇状地の地形・地質学上の特徴の詳細については専門書に譲るが、このプロジェクトにおいて注目していたのはやはり水資源であった。この場合の水には二つのカテゴリーがあり、一つは扇状地内の農業生産に欠かせない灌漑水路網として地表面にはりめぐらされた水路のネットワーク、もう一つが扇状地特有の地形地質がもたらす伏流水が形成する地下水層である。特に後者については、敷地が立地する扇央部にあっても、地表から一〇m程度の深さで豊かな水量を得ることができるだけでなく、その水温が年間を通じてほぼ一定に保たれていることが重要であった。

水資源と並ぶもう一方の自然環境のポテンシャルとして特筆されるのが、春から秋にかけてこの地域で観測される穏やかな北東からの季節風である。地元で「あいの風」[10]と呼ばれるこの風は、日本海を渡ってくる海風であるため、特に夏季の陸上部では相対的に気温が低い。このように、豊富な水資源と夏季の冷涼な風[11]という黒部川扇状地に特有の自然環境ポテンシャルに対して、どこまでパッシブになることができるか、そのことが計画設計上のテーマである。言い換えれば、水と風、さらには日本国内においてあまねく遍在する太陽光を含む自然エネルギーを最大限に取り入れつつ、化石燃料由来のエネルギー消費を抑制し、それでもなお、より快適な居住環境を実現することである。

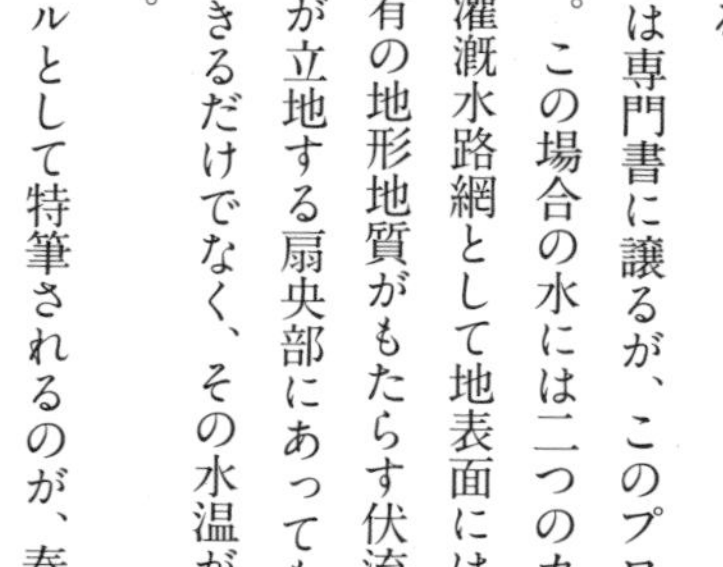

[図12] 黒部川扇状地の地形と自然環境の要素

[10] この呼称は二〇一五年北陸新幹線開業に伴い民営化されたＪＲ在来線のうち、富山県内区間が「あいの風とやま鉄道」と呼ばれるようにローカルな認知度がきわめて高い

[11] 風がもたらす自然環境については、本州日本海側を中心に発生するフェーン現象による局地的な気温上昇も念頭に入れておかなければならない

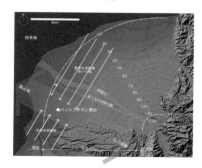

オープンスペースから規定される住棟の配置

賃貸集合住宅を主たる事業プログラムとするパッシブタウンでは、約三・六haの敷地に対して、どのような街区の設定とその中における土地利用や住棟の配置計画を行うかが、マスタープランの初期段階における重要課題であった。この課題に対する提案は、南、東、西の三方を街路に、北側を河川に接する敷地全体を六つの住宅街区と中央の緑地の七つに区分したうえで、住宅街区の建築設計をそれぞれ異なる建築家の手に委ねるというものであった。その背景には、パッシブデザインの建築的なソリューションには多様性があってしかるべきで、このプロジェクト自体を通じて様々な条件下にある他地域に適用可能な選択肢を示しておきたいという事業者[12]の意図が色濃く反映されている[図13]。

それぞれの街区における住棟の配置にあたっては、前記した夏季の季節風「あいの風」の街区内への導風を阻害しない建築ボリュームの分節と配置が強く指向されている。板状の立面形成を回避しつつ各住棟のボリュームを分節し、住棟間の緑地を連続させることによって風の流れを呼び込むことができる形態である。もちろん、個々の住戸計画においても、戸外から戸内への導風と通風を促進する工夫が随所に見られる。

さらに、第一期〜第三期街区の西側には、南北方向に連続する緑地「センターコモン」が配置されているが、これがいわゆるエア・チャンバーのような役割を果たすことにより、住宅街区内の北東から南西にかけての通風性能が促進されることを期待している。

[12] YKKとYKK apが事業主体で、研究開発拠点を東京から黒部に移すにあたり必要となる住宅需要に対応するとともに、自然エネルギーの活用による良好な居住環境の実現を目指している

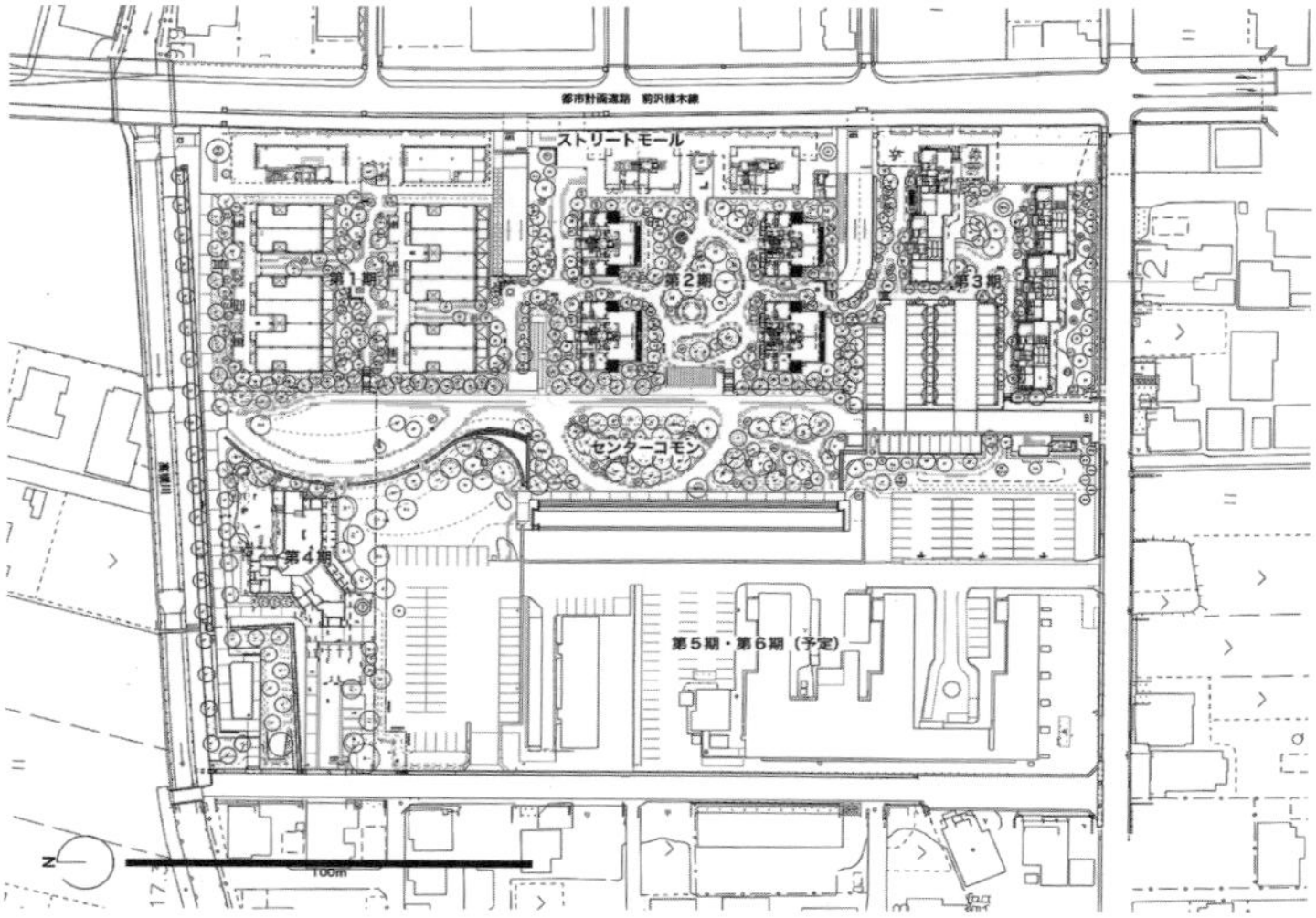

［図13］パッシブタウンのマスタープラン。二〇二二年度更新版

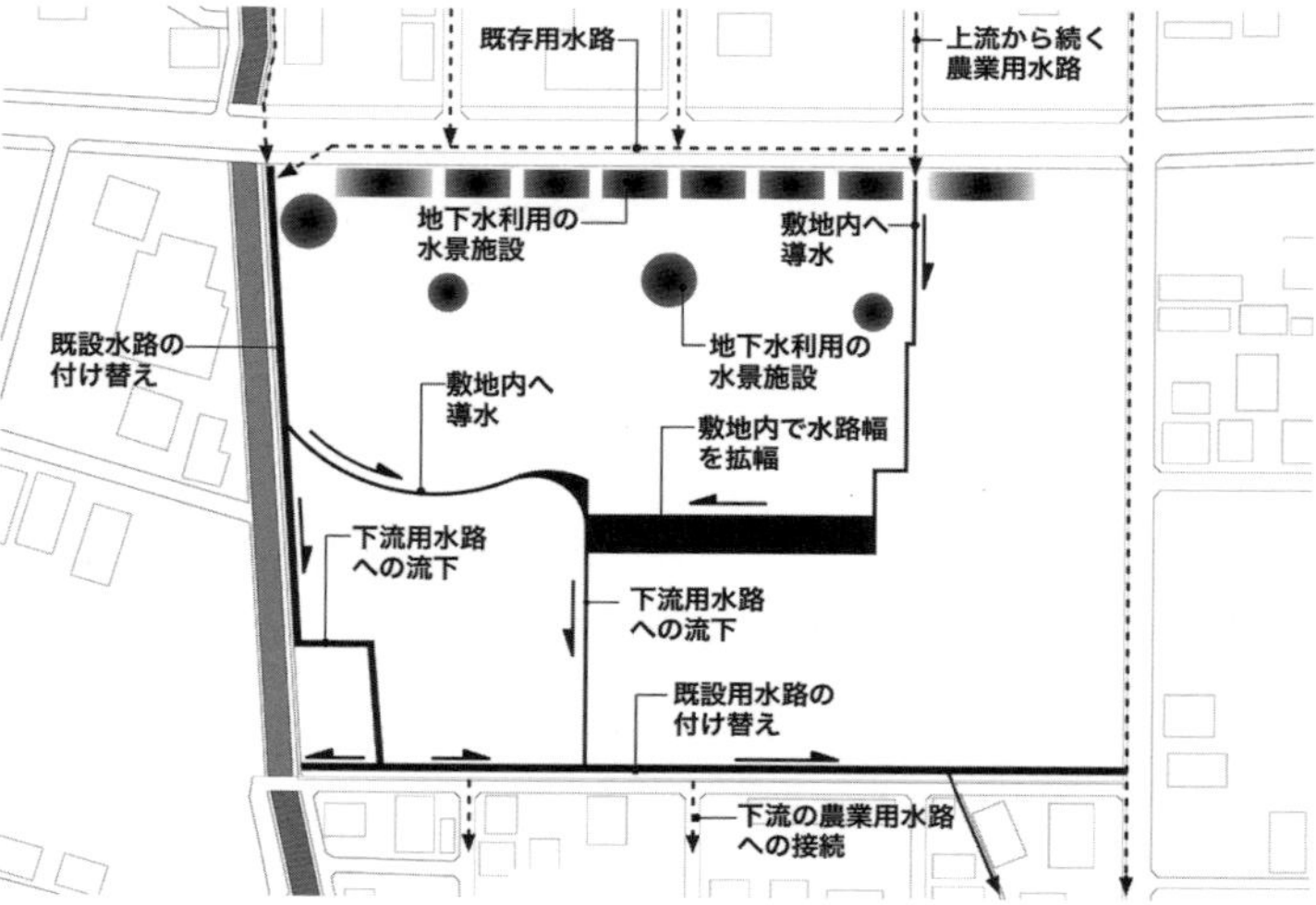

［図14］農業用灌漑水路と地下水の二つの系統を組み合わせた計画

このように、マスタープランにおける街区の構成並びに土地利用と住棟の配置計画は、涼風を取り入れるための街区スケールでのパッシブな構えを、オープンスペースのあり方から規定し空間化しようと試みたものである。

水路と水景、風や緑との相乗効果

もう一方の自然環境資源である水に関しては、二つの様態、即ち地上の水路と地下の伏流水を組み合わせた計画と設計がなされている[図14]。地上の水路については、敷地の北側に沿って流れる高橋川の上流で分水された農業用灌漑水路から分かれる支線水路を新たに開設し、それを敷地内のセンターコモンに導水している。加えて、従前から敷地中央を東西方向に横断していた暗渠の灌漑水路を開渠化し、これを新たな水路と合流させることによって十分な水量を確保し、親水性の高い水面を整備した[13]。年間を通じて豊富な量が維持される水の流れが身近に存在することを意識的に受け止める、パッシブなスタンスの表現でもあるだろう[図15]。

扇状地の伏流水がもたらす地下水は、主として三つの住宅街区において、直接触れることもできる水景として整備している。五カ所ある「清水《しょうず》」は、扇状地の被圧地下水が湧出している様子を再現したものである。これらはそれぞれ異なるデザインによって多様な水の動きを表現しているが、水の表情を引き立てる石材と組み合わせた意匠は、それらのいずれにおいても強く意識されている[図16]。清水を点の水景とするならば、東側の

[13] 農業水利権が設定されている水路からの分水や流路変更は、地域の土地改良区との協議によって実現、敷地流末でもとの水路網に排水することが条件であった

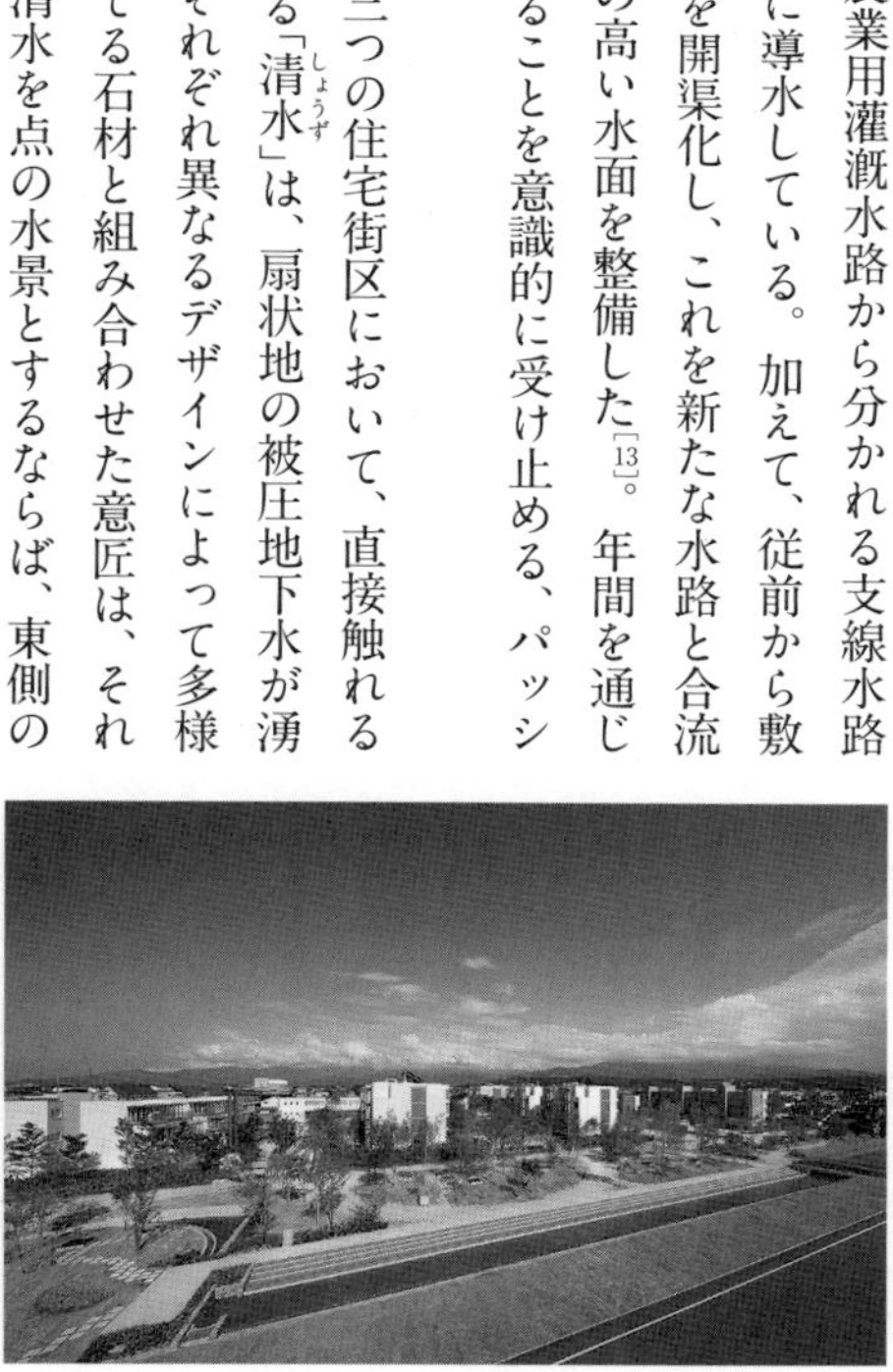

[図15] センターコモンに整備された矩形の水面は、二系統の農業用灌漑水路を合流させることで実現した

街路に沿って断続的に続く全長二〇〇mの「水桟敷」は、さしずめ線の水景に相当する。この水景では、二〇分間隔で細長いスリットから地下水が線状に湧出し、テクスチャーのある石材の舗装面に水の被膜をつくる。水は歩道側に向かってゆっくりと流れ、やはりスリット状に設えたグレーチングから側溝に流下するが、その際に発生する水音は、揺らめく薄い水膜とともに、道行く人に爽やかな涼感を与えている[図17]。

さらに、これらパッシブな水の存在に共通していることは、水路や水景の水だけではなく、前記した風の流れや植栽による豊かな緑との組み合せがもたらす相乗効果が期待されることとである。住宅街区とセンターコモンでは、ともに落葉樹を中心とした植栽によって夏季には随所に緑陰が形成される。水路や水景に近い場所にできる緑陰に身を置き、水の存在を意識しつつ通り抜ける涼風を肌に感じるとき、そこにはまさしく局所的なクールスポットが現れていることになるだろう。地域の自然環境に対してパッシブであることから導かれるデザインである。

オープンコミュニティの実践

このプロジェクトの建築やランドスケープのデザインは、パッシブであることのインセンティブに基づいてすすめられているが[14]、そこにはもう一つ別の意味が込められている。事業によって創出される共用空間が、広く市民に開放されるパブリックスペースとして設えられているのであるが、そうなるためには事業エリア全体が、地域社会に対

[図16] 住宅街区内に五カ所ある「清水」の一つ。緑陰や涼風との相乗効果によって局部的なクールスポットが形成される

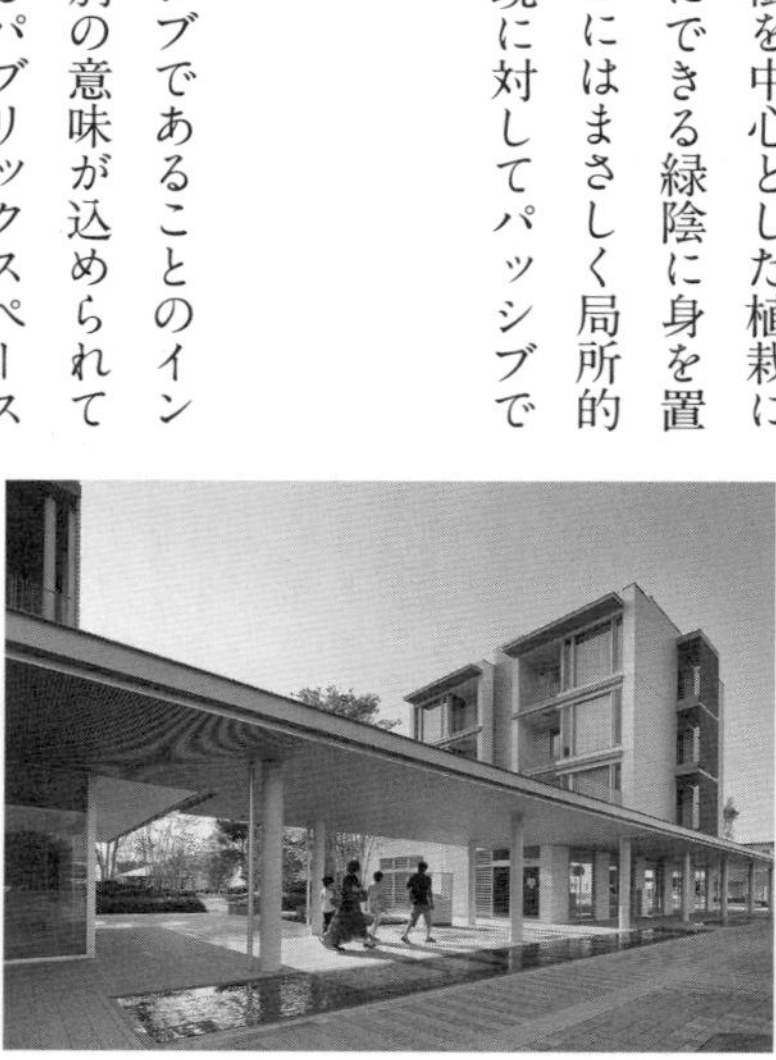

[図17] 住宅街区の屋根付き歩廊ストリートモールに沿って連続する線状の水景「水桟敷」

してパッシブに構えたオープンコミュニティでなくてはならない、という意味である。事実、接地階の住戸周りや第四期街区の保育所の園庭付近を除けば、パッシブタウン黒部の共用スペースには、いつでも、誰でも、どこからでもアクセスすることが可能で、利用を制限する物理的なバリアは存在しない。また、周辺の街路から街区の内側や中央のセンターコモンへの視覚的な見通しがきわめて良好である。つまり、入居者はもとより、周辺に居住する市民やここを訪れる人々がすべからく「受け入れられている」と実感できる空間構成になっている。

このような物理的な空間条件に加えて、社会的な意味におけるパッシブな状態は、この街の共用スペースを利用して定期的に実施される様々なコミュニティイベントを通じて醸成されてきた［図18］。民間事業によって創出されたパブリックスペースでありながら、そこで展開されるアクティビティは、マルシェや食育、健康増進に関わるものから、子どもを対象とした環境学習プログラムにいたるまで、大規模な都市公園などのパークマネジメントさながらの多様性と賑わいをもたらしている。イベントへの参加者も、黒部市の市域を越え広く富山県東部のいくつかの自治体にまで及んでいて、エリアマネジメントへの進化を予感させるものになりつつある。

自然エネルギーを最大限に活かし、脱炭素による環境負荷の低減をはかりながらも、快適な居住環境を構築するというパッシブタウンのコンセプトが発信するものは、そこに共感してこの街に暮らす人々はもとより、この街に通う市民にも浸透し、広く共有さ

［14］二〇二一年八月時点では第五期の住宅街区を対象として設計がすすめられているため、事業そのものは完了していない

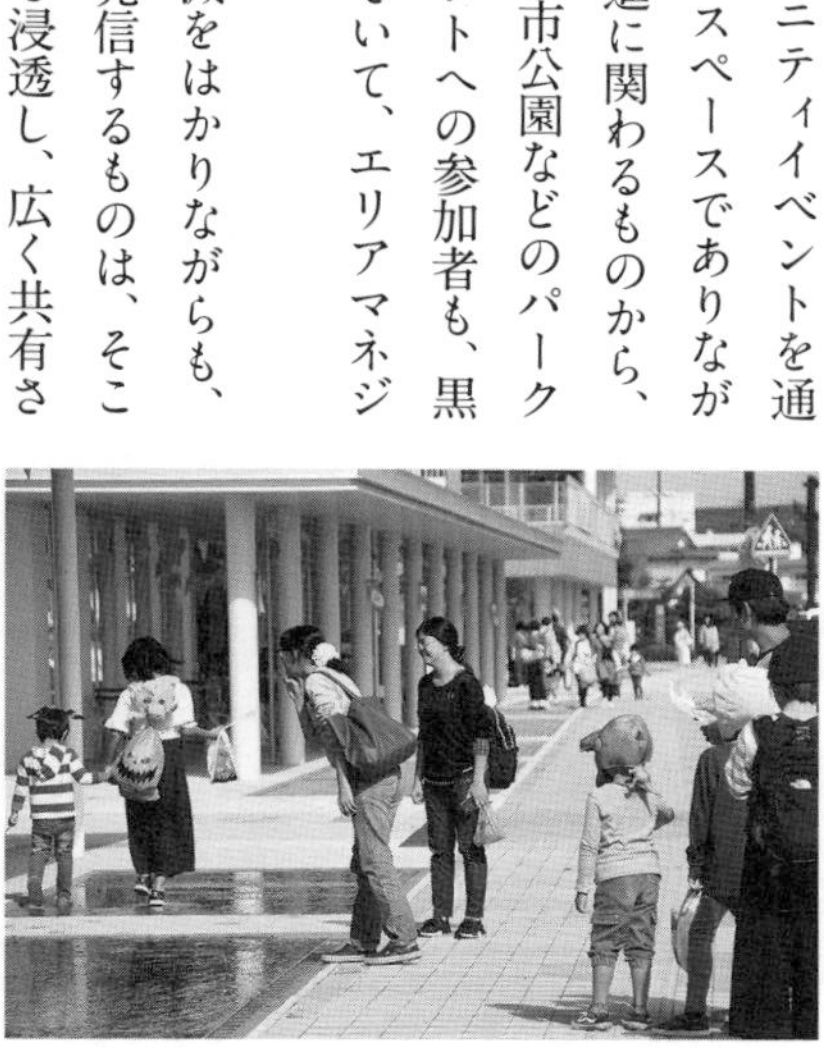

［図18］パッシブタウン黒部のパブリックスペースを活用して定期的に実施されるコミュニティイベントからのひとコマ

れる価値観になりつつあるのかもしれない。やがてはそれが、都市や地域、自然環境のサスティナビリティへの意識が育まれていく土壌となることを期待している。

パッシブであることの積極的意味

パッシブタウンのプロジェクトに継続的に関わることを通じて、これからのランドスケープアーキテクトに求められる職能観と行動規範のあり方をあらためて確認できたと感じている。そして、人を取り巻く環境に対してパッシブであることには、サスティナビリティを高めていくうえで、実際にはそれ以上に積極的な意味が内包されていることにも気づかされた。ひと言で表現するならば、自然環境に対してパッシブな指向性をもったデザインによって、その環境を享受しようとする人間の環境に対する関わり方がアクティベートされる、というやや逆説的な意味である。どういうことであろうか。

パッシブであることにインセンティブを求めるデザインのもとで、人は自らの意志にしたがって自身にとって快適な環境を享受するべく行動できる余地が与えられている。パッシブタウンの住戸であれば、窓の開口を調整することで涼風を室内に導くことができるし、風と水と緑陰がつくり出す戸外のクールスポットにしばし身をおくこともできるだろう。つまり、自らの意志とわずかなひと手間の行動によって、自らを取り巻く環境を最適な状態にチューニング(調律)することが比較的容易にできることになる。しかしそのためには、環境、なかんずく自然環境のリアルタイムの状態とその微妙な変化に対する感度が高まっていなければならない。生活者が環境の調律師たりえるような感度を獲得することである。必然的に自分自身と家族だけの閉じた空間領域から、戸外の共用空間やパブリックスペース、ひいては街区全体を取り巻く近隣の環境へと、意識が向けられるようになるはずである。

この意識の高まりと広がりは、自然環境の物理的な状態だけではなく、その変化やそこで生起する現象、人のアクティビティの様子にまで及び、空間領域の公私の境界をまたいで良好な状態を保全し持続させることについての、積極的な当事者意識が醸成されるきっかけをもたらす。住環境の社会的な側面に対する感度が高められる可能性が同時に期待できるのである。物理的な自然環境と地域の社会的環境に関わる、広い意味でのサスティナビリティへの意識が、パッシブな動機づけのもとに創出されるランドスケープに表象され、それがデザイナーとその場所に関わるすべての人に共有されるものであること、そのことの意味をあらためて確認できるのではないだろうか。

終 章

補助線のデザイン

ランドスケープデザインは、どのような対象にどのような方法をもって取り組み、その成果に対してどのような評価の基準をもつべきか、という問いを得たとしよう。この問いに真正面から向きあい、簡潔な言葉をもって応答することはかなり難しい。ただ一方において、そもそもこの分野にそのような問いに対する明確な立ち位置があるのだろうか、あるいはそれがなければこの問いに答えられないのだろうか、私自身にはいまだにそのような迷いがあることも事実である。あらゆるデザインの分野において、このような問いに対するなにがしかの回答が用意されていないことは、学術もしくは職能としての未成熟を意味する、駆出しの頃に、とある建築学の研究者からそのようなことを言われたことがあった。大学において長くこの分野の教育研究に携わる立場にもあることを意識しすぎているのかもしれないが、なおさらこの問いに自問自答することを繰り返してきたように思う。

しかし、この問いに対する回答が明快であることはそれほど重要なことなのか、曖昧であり続けることは受容されないのか、あるいは異なる概念の位相で考えることはできないものか、という逆説的な問いの意識が頻繁に頭をもたげた。ここに至るまでの七つの章に言語化した内容には、この問いに対する思考のプロセスが見え隠れしていると思っている。本書を締めくくるにあたり、この思考のプロセスを通じて映し出された展望とも願望ともつかないようなことについて述べておきたい。むろん、次の世代を担うランドスケープアーキテクトたちが、これからの時代のコンテクストにおいて同様の価値観や考え方を共有してくれるかどうか、いささか心許ないことは否定できないのであるが。

さて、その展望あるいは願望とは、ランドスケープをデザインする行為の一端が、人と自然、人と土地、人と暮らしのあいだに補助線を引くような行為として意識されるようになる、ということである。ちょうど、中学校や高等学校の数学で取り組んだ図形や幾何学の問題において、与えられた図形にはないが、解答のために便宜的に新しく描く直線や円弧などを補助線と呼んでいたことを思い出すことができると思う。まさにそのアナロジーである。図形や幾何学形態の仕組みと相互関係を、直感的、論理的に読み解き、解答を準備するプロセスを一つのストーリーにたとえるならば、補助線の引き方一つで、それは実に美しく感動的なものにもなるし、あらぬ方向に展開してしまうこともあるだろう。問題が複雑になればなるほど補助線の重要度は高まるが、一方において補助線自体は単独で意味を発することのない脇役であり続ける。では、具体的に私たちが扱うことのできる補助線にはどのようなものが想定できるであろうか。ここでは三つの側面から考えてみたい。

一つめは、人と自然の関わりを読み解き、表現するための補助線だと思う。このような言い方をすると、多くの人はすぐに「緑」に言及するのではないか。しかし、記号的にではあっても、緑はそれ自体が自然を体現してしまうので補助線にはならない。ましてや緑化についてはなにをかいわんやである。そもそも緑化(Greening)とは、本来ならば植物的自然が存在しにくいところに、意図的にそれを持ち込む行為であり、開発行為や建築行為によって植物が生育できる環境条件が損なわれている状態に対する補償として行われる。現時点における希望的観測の域を出ないが、人口規模と地理的分布の最適化やそれに伴う都市域の縮退が顕著となり、未利用地が拡大する一方、様々な技術革新によるエネルギー消費の効率化がすすめば、都市域では現在のような緑化を必要とする状況そのものが後退する可能性が高いのではないか。このことは、緑化に職能の存立基盤の多くを依存してきた日本のランドスケープアーキテクチャーが、進化するためのきっかけになると予想している。緑化を自己目的化している現状を脱却し、緑との距離感をはかりつつ、ランドスケープ本来の意味であるところの、自然と人間の営為の関係を表現することへの指向を強めることができる。第四章にも記したように、緑の扱いは表層的なGreeningから緑を含む環境の総体を形成するRe-vegetationへと進化することが期待できるだろう。そのための基盤を審美的に整えるための手がかりが、ここでの補助線の意味にほかならない。この補助線が強く意識されるようになったとき、緑化という概念は一気に陳腐化するのではないか。

次に考えられるのは、生態学的な存在としての土地と人為の関係を最適化するための補助線である。エコロジーもまた、ランドスケープデザインを支配する重要なキーワードの一つであるが、日本の場合は生態系、つまりエコシステムの保全や生物多様性の再生などが主要な課題であって、それ自体が目的化している。これが同時代のデザイン様式として定着するためには、表現とのあいだで調停が必要であり、そのための補助線が引かれそうである。土地のエコロジカルな安定性と持続可能性は、その上に展開する人為的なプログラムやコンテクストとの動態的なバランスの上に達成される。ちょうど建築の構造が持続可能な状態で安定していなければ、建物の存立が確保できないように、土地の生態系はランドスケープの持続可能な構造として機能するものであることを仮定できるだろう。ただし、建築の構造が単体で完結するものであるのに対して、ランドスケープの構造となる生態系は、広範囲に及ぶ周辺環境との関係を前提としていることに注意しなければならない。さらに一歩すすむことができるならば、構造的な美しさを表現する建築があるように、動的に安定した生態系のありようをヴィジュアルに体現するランドスケープが想像できるだろうが、そこにはさらに進化した補助線のシステムが介在しているはずである。

そして、人の日常的な暮らしとライフスタイルの関係に、新たな展開をもたらすための補助線が三つめになるであろうと予想している。人口の少子高齢化がすすみ、大都市圏の縁辺部では市街地の縮退が顕著になる一方において、都市や地方に限らず、人々のライフスタイルの多様化はきわめて顕著なものになりつつある。そこに二〇二〇年春からは、新型コロナウィルスのパンデミックによって拍車がかかり、居住地選択を含むワークスタイルの多様化が広義のライフスタイルに大きな変革をもたらしている。ワークスタイルを内包したライフスタイルの多様化は、そのままパブリックスペースの概念の拡張や流動化につながり、場の使われ方やそこでの人々の所作に顕れる。たとえば公園や街路などに限らず、ある程度の公共性が担保された空間では、組織的であれ自然発生的であれ、制度的に想定されていなかったような使い方への需要が高まっており、場所を使いこなす術はすでに分厚く蓄積されつつある。三つめの補助線は、その「術」と空間のマッチングをはかるための拠り所になりそうである。ライフスタイルを体現するアクティビティ、それらを促すプログラム、そしてその制度的な枠組みを空間に置き換えるデザイン、これら三つのインタラクティブな関係を、この補助線に沿ってマネジメントしていくことによって、暮らし方がランドスケープに顕れる状況をつくりだすことができそうである。むろんその過程では、使い手と一緒になってつくっていく、という新しいタイプのデザイナー像が見えてくることだろう。

こう考えると、ここでのデザインという行為は従来のように目標とするランドスケープの造形や視覚像を直接扱うものだけに留まらないのではないか、という予想が成り立ちそうである。表層的な緑化の呪縛から解放されたデザインは、緑そのものではなく、緑が健全な状態で持続的に存続するための見えない基盤を整えることを目指す。そのことはランドスケープの構造となるべき生態系のありように働きかけることにつながるであろう。さらに、ライフスタイルが表出するランドスケープでは、アクティビティとプログラム、そのための設え、この三つの要素が有機的に関係しあうことが求められる。

職能をとりまくこのような現代の文脈において、ハードな空間のデザインは固定的ではありえない。そして、ランドスケープデザインは、環境や風景の特質をその場において認識し感じとるための拠り所や手がかりを仕込んでいく行為を、その一端に付け加えることができるのではないか。その拠り所や手がかりとは、先にも記したように、図形や幾何学形態の仕組みと相互関係を読み解くために引かれる補助線のようなものではないかと思っている。補助線だから、それ自体が単独でなにかを表現したり特定の意味を発したりすることはない。そして、その補助線は細ければ細いほど、数は少なければ少ないほど、表現されるストーリーは美しく感動的であるはずだ。

ランドスケープデザインが、次の時代の価値観を体現するデザインカルチャーの一つになるとすれば、それは空間表現の最前線から一歩退いた位置にあって環境の全体像を見渡しつつ、庭と風景のあいだに細くしなやかな、しかし途切れることも消えることもない、一本の補助線を引くことによって立ち現れるものを目指すのではないだろうか。

本書は、私が自立したランドスケープアーキテクトとしての本格的な活動をはじめてから、約三〇年を経た現在の立ち位置を確認し、そこから次に向かうべき方向を見定めることを意図したものである。駆出しの時代からずっと親交のあった鹿島出版会の相川幸二氏には、企画から執筆、編集、校正の過程で多大なるご助力をいただいた。氏の存在なくして、本書がＳＤ選書にその名を連ねることはなかったと思う。記して深く謝意を表したい。

二〇二二年　盛夏

初出一覧

・第一章

「風景と環境の狭間に描かれた軌跡」『科学』Vol. 72、岩波書店、二〇〇二

「ランドスケープアーキテクチュアの本流——日本の都市デザインにおける馴化と実践」『ランドスケープ研究』第76巻5号、日本造園学会、二〇一三

「初期の公団住宅におけるプレイロットの設計理論と実践」『ランドスケープ研究』第64巻5号、日本造園学会、二〇〇一

「近代造園研究所の活動について」『UR賃貸住宅における屋外空間の設計特性に関する基礎調査報告書』UR都市機構・設計組織プレイスメディア、二〇一一

・第三章

'From spatial form to system and process through pattern making in the landscape' *Landscape Ecology and Engineering*, No.1, 2003

「空間の形態からパターンを経てシステムとプロセスへ」『ランドスケープ研究』第66巻1号、日本造園学会、二〇〇四

・第四章

「エコロジーとランドスケーププランニング」『建築雑誌』No. 1436、一九九九

「東アジア地域における都市景観の変貌と緑のランドスケープ」『都市緑化技術』No.72、公益財団法人都市緑化技術開発機構、二〇〇九

「次の自然のデザインリテラシー」『テキスト・ランドスケープデザインの歴史』学芸出版、二〇一〇

「都市デザインにおける生物多様性の表現」『都市計画』第59巻5号、日本都市計画学会、二〇一〇

・第五章

「日本の伝統的造園とランドスケープデザインをつなぐもの」『都市緑化技術』No. 102、公益財団法人都市緑化技術開発機構、二〇一七

「歴史的都市遺構の現代的再生：保全・再生のオルタナティヴィジョン」『建築雑誌』No. 1582、二〇〇八

「歴史的風致をめぐるリテラシーの継承とプロセスの表現」『ランドスケープ研究』第72巻2号、日本造園学会、二〇〇八

「日本の歴史的都市をランドスケープ・アーバニズムから読み解く」『ランドスケープ研究』第78巻4号、日本造園学会、二〇一五

・第六章

「コンセプトブックの読み方——復興の時空スケール」および「新しいコンセプトの公園」日本造園学会『復興の風景像』マルモ出版、二〇一二

「うみ・ひと・まち、そして緑の復興計画へ」『Landscape Design』No. 91、二〇一三

「個別解としての防災集団移転と復興のランドスケープ」『新建築』別冊、二〇一六年六月号、新建築社

・第七章

「公園デザインのパラダイムシフト」『公園緑地』第78巻2号、一般社団法人日本公園緑地協会、二〇一七

「Gray × Green = Landscape Infrastructure」『都市計画』第64巻3号、日本都市計画学会、二〇一五

「グリーンインフラからランドスケープインフラへ——現代の都市デザインにおける「緑」の意味の転換」『都市緑化技術』No. 93、公益財団法人都市緑化技術開発機構、二〇一四

図版および写真クレジット

・第一章

［図２］『明治神宮御境内林苑計画書』明治神宮造営局、一九二一／［図３］*Landscape Architecture*, Vol.13, No.4, 1923／［図４］Google Earth／［図７］HF研究会『高層高密度団地における戸外空間設計資料・改訂版』／［図８、９、12］上野泰／［図11、14］『近代造園研究所 LANDSCAPE DESIGN '61-'64』作品カタログ、一九六四

・第二章

［図７］京都工芸繊維大学美術工芸資料館／［図14］明治神宮／［図15］*The New York Daily News Archives*／［図16］『明治神宮造営誌』明治神宮造営局、一九二三

・第三章

［図６］Google Earth／［図12］宮城県七ヶ浜町

・第四章

［図２、３］Google Earth／［図４］Richard T. T. Forman, *Land Mosaics*, Harvard University Press, 1995／［図５］宮内庁三の丸尚蔵館／［図６］*Current Urban Studies*, No.6, Vol.4, 2018／［図11］環境省『ヒートアイランド対策の環境影響等に関する調査業務報告書』二〇〇九

・第五章

［図３］奈良市・奈良国立文化財研究所／［図４］Google Earth／［図５］二条大路南土地改良区／［図６］藤田真弓「平城京域における農住コミュニティの再生」、二〇一一年度奈良女子大学大学院住環境学専攻修士設計／［図７］青木志保「新たな自然環境軸としての朱雀大路の再生」、二〇一一年度奈良女子大学大学院住環境学専攻修士設計／［図９］京都女子大学瀧浪研究室『よみがえる平安京』淡交社、一九九五／［図11］和泉市久保惣記念美術館／［図12］住宅史研究会編『日本住宅史図集』理工図書、二〇〇〇／［図15］Google Earth

・第六章

［図１］公益社団法人日本造園学会『復興の風景像』マルモ出版、二〇一二／［図２］（下）国土地理院／［図４、８］宮城県七ヶ浜町／［図10］かもめの虹色会議・工藤真弓／［図16］UR都市再生機構

・第七章

［図５］Friends of High Line／［図９］The SWA Group／［図11］画像作成協力：筑波大学村上暁信教授

著者

宮城俊作《みやぎ・しゅんさく》

ランドスケープアーキテクト、アーバンデザイナー
東京大学大学院工学系研究科都市工学専攻教授、博士(農学)
一九五七年京都府宇治市生まれ
京都大学大学院博士前期課程修了、ハーバード大学デザイン学部大学院修了
千葉大学緑地・環境学科助教授、奈良女子大学大学院住環境学専攻教授を経て現職、
一九九二年より設計組織PLACEMEDIAパートナー

主な受賞:
日本造園学会賞(研究論文部門、設計作品部門、技術部門)、
日本建築学会賞(設計・栗生明氏と共同受賞)、
土木学会デザイン賞、
BCS賞(二〇〇一年、二〇二〇年、二〇二二年)など

主な著・訳書:
『ランドスケープデザインの視座』(学芸出版)、
『ランドスケープの近代』(共著・鹿島出版会)、
『見えない庭』(共訳・鹿島出版会)など

SD選書 272

庭《にわ》と風景《ふうけい》のあいだ

二〇二二年九月二〇日　第一刷発行

著　者　宮城《みやぎ》俊作《しゅんさく》

発行者　新妻　充
発行所　鹿島出版会
〒一〇四-〇〇二八　東京都中央区八重洲二-五-一四
電話　〇三-六二〇二-五二〇〇
振替　〇〇一六〇-二-一八〇八八三

印刷・製本　三美印刷株式会社

ISBN 978-4-306-05272-7 C1352
©Shunsaku Miyagi, 2022, Printed in Japan

落丁・乱丁本はお取り替えいたします。
本書の無断複製(コピー)は著作権法上での例外を除き禁じられております。
また、代行業者等に依頼してスキャンやデジタル化することは、
たとえ個人や家庭内の利用を目的とする場合でも著作権法違反です。

本書に関するご意見・ご感想は左記までお寄せください。
URL　https://www.kajima-publishing.co.jp
E-mail　info@kajima-publishing.co.jp

SD選書目録

四六判（＊＝品切）

001 現代デザイン入門 勝見勝著
002* 現代建築12章 L・カーン他著 山本学治訳編
003* 都市とデザイン 栗田勇著
004* 江戸と江戸城 内藤昌著
005 日本デザイン論 伊藤ていじ著
006* ギリシア神話と壺絵 沢柳大五郎著
007 フランク・ロイド・ライト 谷川正己著
008 きもの文化史 河鰭実英著
009 素材と造形の歴史 山本学治著
010* 今日の装飾芸術 ル・コルビュジエ著 前川国男訳
011 コミュニティとプライバシイ C・アレグザンダー著 岡田新一訳
012* 新桂離宮論 内藤昌著
013 日本の工匠 伊藤ていじ著
014 現代絵画の解剖 木村重信著
015 ユルバニスム ル・コルビュジエ著 樋口清訳
016* デザインと心理学 穐山貞登著
017 私と日本建築 A・レーモンド著 三沢浩訳
018* 現代建築を創る人々 神代雄一郎編
019 芸術空間の系譜 高階秀爾著
020 日本美の特質 吉村貞司著
021 建築をめざして ル・コルビュジエ著 吉阪隆正訳
022* メガロポリス J・ゴットマン著 木内信蔵訳
023 日本の庭園 田中正大著
024* 明日の演劇空間 尾崎宏次著
025 都市形成の歴史 A・コーン著 星野芳久訳
026* 近代絵画 A・オザンファン他著 吉川逸治訳
027 イタリアの美術 A・ブラント著 中森義宗訳
028* 明日の田園都市 E・ハワード著 長素連訳
029* 移動空間論 川添登著
030* 日本の近世住宅 平井聖著
031* 新しい都市交通 B・リチャーズ著 曽根幸一他訳
032* 人間環境の未来像 W・R・イーウォルド編 磯村英一他訳
033 輝く都市 ル・コルビュジエ著 坂倉準三訳
034 アルヴァ・アアルト 武藤章著
035* 幻想の建築 坂崎乙郎著
036* カテドラルを建てた人びと J・ジャンペル著 飯田喜四郎訳
037 日本建築の空間 井上充夫著
038* 環境開発論 浅田孝著
039* 都市と娯楽 加藤秀俊著
040* 郊外都市論 H・カーヴァー著 志水英樹訳
041* 都市文明の源流と系譜 藤岡謙二郎著
042* 道具考 榮久庵憲司著
043 ヨーロッパの造園 岡崎文彬著
044* 未来の交通 H・ヘルマン著 岡寿麿訳
045* 古代技術 H・ディールス著 平田寛訳
046* キュビスムへの道 D・H・カーンワイラー著 千足伸行訳
047* 近代建築再考 藤井正一郎著
048* 古代科学 J・L・ハイベルク著 平田寛訳
049 住宅論 篠原一男著
050* ヨーロッパの住宅建築 S・カンタクシーノ著 山下和正訳
051* 都市の魅力 清水馨八郎、服部銈二郎著
052* 東照宮 大河直躬著
053 茶匠と建築 中村昌生著
054* 住居空間の人類学 石毛直道著
055* 空間の生命 人間と建築 坂崎乙郎著
056* 環境とデザイン G・エクボ著 久保貞訳
057* 日本美の意匠 水尾比呂志著
058* 新しい都市の人間像 R・イールズ他編 木内信蔵監訳
059 京の町家 島村昇他編
060* 都市問題とは何か R・パーノン著 片桐達夫訳
061 住まいの原型I 泉靖一編
062* コミュニティ計画の系譜 佐々木宏著
063* 近代建築 V・スカーリー著 長尾重武訳
064* SD海外建築情報I 岡田新一編
065* SD海外建築情報II 岡田新一編
066* 天上の館 J・サマーソン著 鈴木博之訳
067 木の文化 小原二郎著
068* SD海外建築情報III 岡田新一編
069* 地域・環境・計画 水谷穎介著
070* 都市虚構論 池田亮二著
071 現代建築事典 W・ペーント編 浜口隆一他日本語版監修
072* ヴィラール・ド・オヌクールの画帖 藤本康雄著
073* タウンスケープ T・シャープ著 長素連他訳
074* 現代建築の源流と動向 L・ヒルベルザイマー著 渡辺明次訳
075* 部族社会の芸術家 M・W・スミス編 木村重信他訳
076 キモノ・マインド B・ルドフスキー著 新庄哲夫訳
077 住まいの原型II 吉阪隆正他著
078 実存・空間・建築 C・ノルベルグ＝シュルツ著 加藤邦男訳
079* SD海外建築情報IV 岡田新一編
080* 都市の開発と保存 上田篤、鳴海邦碩編
081* 爆発するメトロポリス W・H・ホワイトJr.他著 小島将志訳
082* アメリカの建築とアーバニズム(上) V・スカーリー著 香山壽夫訳
083* アメリカの建築とアーバニズム(下) V・スカーリー著 香山壽夫訳
084* 海上都市 菊竹清訓著
085* アーバン・ゲーム M・ケンツレン著 北原理雄訳
086* 建築2000 C・ジェンクス著 工藤国雄訳
087* 日本の公園 田中正大著
088* 現代芸術の冒険 O・ビハリメリン著 坂崎乙郎他訳

089* 江戸建築と本途帳 西和夫著
090* 大きな都市小さな部屋 渡辺武信著
091* イギリス建築の新傾向 R・ランダウ著 鈴木博之訳
092* SD海外建築情報V 岡田新一編
093* IDの世界 豊口協著
094* 交通圏の発見 有末武夫著
095 建築とは何か B・タウト著 篠田英雄訳
096 続住宅論 篠原一男著
097* 建築の現在 長谷川堯著
098* 都市の景観 G・カレン著 北原理雄訳
099* SD海外建築情報VI 岡田新一編
100* 都市空間と建築 U・コンラーツ著 伊藤哲夫訳
101* 環境ゲーム T・クロスビイ著 松平誠訳
102* アテネ憲章 ル・コルビュジエ著 吉阪隆正訳
103* プライド・オブ・プレイス シヴィック・トラスト著 井手久登他訳
104* 構造と空間の感覚 F・ウイルソン著 山本学治他訳
105* 現代民家と住環境体 大野勝彦著
106* 光の死 H・ゼーデルマイヤ著 森洋子訳
107* アメリカ建築の新方向 R・スターン著 鈴木一訳
108* 近代都市計画の起源 L・ベネヴォロ著 横山正訳
109* 中国の住宅 劉敦楨著 田中淡他訳
110* 現代のコートハウス D・マッキントッシュ著 北原理雄訳
111 モデュロールI ル・コルビュジエ著 吉阪隆正訳
112 モデュロールII ル・コルビュジエ著 吉阪隆正訳
113* 建築の史的原型を探る B・ゼーヴィ著 鈴木美治訳
114 西欧の芸術1 ロマネスク上 H・フォシヨン著 神沢栄三他訳
115 西欧の芸術1 ロマネスク下 H・フォシヨン著 神沢栄三他訳
116 西欧の芸術2 ゴシック上 H・フォシヨン著 神沢栄三他訳
117 西欧の芸術2 ゴシック下 H・フォシヨン著 神沢栄三他訳
118* アメリカ大都市の死と生 J・ジェイコブス著 黒川紀章訳
119* 遊び場の計画 R・ダットナー著 神谷五男他訳
120 人間の家 ル・コルビュジエ他著 西沢信弥訳

121* 街路の意味 竹山実著
122* パルテノンの建築家たち R・カーペンター著 松島道也訳
123 ライトと日本 谷川正己著
124 空間としての建築(上) B・ゼーヴィ著 栗田勇訳
125 空間としての建築(下) B・ゼーヴィ著 栗田勇訳
126 かいわい[日本の都市空間] 材野博司著
127* 歩行者革命 S・プライネス他著 岡並木監訳
128 オレゴン大学の実験 C・アレグザンダー著 宮本雅明訳
129* 都市はふるさとか F・レンツローマイス著 武基雄他訳
130* 建築空間[尺度について] P・ブドン著 中村貴志訳
131* アメリカ住宅論 V・スカーリーJr.著 長尾重武訳
132* タリアセンへの道 谷川正己著
133* 建築VS.ハウジング M・ポウリー著 山下和正訳
134* 思想としての建築 栗田勇著
135* 人間のための都市 P・ペータース著 河合正一訳
136* 都市憲章 磯村英一著
137* 巨匠たちの時代 R・バンハム著 山下泉訳
138 三つの人間機構 ル・コルビュジエ著 山口知之訳
139 インターナショナル・スタイル H・R・ヒッチコック他著 武沢秀一訳
140 北欧の建築 S・E・ラスムッセン著 吉田鉄郎訳
141* 続建築とは何か B・タウト著 篠田英雄訳
142* 四つの交通路 ル・コルビュジエ著 井田安弘訳
143 ラスベガス R・ヴェンチューリ他著 石井和紘他訳
144 ル・コルビュジエ C・ジェンクス著 佐々木宏訳
145* デザインの認識 R・ソマー著 加藤常雄訳
146* 鏡[虚構の空間] 由水常雄著
147 イタリア都市再生の論理 陣内秀信著
148 東方への旅 ル・コルビュジエ著 石井勉他訳
149* 建築鑑賞入門 W・W・コーディル他著 六鹿正治訳
150* 近代建築の失敗 P・ブレイク著 星野郁美訳
151* 文化財と建築史 関野克著
152* 日本の近代建築(上)その成立過程 稲垣栄三著

153* 日本の近代建築(下)その成立過程 稲垣栄三著
154 住宅と宮殿 ル・コルビュジエ著 井田安弘訳
155* イタリアの現代建築 V・グレゴッティ著 松井宏方訳
156 バウハウス[その建築造形理念] 杉本俊多著
157 エスプリ・ヌーヴォー[近代建築名鑑] ル・コルビュジエ著 山口知之訳
158* 建築について(上) F・L・ライト著 谷川睦子他訳
159* 建築について(下) F・L・ライト著 谷川睦子他訳
160* 建築形態のダイナミクス(上) R・アルンハイム著 乾正雄訳
161* 建築形態のダイナミクス(下) R・アルンハイム著 乾正雄訳
162 見えがくれする都市 槇文彦他著
163* 街の景観 G・バーク著 長素連他訳
164* 環境計画論 田村明著
165* アドルフ・ロース 伊藤哲夫著
166* 空間と情緒 箱崎総一著
167 水空間の演出 鈴木信宏著
168* モラリティと建築 D・ワトキン著 榎本弘之訳
169* ペルシア建築 A・U・ポープ著 石井昭訳
170* ブルネッレスキ ルネサンス建築の開花 G・C・アルガン著 浅井朋子訳
171 装置としての都市 月尾嘉男著
172 建築家の発想 石井和紘著
173 日本の空間構造 吉村貞司著
174 建築の多様性と対立性 R・ヴェンチューリ著 伊藤公文訳
175 広場の造形 C・ジッテ著 大石敏雄訳
176 西洋建築様式史(上) F・バウムガルト著 杉本俊多訳
177 西洋建築様式史(下) F・バウムガルト著 杉本俊多訳
178 木のこころ 木匠回想記 G・ナカシマ著 神代雄一郎他訳
179* 風土に生きる建築 若山滋著
180* 金沢の町家 島村昇著
181* ジュゼッペ・テッラーニ B・ゼーヴィ編 鵜沢隆訳
182* 水のデザイン D・ベーミングハウス著 鈴木信宏訳
183* ゴシック建築の構造 R・マーク著 飯田喜四郎訳
184 建築家なしの建築 B・ルドフスキー著 渡辺武信訳

185 プレシジョン(上) ル・コルビュジエ著 井田安弘他訳
186 プレシジョン(下) ル・コルビュジエ著 井田安弘他訳
187* オットー・ワーグナー H・ゲレツェッガー他著 伊藤哲夫他訳
188* 環境照明のデザイン 石井幹子著
189 ルイス・マンフォード 木原武一著
190 「いえ」と「まち」 鈴木成文他著
191 アルド・ロッシ自伝 A・ロッシ著 三宅理一訳
192* 屋外彫刻 M・A・ロビネット著 千葉成夫訳
193 「作庭記」からみた造園 飛田範夫著
194* トーネット曲木家具 K・マンク著 宿輪吉之典訳
195 劇場の構図 清水裕之著
196 オーギュスト・ペレ 吉田鋼市著
197 アントニオ・ガウディ 鳥居徳敏著
198 インテリアデザインとは何か 三輪正弘著
199* 都市住居の空間構成 東孝光著
200 ヴェネツィア 陣内秀信著
201 自然な構造体 F・オットー著 岩村和夫訳
202 椅子のデザイン小史 大廣保行著
203* 都市の道具 GK研究所、榮久庵祥二著
204 ミース・ファン・デル・ローエ D・スペース著 平野哲行訳
205 表現主義の建築(上) W・ペーント著 長谷川章訳
206* 表現主義の建築(下) W・ペーント著 長谷川章訳
207 カルロ・スカルパ A・F・マルチャノ著 浜口オサミ訳
208* 都市の街割 材野博司著
209 日本の伝統工具 土田一郎著 秋山実写真
210 まちづくりの新しい理論 C・アレグザンダー他著 難波和彦監訳
211* 建築環境論 岩村和夫著
212* 建築計画の展開 W・M・ペニヤ著 本田邦夫訳
213 スペイン建築の特質 F・チュエッカ著 鳥居徳敏訳
214* アメリカ建築の巨匠たち P・ブレイク他著 小林克弘他訳
215* 行動・文化とデザイン 清水忠男著
216 環境デザインの思想 三輪正弘著
217 ボッロミーニ G・C・アルガン著 長谷川正允訳
218 ヴィオレ・ル・デュク 羽生修二著
219 トニー・ガルニエ 吉田鋼市著
220 住環境の都市形態 P・パヌレ他著 佐藤方俊訳
221 古典建築の失われた意味 G・ハーシー著 白井秀和訳
222 パラディオへの招待 長尾重武著
223* ディスプレイデザイン 魚成祥一郎監修 清家清序文
224 芸術としての建築 S・アバークロンビー著 白井秀和訳
225 フラクタル造形 三井秀樹著
226 ウイリアム・モリス 藤田治彦著
227 エーロ・サーリネン 穂積信夫著
228 都市デザインの系譜 相田武文、土屋和男著
229 サウンドスケープ 鳥越けい子著
230 風景のコスモロジー 吉村元男著
231 庭園から都市へ 材野博司著
232 都市・住宅論 東孝光著
233 ふれあい空間のデザイン 清水忠男著
234 さあ横になって食べよう B・ルドフスキー著 多田道太郎監修
235 間(ま)——日本建築の意匠 神代雄一郎著
236 都市デザイン J・バーネット著 兼田敏之訳
237 建築家・吉田鉄郎の『日本の住宅』 吉田鉄郎著
238 建築家・吉田鉄郎の『日本の建築』 吉田鉄郎著
239 建築家・吉田鉄郎の『日本の庭園』 吉田鉄郎著
240 建築史の基礎概念 P・フランクル著 香山壽夫監訳
241 アーツ・アンド・クラフツの建築 片木篤著
242 ミース再考 K・フランプトン他著 澤村明+EAT訳
243 歴史と風土の中で 山本学治建築論集①
244 造型と構造と 山本学治建築論集②
245 創造するこころ 山本学治建築論集③
246 アントニン・レーモンドの建築 三沢浩著
247 神殿か獄舎か 長谷川堯著
248 ルイス・カーン建築論集 ルイス・カーン著 前田忠直編訳
249 映画に見る近代建築 D・アルブレヒト著 萩正勝訳
250 様式の上にあれ 村野藤吾著作選
251 コラージュ・シティ C・ロウ、F・コッター著 渡辺真理著
252 記憶に残る場所 D・リンドン、C・W・ムーア著 有岡孝訳
253 エスノ・アーキテクチュア 太田邦夫著
254 時間の中の都市 K・リンチ著 東京大学大谷幸夫研究室訳
255 建築十字軍 ル・コルビュジエ著 井田安弘訳
256 機能主義理論の系譜 E・R・デ・ザーコ著 山本学治他訳
257 都市の原理 J・ジェイコブズ著 中江利忠他訳
258 建物のあいだのアクティビティ J・ゲール著 北原理雄訳
259 人間主義の建築 G・スコット著 邉見浩久、坂牛卓監訳
260 環境としての建築 R・バンハム著 堀江悟郎訳
261 パタン・ランゲージによる住宅の生産 C・アレグザンダー他著 中埜博監訳
262 褐色の三十年 L・マンフォード著 富岡義人訳
263 形の合成に関するノート/都市はツリーではない C・アレグザンダー著 稲葉武司、押野見邦英訳
264 建築美の世界 井上充夫著
265 劇場空間の源流 本杉省三著
266 日本の近代住宅 内田青藏著
267 個室の計画学 黒沢隆著
268 メタル建築史 難波和彦著
269 丹下健三と都市 豊川斎赫著
270 時のかたち G・クブラー著 中谷礼仁他訳
271 アーバニズムのいま 槇文彦著
272 庭と風景のあいだ 宮城俊作著